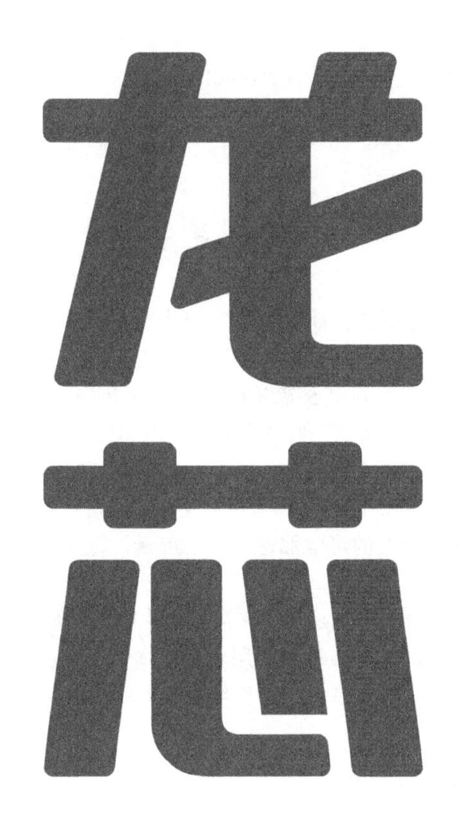

自主可信计算及应用

乐德广◎著
龙芯中科技术有限公司◎审校

人民邮电出版社
北京

图书在版编目（CIP）数据

龙芯自主可信计算及应用 / 乐德广著. -- 北京 :
人民邮电出版社, 2018.12
（中国自主产权芯片技术与应用丛书）
ISBN 978-7-115-48216-7

Ⅰ. ①龙… Ⅱ. ①乐… Ⅲ. ①微处理器—系统设计
Ⅳ. ①TP332

中国版本图书馆CIP数据核字(2018)第058368号

内 容 提 要

本书主要介绍龙芯自主可信计算的研究背景、相关技术和具体应用。其中，第 1 章从信息安全的基础出发分析可信计算与信息安全的关系。第 2 章针对可信计算的密码支撑技术，介绍在可信计算中用到的相关密码算法。第 3 章到第 5 章分别介绍可信计算的体系结构及可信度量和信任链关键技术。第 6 章从国家安全的角度，重点介绍基于龙芯 CPU 处理器的自主可控计算平台的设计，包含硬件系统和配套的软件系统。第 7 章重点介绍基于龙芯国产 CPU 处理器和 TCM 可信密码模块的多层次自主可信计算体系结构。第 8 章重点介绍基于龙芯自主可信计算平台的文件可信存储和软件可信运行的安全应用，包括文件数据的可信加密和可信度量，以及软件的安全漏洞可信检测，从而确保软件的可信运行。

本书介绍的龙芯自主可信计算及其应用，在需要自主可信安全要求高的应用场合（如电子政务、航天航空、国防军事等）具有广阔的市场和应用前景。本书适合从事相关专业的科研和工程技术人员阅读，也可作为计算机、通信、信息安全、密码学等专业的教学参考书。

◆ 著　　　　乐德广
审　　校　龙芯中科技术有限公司
责任编辑　李永涛
责任印制　马振武

◆ 人民邮电出版社出版发行　　北京市丰台区成寿寺路 11 号
邮编 100164　　电子邮件 315@ptpress.com.cn
网址 http://www.ptpress.com.cn
固安县铭成印刷有限公司印刷

◆ 开本：787×1092　1/16
印张：15.25
字数：302 千字　　　　2018 年 12 月第 1 版
印数：1 – 2 000 册　　　2018 年 12 月河北第 1 次印刷

定价：69.00 元

读者服务热线：(010)81055410　印装质量热线：(010)81055316
反盗版热线：(010)81055315
广告经营许可证：京东工商广登字 20170147 号

INTRODUCTION

前言

计算机网络信息系统在我国的政治、经济、军事、文化等领域得到了广泛和深度的应用。没有信息化就没有现代化，信息已成为个人、企业乃至国家最为重要的资源，成为国家实力的象征。与此同时，其安全问题也日益突出和重要。防范高强度计算机网络信息系统的攻击，对世界各国都是一个难题。没有网络安全就没有国家安全，因此自主可信的计算机网络信息安全事关国家安全和社会稳定。本书从国家大力发展自主可信的安全战略需求出发，结合我国龙芯CPU自主计算技术和TCM国产可信计算技术，介绍具有完全自主知识产权的龙芯自主可信计算平台及其应用，从可信的物理安全、数据安全和软件安全3方面提升信息安全，对我国信息系统的自主可信安全建设具有重要的参考价值。

本书主要介绍龙芯自主可信计算的研究背景、相关理论技术和具体应用，分为8章，大致内容介绍如下。

- **第 1 章**：从信息安全的基础出发说明可信计算与信息安全的关系。
- **第 2 章**：针对可信计算的密码支撑技术，分别从对称密码体制、非对称密码体制和哈希密码体制 3 方面介绍密码学的研究现状和发展趋势，并介绍在可信计算中用到的相关密码算法。
- **第 3 章**：介绍可信计算的研究现状，包括可信计算的体系结构和主要技术，以及可信计算的相关组织。
- **第 4 章**：重点介绍可信度量技术，包括可信度量的模型，可信度量机制，IMA、PRIMA 和 DynIMA 可信度量技术。
- **第 5 章**：重点介绍信任链技术，包括基于无干扰理论和组合安全理论的信任链传递模型、TCG 信任链技术和 TPCM 信任链技术。
- **第 6 章**：从国家安全的角度说明了自主可控计算的发展现状，重点介绍基于龙芯国产 CPU 处理器的自主可控计算平台的设计，包含硬件系统和配套的软件系统。
- **第 7 章**：重点介绍基于龙芯国产 CPU 处理器和 TCM 可信密码模块的多层次自主可信计算体系结构，该自主可信计算体系结构具有积极防御和主动免疫的功能，可以从根本上对信息系统实施可信安全保护。

- **第 8 章**：重点介绍基于龙芯自主可信计算平台的文件可信存储和软件可信运行的安全应用，包括文件数据的可信加密和可信度量，以及软件的安全漏洞可信检测，从而确保软件的可信运行。

本书将自主可信安全基础、理论技术和应用相结合，深入浅出地介绍我国的自主可信安全现阶段的发展成果，可供从事相关专业的科研和工程技术人员阅读，也可作为计算机、通信、信息安全、密码学等专业的教学参考书。此外，本书也是一本我国自主可信安全知识的普及读物。

本书的编写工作得到了常熟理工学院学科建设项目和江苏省产学研前瞻性联合研究项目（项目编号：BY2016050-01）的资助，也得到了龚声蓉、陈华才、孙海勇、王叔君、成聪、陈卓等很多学者和同事的帮助和支持，在此对他们表示衷心的感谢。

最后，感谢康梅芳、张春娣等家人和朋友对我工作的支持和生活的照顾，没有你们的努力和付出，我就无法顺利完成本书的编写。

自主安全和可信计算技术的发展日新月异，新的需求和应用不断出现，作者水平有限，书中难免会有不妥、疏漏和错误之处，恳请读者理解和批评指正。

乐德广

2018 年 1 月于常熟

CONTENTS

目录

第 1 章 信息安全

随着社会的发展，人们对信息的需求和依赖日益增强。信息已成为个人、企业，乃至国家最为重要的经济、政治和军事战略资源。信息的获取、处理和安全保障能力成为一个国家综合实力的象征。目前，信息系统中存在信息泄漏、信息篡改、非法信息渗透和假冒等许多不安全因素，给个人、企业和组织造成巨大的经济损失，甚至危害社会稳定和国家安全。因此，信息系统的安全性显得越发重要，必须采取措施确保我国的信息安全。近年来，信息安全领域的发展十分迅速，取得了许多新的重要成果。信息安全理论与技术的内容十分广泛，这里主要介绍可信计算方面的研究和发展。本章首先从信息安全的定义、内容、缺陷、威胁和技术等方面进行概述；其次，基于 OSI 的 ISO/IEC 7498-2 标准，从安全服务和安全机制两方面介绍信息系统的安全体系结构；然后，对信息安全的保障、模型、层次模式、评估等方面进行研究；接着，介绍信息安全的相关标准和组织；最后，分析信息安全与可信计算的关系。

本章目标

了解信息安全的研究背景；明确信息安全的概念；了解信息安全所面临的威胁和攻击；了解信息安全的基本需求、目标和服务；掌握信息安全的解决方法。

1.1 信息安全概述

信息安全是一门涉及计算机技术、网络技术、通信技术、密码技术、软件技术、应用数学、数论、信息论等多种科学的综合性学科。本节从信息安全的定义、包含的内容、存在的缺陷、面临的威胁及发展的技术5方面对信息安全进行概述。

1.1.1 信息安全定义

随着计算机技术和网络通信技术应用的日益广泛，信息的数字化生存方式、空间、时间不断开拓，信息成为当今社会中不可或缺的基本要素。与此同时，信息所带来的安全问题日益突出，所面临的安全威胁日益严重，信息安全的内涵需要不断地延伸，从最初的信息保密性发展到信息的完整性、可用性、可控性和不可否认性，进而又发展为防御、检测、响应、恢复、控制、管理、评估等多方面的基础理论和实施技术。定义信息安全应考虑涵盖信息所涉及的全部内容，参照ISO国际标准化组织给出的计算机网络安全定义，认为信息安全是指为信息系统建立和采取的技术及管理的安全保护，即保护信息系统中的硬件、软件和数据信息资源，不因偶然或恶意的原因遭到破坏、更改、泄露，使信息系统连续可靠地正常运行，信息交换和共享服务正常有序不被中断。其中，信息系统是指由计算机及其相关和配套的设备、设施（包含网络）构成的，按照一定的应用目标和规则对信息进行采集、加工、存储、传输、检索等处理的人机交互系统。例如，互联网就是世界上最大的信息系统。典型的信息系统由硬件（包括计算机硬件和网络硬件）、系统软件（包括计算机系统软件和网络系统软件）和应用软件（包括由其处理、存储和传输的信息）3部分组成。信息安全的定义从信息的安全内容、安全缺陷和安全威胁等方面进行了高度概括。下面将对这些方面进行具体说明。

1.1.2 信息安全的内容

在信息系统中，信息既有存储于计算节点（包括个人计算机、服务器、交换机、路由器和网关等设备）上的信息资源，即静态信息，又有在计算节点中运行或在计算节点间传播的信息，即动态信息。从静态的观点看，信息安全主要是解决特定计算机设备的数据存储安全问题。如果今天输入到计算机中的数据，任何一段时间之后仍保留在那里，完好如初并没有被非法读取，那么一般称这台计算机具有一定的数据存储安全性。从动态的观点看，如果处理信息的软件运行的效果和用户所期望的一样，那么该软件具有一定的运行安全性，我们就可以判定这台计算机是可信任的，或者说它是安全的。安全问题是一个动态的过程，不能用僵硬和静止的观点去看待，不仅仅是计算机硬件存在形式的安全，还在于计算机软件特殊形式的安全特性。因为自然灾害和有运行故障或安全漏洞的软件同非法存取数据一样对计算机的安全性构成威胁。人为的有意或无意的操作、某种计算机病毒的发作和软件漏洞利用攻击、不可预知的系统故障和运行错误，都可能造成计算机中数据的泄漏或丢失。因此，信息安全的内容应包括物理安全、软件安全和数据安全3方面内容，如图1-1所示。

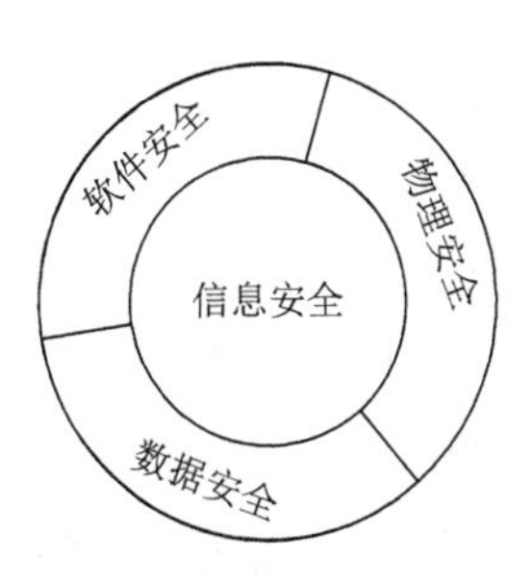

图 1-1　信息安全内容

一、物理安全

物理安全又称为硬件安全，是针对物理介质中产生的损坏、破坏和丢失等安全问题，实施安全保护方案以确保物理介质自身的安全性，以及物理介质中存储和传输的信息安全性，包括设备质量保证和备份等。其中，物理安全问题包括自然环境变化（如温度、湿度等环境变化）和自然灾害（如水灾、火灾、雷电、地震等环境事故）、物理损坏（如硬盘损坏、设备使用寿命到期、人为破坏等）、设备故障（如停电、断电等）、设备缺陷（如噪音和电磁干扰、电磁泄漏等）。面对各种物理安全问题，一方面要提高物理硬件系统的可靠性和防护措施；另一方面要通过安全意识的提高，安全制度的完善和安全操作的提倡等方式使用户和管理维护人员在物理层中实现对信息的保护。例如，针对自然环境变化，加强对物理系统所在环境的安全保护，在温度、湿度、空气洁净度、腐蚀度、虫害、振动和冲击等方面要有具体的要求和严格的标准。位置环境的选择，要注意其外部环境安全性、地质可靠性、场地抗电磁干扰性，避开强振动源和强噪声源，并避免设在建筑物高层和用水设备的下层或隔壁。针对自然灾难，构建分布式冗余存储和路由进行区域保护。针对物理损坏，可采用RAID磁盘阵列备份。针对电磁干扰和泄露，采用辐射防护。针对停电断电，采用UPS应急恢复等。物理安全是信息安全的最基本保障，是整个信息安全系统不可缺少和忽视的组成部分。

二、软件安全

软件安全是针对软件本身可能存在的安全问题，实施安全保护方案以确保软件自身的安全性。软件安全是信息安全的关键。信息系统中的软件包括操作系统、应用软件和网络通信协议，因此软件安全问题主要归结为操作系统的安全问题、应用软件的安全问题和网络通信协议的安全问题。现在的主流操作系统，如Windows、UNIX、Linux和Android等都存在很多安全漏洞。操作系统的安全漏洞也是信息不安全的主要原因。操作系统的安全漏洞根本是由操作系统体系结构的缺陷所引起，操作系统的程序可以进行动态连接，驱动程序和系统服务也都可以用打补丁的方式进行动态升级。这种通过补丁改进与升级的操作系统很难从根本上杜绝安全漏洞。此外，操作系统长期运行的许多守护进程也通常成为攻击者利用的手段。

应用软件和操作系统一样由于安全漏洞的存在，运行时会出现非预期的行为，这种预期之外的程序行为轻则会损害程序的预期功能，重则会导致程序崩溃，使其不能正常运行。更为严重的情况下，与安全相关的软件安全漏洞可以被攻击者利用，使程序主机遭受入侵，以至于造成如用户账号密码等私密数据信息的泄露。

TCP/IP是使用最为广泛的网络通信协议，由于TCP/IP自身的开放性特点，在最初的设计中，没有针对信息在网络通信过程引起的安全问题进行详细分析，从而产生许多在安全方面的设计缺陷。而TCP/IP协议的设计缺陷又引起了许多安全问题，如在FTP文件传输中没有对数据进行加密通信，导致信息的泄露。IP地址盗用和欺骗导致信息的伪造。ICMP、TCP SYN Flood等DoS攻击导致信息的中断。

因此，软件的安全性是指信息系统随时可用，信息系统运行过程中不出现故障，如果遇意外故障能够尽早恢复并尽量减少损失，保证信息的可靠性。其次，信息系统的管理者对信息系统有足够的控制和管理能力保证信息的可控性。另外，操作系统、网络通信协议和应用程序能够互相连接，协调运行，保证信息的互操作性。最后，检测信息系统运行中的安全漏洞，保证信息的可信性。

三、数据安全

数据安全是指信息自身的二进制数据安全性，包括信息的来源、去向，内容的真实无误确保信息的鉴别性，信息不被非法篡改和伪造确保信息的完整性，信息不会被非法泄露和扩散确保信息的保密性。此外，信息的发送者和接收者无法否认自己所做过的操作行为而保证信息的不可否认性。

1.1.3 信息安全的缺陷

安全性是信息的一个基本属性。影响信息安全的因素很多。本小节从信息系统的本质缺陷、内在缺陷及外在缺陷3方面说明出现信息不安全的主要原因。

一、本质缺陷

基于TCP/IP协议的互联网是世界上最大的信息系统。TCP/IP协议的标准化和开放性，使得互联网允许各种形式的通信网络和终端加入到互联网成为互联网的一个分子，并相互之间自由交换和共享信息。这种开放性大大降低了互联网的可控性和可信性，使它面临着各种安全威胁。此外，随着开放对象的多种多样，互联网规模的日益庞大，使整个互联网的软硬件系统都变得非常复杂。面对复杂的网络环境，其软硬件的设计也不可能尽善尽美，导致各种硬件缺陷、软件漏洞、协议设计缺陷的出现，这些也给信息安全带来了威胁。因此，开放性是互联网的最大特色和优点，同时也是信息安全的本质缺陷。如图1-2所示，如何既要保持互联网的开放性和灵活性，又要保证其信息的安全性是网络信息安全的重要目标。

二、内在缺陷

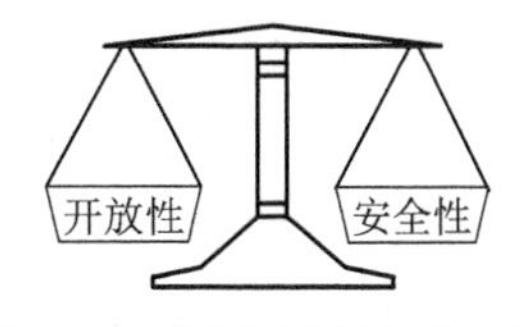

图 1-2　信息开放性与安全性

互联网信息系统自身主要由硬件系统、软件系统和通信协议3个基础部件构成，这些部件自身存在着内在的缺陷。这些缺陷也给互联网信息系统带来了安全方面的威胁和问题。

（1）硬件缺陷。

互联网的网络硬件系统自身存在物理属性缺陷和人的设计缺陷。例如，各种网络设备、通信终端和通信介质受到温度、湿度、静电、电磁场、闪电等自然因素及器件的物理老化的影响可能造成物理器件的失效、损坏或信息的泄漏。在无线通信系统中，数据信息在无线介质中以电磁波的形式在空中进行传播，存在电磁波泄露，并容易被截获的内在缺陷。此外，在硬件的设计和制造过程中，由于电路高度复杂，人的设计缺陷在所难免。例如，电路板焊点过密，造成电路短路，接插部件过多，容易出现接触不良故障等。

（2）软件缺陷。

互联网的软件系统包括操作系统和应用软件，它们同样具有不可避免的安全缺陷。软件系统的缺陷来源于设计和软件工程实现中的问题。例如，在软件设计中的疏忽可能造成软件系统内部逻辑错误或留下安全漏洞。软件工程实现中缺乏规范化和模块化要求，将导致软件的安全等级达不到所声称的安全级别。此外，随着硬件能力的越来越强，操作系统和应用软件的规模越来越大，软件系统中的漏洞也不可避免的存在，如微软的Windows操作系统也存在各种各样的安全漏洞和后门，这也是信息安全的主要威胁之一。

（3）TCP/IP 缺陷。

TCP/IP作为互联网的标准通信协议，它最初的设计主要是考虑数据交换和资源共享，其架构设计并未考虑安全问题，缺乏相应的安全监督机制，因此存在严重的安全缺陷。首先，TCP/IP缺乏保密性。TCP/IP的设计原则就是保持简单，唯一的功能就是负责互连，尽可能把复杂的工作交给上层应用或终端去处理，所以设计TCP/IP时没有考虑数据传输过程中的数据加密，数据流的传输都是明文的，包括用户账号和口令等重要信息。因此，恶意用户可以截获含有账号和口令的数据分组从而进行攻击，这种明文传输方式无法保障信息的保密性和完整性。其次，TCP/IP协议使用IP地址作为网络节点的惟一标志，IP地址是一种分级结构地址，其包含了主机所在的网络拓扑信息，因此使用标准IP地址的网络拓扑对互联网来说是暴露的。当IP分组在网络节点间传递时，对任何人都是开放的，即其IP分组的源地址很容易被发现，因此攻击者根据IP地址信息可以构造出目标网络的轮廓。接着，TCP/IP协议缺乏用户身份鉴别机制。例如，TCP/IP协议缺乏对IP包中的源地址真实性的鉴定机制，因此，互联网上任何通信节点都可以产生一个带任意IP地址的IP包，从而假冒另一个通信节点的IP地址进行欺骗，所以IP地址很容易被伪造和更改。然后，TCP/IP缺乏路由协议鉴别认证机制，即在网络层上缺乏对路由协议的安全认证机制，对路由信息缺乏鉴别与保护。因此，可以通过互联网利用路由信息修改网络传输路径，误导网络分组传输。再次，TCP/IP层次结构的脆弱性。由于TCP/IP应用层协议位于TCP/IP体系结构的最顶部，因此下层的安全缺陷必然导致应用层的安全出现漏洞甚至崩溃，而各种应用层协议（如DNS、FTP、SMTP等）本身也存在安全隐患。最后，TCP/IP协议存在安全漏洞。例如，TCP协议建立一个完整的TCP连接，需要经历3次握手过程，通过这个握手过程，双方需要协商一些参数，包括双方的初始发送顺序号、分配发送和接收缓冲区等。在客户/服务器模式的3次握手过程中，假如客户的IP地址是虚假的，就不可能到达，那么TCP就不可能完成该次连接的3次握手，使TCP连接处于半开状态。攻击者利用这一漏洞可以实现如TCP SYN Flooding的DoS拒绝服务攻击。TCP提供可靠连接是通过初始序列号的鉴别机制来实现的。在具体的协议实现中，初始序列号一般由随机发生器产生，但是很多操作系统（如UNIX）所产生的序列号不是真正随机的，而是一个具有一定规律、可猜测或计算的数字。对攻击者来说，猜出了初始序列号并掌握了目标IP地址后，就可以对目标实施IP Spoofing的欺骗攻击。UDP是一个无连接协议，极易受IP源路由和拒绝服务攻击。因此TCP/IP通信协议的不完善和漏洞，给各种不安全因素的入侵留下了隐患。

三、外在缺陷

互联网为人所服务，因此离不开人的参与交互。这必然会引起由于人的参与所带来的安全问题，称为外在缺陷。主要包括人为误操作和人为攻击。

（1）人为误操作。

互联网作为一个客体，要使它能工作和发挥功能，必须要有人的操作和管理。在人的操作和管理中，由于误操作和管理的欠缺也将引起信息安全威胁和问题。首先是安全管理方面的原因，管理者缺乏对信息安全的警惕性或对信息安全技术的了解，没有制定切实可行的信息安全策略和措施。例如，很多接入互联网的企业缺乏对信息安全的认识，管理上存在很多漏洞。很多企业只提供了接入互联网的通道，对网络上的不法行为缺乏基本的应对措施，这是造成信息安全问题的原因之一。其次，网络用户存在误操作，如数据的误删除等。对于来自用户的误操作，常规的信息安全产品基本无能为力，这类误操作行为需要网络信息审计、IDS等主要针对内部信息安全的安全产品来抵御。

（2）人为攻击。

网络最终是为人服务的。当互联网为人们提供各种有价值的信息时，或者当网络中传输的信息具有价值的时候，不可避免地导致有人会非法获得这些信息资源（包括截取、修改甚至破坏这些信息等）的恶意行为，从而出现各种网络信息安全攻击。网络信息安全攻击的出现，给人们的社会、经济生活产生了破坏性影响，真正给信息的安全带来了巨大的威胁。

信息安全攻击是指损害信息系统及数据安全的任何行为，即攻击者（包括黑客和内部人员等）利用目前信息系统的安全缺陷通过使用各种攻击方法非法进入本地或远程用户信息系统，非法获得、修改、删除系统的信息，以及在系统上添加、伪造信息等一系列过程的总称。信息安全攻击对信息安全造成极大的危害，并导致机密信息的泄漏。人为的恶意入侵和攻击是信息安全所面临的最大威胁。因此，下面将介绍信息安全攻击手段的种类，并列举常见的典型攻击方法。

根据攻击行为的不同，信息安全攻击分为被动攻击和主动攻击。其中，被动攻击是在不影响信息系统正常工作的情况下，进行截获、窃取、破解以获得重要机密信息。在被动攻击中，攻击者的目的只是获取信息，因此攻击者不会篡改信息或危害信息系统，信息系统可以不中断其正常运行。然而，攻击可能会危害信息的发送者或接收者，因此在信息发送者或接收者发现机密信息已经泄露之前，要发现这种攻击非常困难。主动攻击以各种方式有选择地破坏信息的有效性和完整性。主动攻击可能改变信息或危害信息系统。主动攻击通常易于探测但却难于防范，因为攻击者可以通过多种方法发起攻击。根据攻击方式、方法和手段的不同，信息安全攻击包括恶意程序和木马攻击、缓冲区溢出攻击、拒绝服务攻击、欺骗攻击、中间人攻击、重放攻击和扫描监听攻击等。

- 恶意程序和木马攻击。

恶意程序攻击是攻击者在信息系统中插入一组指令或程序代码破坏信息系统功能或破坏信息数据，影响信息系统使用。恶意程序能够通过文件复制、文件传送、文件执行等方式传播给其他计算机和整个互联网信息系统。图1-3显示了CNCERT/CC近年来捕获及通过厂商交换获得的移动互联网恶意程序样本数量统计。

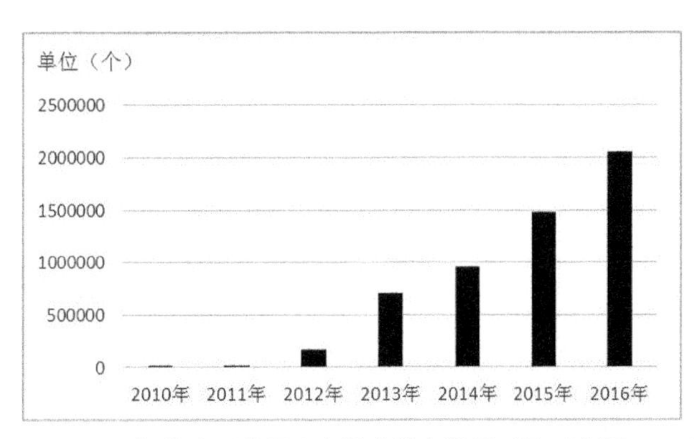

图 1-3　2010 ～ 2016 年移动互联网恶意程序样本数量对比（来源：CNCERT/CC）

从图1-3可以看出，大量涌现的恶意程序在移动互联网上极快地传播，对移动互联网安全带来了巨大灾难和安全问题，影响系统效率、破坏数据和阻塞网络等。木马和恶意程序一样也是一种蓄意设计的特殊程序，其一般分为客户端（Client）程序和服务器端（Server）程序。客户端是本地使用的各种命令的控制台程序，服务器端则是要给别人运行的程序，只有运行过服务器端的计算机才能够完全受控。木马不会像恶意程序那样去感染文件，但是木马具有远程控制管理用户计算机系统的能力，包括阅览、复制、修改、注入信息等，甚至实时记录各种动态信息，如键盘输入信息等。此外，和恶意程序一样，木马的隐藏性好，不易被发现，甚至具有不被防火墙所拦截的能力。

- 拒绝服务攻击。

拒绝服务攻击（Denial of Service，DoS）是指攻击者为阻止合法用户进行正常网络通信和使用网络资源而采取的行为。根据攻击原理不同DoS攻击可分为基于漏洞的攻击和基于流量的攻击。其中，基于漏洞的攻击就是利用软件中存在的漏洞（如操作系统、Web服务器中存在的缓冲区溢出漏洞等），当存在漏洞的系统收到特定类型的数据包时，会立即崩溃或性能急剧下降。例如，Ping of Death攻击利用一些系统不能处理超长IP包的漏洞，攻击者发送一个长度超过65535的Echo Request数据包，目标主机在重组分片的时候会造成事先分配的65535字节缓冲区溢出，导致TCP/IP协议栈的崩溃。基于流量的攻击是指攻击者在短时间内利用合理的服务请求向目标系统发送大量数据，来占用过多的服务资源，消耗目标系统资源或网络带宽，使目标系统的处理能力短时间内达到饱和，从而使合法用户得不到应有的服务资源，停止对合法用户提供正常的网络服务。例如，TCP SYN Flood洪泛攻击、Smurf攻击、UDP淹没攻击、Land攻击和电子邮件炸弹等。其中，TCP SYN Flood洪泛攻击是当前网络上最为常见的DoS攻击，也是最为经典的拒绝服务攻击。它利用了TCP协议实现上的一个缺陷，通过向网络服务所在端口发送大量的伪造源地址的攻击报文，就可能造成目标服务器中的半开连接队列被占满，从而阻止其他合法用户进行访问。Smurf攻击通过使用将回复地址设置成目标网络的广播地址的ICMP应答请求数据包，来淹没目标网络中的主机，最终导致该网络的所有主机都对此ICMP应答请求做出答复，导致网络阻塞；另外，将源地址改为第三方的受害者，最终导致第三方崩溃。UDP淹没攻击是指攻击者随机地向目标主机的端口发送UDP数据包，当目标主机接收到一个UDP数据包的时候，它会确定目的端口正在等待中的应用程序。当它发现该端口中并不存在正在等待的应用程序，就会产生一个目的地址无法连接的ICMP数据包发送给该伪造的源地址。如果向受害者计算机端口发送了足够多的UDP数据包的时候，整个系统就会瘫痪。基于流量的DoS攻击又可分为单攻击源拒绝服务攻击和分布式拒绝服务攻击。

传统的DoS攻击从一个攻击源攻击目标，可以很容易地通过流量分析来发现攻击者。此外，当攻击目标CPU处理器的运算速度低、内存小或网络带宽小等各项性能指标不高时，传统的DoS攻击效果明显。随着计算机与网络技术的发展，计算机的处理能力迅速增强，内存大大增加，同时也出现了千兆级别的网络，这使得传统DoS攻击困难加大。因此，近年来DoS攻击已经演变为同时从多个攻击源攻击一个目标的形式，称为分布式拒绝服务攻击

(Distributed Deny of Service，DDoS)。DDoS攻击采用资源耗尽型的攻击方式，它借助于客户/服务器等网络通信技术，将多个主机联合起来作为攻击平台，对目标主机同时发起DoS攻击，从而大大提高DoS攻击威力。DDoS攻击是通过控制多台傀儡主机，利用它们的带宽资源集中向攻击目标发动总攻，从而耗尽其带宽或系统资源的攻击形式。图1-4所示显示了DDoS攻击的体系结构。

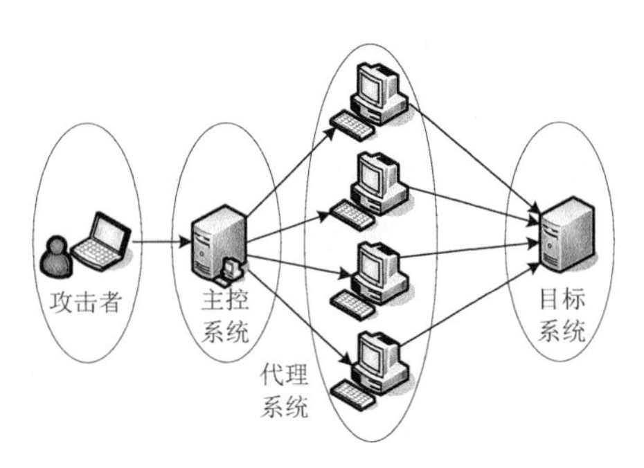

图 1-4 DDoS 攻击体系结构

从图1-4可以看出，DDoS攻击体系一般分为攻击者、DDoS主控系统、DDoS代理系统和目标系统4大部分。其中，第2部分的DDoS主控系统和第3部分的代理系统分别用作控制和实际发起攻击。因此，对第4部分的目标系统来说，DDoS的实际攻击包是从第3部分代理系统中的攻击傀儡机上发出的，第2部分的DDoS主控系统只发布命令而不参与实际的攻击。第1部分的攻击者对第2和第3部分有控制权或是部分控制权，它把相应的DDoS程序上传到这些平台上，这些程序与正常的程序一样运行并等待来自攻击者的指令，通常它还会利用各种手段隐藏自己不被别人发现。在平时，代理系统上的这些傀儡机并没有什么异常，只是一旦攻击者连接到它们进行控制，并发出指令的时候，主控系统与大量代理程序通信，并激活成百上千个代理程序的运行，攻击傀儡机就成为害人者对目标发起攻击。目前著名的DDoS攻击系统包括Billgates bot、TFN(Tribe Flood Network)、TFN2K、Trinoo、WinTrinoo和Stacheldraht等。

- 欺骗攻击。

网络欺骗是指攻击者通过向攻击目标发送冒充其信任主机的网络数据包，达到获取访问权或执行命令的攻击方法。欺骗攻击利用了以下两种漏洞：一类是TCP/IP协议本身的漏洞，另一类是操作系统和应用软件的漏洞，所以在对系统采取各种安全防范措施之前，必须首先应用各种安全扫描技术对系统进行完整、全面的分析检测，根据扫描结果采取相应措施。具体的有IP欺骗(IP Spoofing)、ARP欺骗(ARP Spoofing)、DNS欺骗(DNS Spoofing)、Web欺骗(Web Spoofing)、会话劫持(Session Hijack)和RIP(路由信息协议)路由欺骗等。其中，IP欺骗是攻击者将其发送的网络数据包的源IP地址篡改为攻击目标所信任主机的IP地址，从而骗取攻击目标信任的一种网络欺骗攻击方法。它通过利用主机之间的正常信任关系和TCP/IP协议及通信本身存在的一些缺陷（如IP地址与通信终端或地理位置不绑定、缺少源路由检测等）对目标主机进行攻击。此外，在IP欺骗中，攻击者伪造的IP地址是不可达或根本不存在。这种形式的IP欺骗主要用于迷惑目标主机上的入侵检测系统。

ARP欺骗是指攻击主机发送假冒MAC地址的ARP应答给目标主机发起的ARP查询。APR欺骗攻击可让攻击者取得目标主机上的分组数据。攻击者根据篡改MAC地址及对截获分组数据处理方式的不同而形成不同的攻击结果，并产生中断、窃取和篡改威胁。如果攻击者将MAC地址篡改为网络中不存在的MAC地址或将截获的数据包直接丢弃，那么将使目标主机无法正常连接通信，导致拒绝服务攻击。如果攻击者对截获的数据信息进行重新路由转发或修改后再转发，将形成中间人攻击。

DNS欺骗攻击是指攻击者提前向目标主机（DNS客户端）发送ID标识匹配，且包含欺骗IP地址的DNS应答数据包，那么当该欺骗应答数据包在合法DNS服务器发送的应答数据包之前到达客户端时，目标主机的DNS缓存里域名所对应的IP地址就是攻击者提供的欺骗IP地址。这时，目标主机将与具有欺骗IP地址的攻击主机建立连接通信，从而给目标主机造成安全威胁，如转移连接到点击即付的支付网站或伪造的银行网站中，使其银行账户/密码等信息被攻击者获取。

RIP欺骗攻击是指攻击者向目标路由器宣称其攻击路由器R拥有最短的连接网络N外部的路径，所有需要从网络N发出的数据包都会经攻击路由器R转发。当目标路由器将数据包路由到攻击路由器R中时，这些数据包受到攻击路由器检查、篡改、删除、丢弃的威胁。

Web欺骗攻击是指攻击者利用欺骗性的电子邮件和伪造的Web站点来进行诈骗活动。例如，网络钓鱼攻击。攻击者将自己伪装成知名银行、在线零售商和信用卡公司等可信的品牌网站，在所有接触诈骗信息的用户中，有5%以上的人会对这些骗局做出响应。受骗者往往会泄露自己的隐私数据，如信用卡号、账户用户名、口令和社保编号等内容。

会话劫持攻击是指攻击者冒充网络正常会话中的某一方，从而欺骗另一方执行其所要的操作。如TCP会话劫持，它通过监听和猜测TCP会话双方的ACK，插入包含期待ACK的数据包，能够冒充会话一方达到在远程主机上执行命令的目的。

- 中间人攻击。

当攻击者通过各种技术手段使自己处于目标主机之间时，称之为中间人。中间人在目标主机不知情的情况下监听、截取、篡改或重新路由目标主机之间通信的行为，称为中间人攻击（Man-in-the-middle Attack，MITM），图1-5所示为中间人攻击模型。

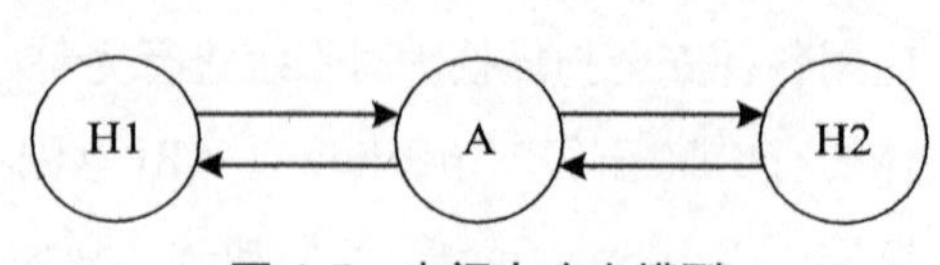

图 1-5　中间人攻击模型

在中间人攻击中，攻击者（图1-5中的A）可以在一个目标主机（图1-5中的H1）将通信内容发送到另一个目标主机（图1-5中的H2）之前监控和读取通信内容，然后将自己模拟成目标主机与另一个目标主机进行通信，使之能够与真正会话中的目标主机建立活动连接并读取或篡改传递的信息，真正通信的目标主机（即原始计算机用户）却认为它们是在与合法的另一主机进行通信。这样，进行通信的目标主机（H1和H2）就会在不知情的情况下向攻击者发送通信内容，并且当它们接收来自攻击者（A）的通信内容时，还以为自己只是在与预期的另一目标主机（H1或H2）进行通信。上述攻击在实际中出现的情况，攻击者对Active Directory 域服务进行修改以将其服务器添加为受信任的服务器，或对域名系统（DNS）进行修改以使客户端通过攻击者连接到服务器。攻击者可以利用SSL、SSH等网络安全协议的漏洞进行中间人攻击。中间人攻击使用户受到信息被窃取、篡改、删除、会话劫持的威胁。如今，在黑客越来越多地运用技术获取经济利益时，MITM攻击成为对网银、网游、网上交易等最有威胁并且最具破坏性的一种攻击方式。

- 窃听攻击。

窃听是指在未经授权的情况下访问或拦截信息。例如，在网络上传输的文件可能含有机密信息，未经授权的实体就有可能拦截该传输并利用其内容用以谋利。传统的网络通信协议，如FTP、POP和Telnet在传输机制和实现原理上是没有考虑安全机制的，其本质是不安全的。因为它们在网络上用明文来传送文件、用户账号和口令。攻击者通过窃听、数据拦截等网络攻击手段非常容易地就可以截获这些文件、用户账号和口令。网络窃听可以在网络上的任何一个位置，如局域网中的一台主机、网关上，路由设备或交换设备上等。为避免被窃听，通过加密技术可以使传输的信息成为对窃听者不可理解的信息。

- 重放攻击。

重放攻击是指攻击者重现以前合法用户向服务器所发送的数据以获取访问权或其他分配给该用户的权限。加密可以有效防止窃听攻击，但是却防止不了重放攻击。例如，在进行身份认证时，客户端对用户密码先进行哈希运算，再密码的哈希值将发送给服务器。如果密码的哈希值被攻击者获得，那么攻击者即使不需要进行暴力攻击来获得实际的密码，仍然可以通过重复攻击将哈希密码发送给服务器，并通过服务器的认证。

- 探测攻击。

探测攻击又称为扫描攻击，是指利用网络扫描技术发现攻击目标，并对攻击目标可能存在的已知安全漏洞进行逐项检查。探测攻击主要是为了获取目标主机的一些系统信息，一般不具备破坏性。通过扫描可以获取目的主机操作系统的类型、开放的服务和端口、系统上的共享资源等。探测得到的信息为下一步的攻击入侵创造条件。

• 口令攻击。

口令攻击是指攻击者以口令为攻击目标，破解合法用户的口令，或避开口令验证过程，然后冒充合法用户入侵目标网络系统，夺取目标系统控制权的过程。口令是信息系统的第一道防线。当前的信息系统，如系统登录、数据库访问、电子邮件收发等，都是通过口令来验证用户身份、实施访问控制的。因此，攻击者攻击目标时常常把破译用户的口令作为攻击的开始。如果口令攻击成功，攻击者进入了目标信息系统，他就能够随心所欲地窃取、破坏和篡改被侵入方的信息，直至完全控制被侵入方。口令攻击通过多种不同方法实现，包括猜测攻击、字典攻击、暴力攻击（Brute Force Attack）、彩虹攻击、直接破解系统口令文件、嗅探、木马程序和社会工程学（Social Engineering）等。其中，猜测攻击是指使用口令猜测程序进行攻击。口令猜测程序往往根据用户设置密码的习惯猜测用户密码，如名字缩写、生日、宠物名和部门名等。在详细了解用户的社会背景之后，攻击者可以列举出几百种可能的口令，并在很短的时间内就可以完成猜测攻击。如果猜测攻击不成功，攻击者会采用字典攻击继续扩大攻击范围。字典攻击是指攻击者使用一个包含大多数词典单词的文件，并对文件中的所有英文单词进行尝试，程序将按序取出一个又一个的单词，进行一次又一次尝试，直到成功。由于多数人使用普通词典中的单词作为口令，发起词典攻击通常是较好的开端。如果用户的口令不太长或是单词、短语，那么很快就会被破译出来。例如，对于一个有8万个英文单词的集合来说，攻击者不到一分半钟就可试完。如果字典攻击仍然不能够成功，攻击者会采取穷举攻击。穷举攻击是指攻击者根据猜测的口令长度及口令字符集确定所有可能的口令空间，然后对口令空间中的每个口令逐一进行测试，直到出现正确口令。一般从口令长度为1的口令开始，按长度递增进行尝试攻击。由于人们往往偏爱简单易记的口令，穷举攻击的成功率很高。避免以上口令攻击的对策是加强口令策略。当以上口令攻击都不能够奏效时，攻击者会寻找目标主机的安全漏洞和薄弱环节，伺机窃取存放系统口令的文件，然后破译其加密的口令，称为直接破解系统口令文件。嗅探口令攻击是指通过嗅探器在网络中嗅探明文传输的口令字符串。避免此类攻击的对策是网络传输采用加密传输的方式进行。木马程序口令攻击是指在目标系统中安装键盘记录后门，通过记录用户输入的口令字符串获取用户的口令信息。社会工程学口令攻击是指通过人际交往这一非技术手段以欺骗、套取的方式来获得口令。避免此类攻击的对策是加强防范意识。

• 流量分析攻击。

通过加密可使文件变为对攻击者不可解的信息，但是攻击者还可以通过在线监测流量获得一些其他形式的信息，称为流量分析（Traffic Analysis）。攻击者能够根据数据交换的出现、消失、数量或频率而提取出有用信息。数据交换量的突然改变也可能泄露有用信息。例如，当公司开始出售它在股票市场上的份额时，在消息公开以前的准备阶段中，公司可能与银行有大量通信。因此，对购买该股票感兴趣的人就可以密切关注公司与银行之间的数据流量以了解是否可以购买或卖出。

1.1.4 信息安全威胁

信息系统的安全缺陷和出现的信息安全攻击，使信息系统主要面临着信息被窃取、篡改、伪造和删除的威胁，以及信息的正常运行也面临中断威胁。图1-6所示为互联网信息系统面临的安全威胁类型。

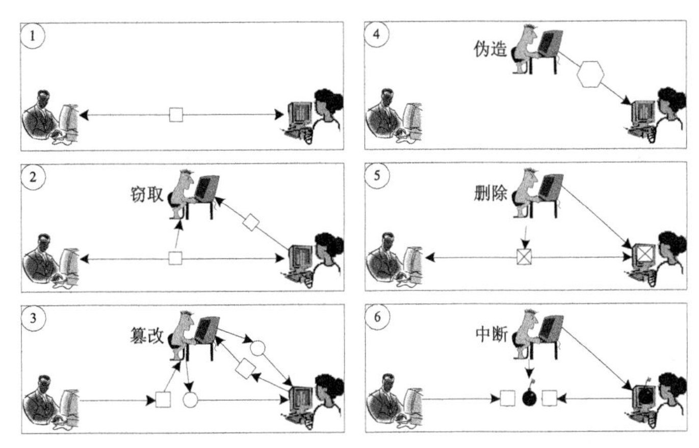

图 1-6 信息安全威胁类型

图1-6中的①表示互联网信息系统的正常通信模型。从图1-6中的②可以看出，窃取威胁是指非授权用户通过某种手段获得对信息资源的访问，如通过侦听通信链路从网络上截获他人的通信内容，或者非法登录他人的用户终端获取其存储介质上的数据信息等，它是以破坏数据信息的保密性作为攻击目标。图1-6③中的篡改威胁是指非授权用户不仅获得访问而且对数据进行修改，它是以破坏数据信息的完整性作为攻击目标。攻击者可以修改信息使其对自己有利。例如，某客户为一笔交易给银行发送信息，攻击者即可拦截信息并将其改变为对自己有利的交易形式。或者学生篡改教务系统中的学生成绩。图1-6④中的伪造威胁是指非授权用户将伪造的数据插入到正常传输的数据中，它是以破坏数据信息的鉴别性作为攻击目标，如攻击者伪装或假扮成发送方，在网络上发布/传输虚假或欺骗的信息（如诈骗邮件、QQ诈骗等）。有时攻击者也可能伪装为接收方。例如，当用户设法联系某银行的时候，另外一个地址伪装为银行（如钓鱼网站等），从用户那里得到某些相关的信息。图1-6⑤中的删除威胁是指非授权用户直接删除其他用户的数据信息。图1-6⑥中的中断威胁是以可用性作为攻击目标，它通过破坏网络设备、通信链路或通信终端等系统资源，使网络不可用，最终导致信息通信的中断。

1.1.5 信息安全技术

针对信息安全的不同缺陷，所面临的各种攻击，以及存在的各种威胁，需要用以下不同的信息安全技术来弥补其缺陷，抵御其攻击和消除其威胁。

一、密码技术

密码技术是研究密码学的相关算法，并利用其提供信息的保密性、完整性、鉴别性和不可否认性等安全服务的方法。密码技术包括对称密码算法、公钥密码算法和哈希密码算法。其中，对称密码算法可以对明文信息进行加密。公钥密码算法不仅可以对明文信息进行加密，还能通过数字签名对通信实体进行身份认证。此外，公钥密码算法还能提供密钥的安全管理。哈希密码算法通过哈希摘要值的校验，防止信息的伪造或篡改。

二、身份认证技术

身份认证技术是在信息安全中确认操作者身份过程的方法，提供信息安全的鉴别性和访问控制服务。在信息系统中，包括用户身份的所有信息都是用一组特定的数据来表示，信息系统只能识别用户的数字身份，所有对用户的授权也是针对用户数字身份的授权。因此，身份认证技术就是为了解决如何保证以数字身份进行操作的操作者就是这个数字身份的合法拥有者，也就是说保证操作者的物理身份与数字身份相对应。作为信息资产的第一道防护关口，身份认证有着举足轻重的作用。

三、防火墙技术

防火墙技术指根据安全策略和规则，对进出信息系统的数据进行检查、匹配、变换、代理和过滤、隔离等操作，或对信息系统进行信息探测的非法行为进行屏蔽或拒绝的方法，实现对信息的保密性和访问控制服务。防火墙技术包括包过滤防火墙、状态检测防火墙、电路网关防火墙、应用代理防火墙和网络地址转换防火墙。

四、虚拟专用网络技术

虚拟专用网络（Virtual Private Network，VPN）技术指在公共互联网上建立私有的安全通信信道的方法，实现对信息的保密性、鉴别性和访问控制服务。根据VPN工作的协议层次不同，包含有工作在链路层的PPTP、L2F和L2TP VPN，工作在网络层的IPsec VPN，以及工作在传输层的SSL VPN。

五、安全扫描技术

安全扫描是一种基于互联网远程目标检测或信息系统脆弱性检测的技术。根据扫描的信息不同，安全扫描包含主机扫描、端口扫描和漏洞扫描。通过对信息系统的安全扫描，网络管理员能够发现信息系统的各种网络TCP/IP端口的分配、开放的服务、服务软件版本和这些服务及应用软件暴露在互联网上的安全漏洞，并采取相应的防范措施，从而降低信息系统的安全风险。

六、入侵检测技术

入侵检测是一种能够及时发现并报告信息系统中未授权或异常现象，或者违反安全策略行为的技术。它通过收集和分析信息系统行为、安全日志、审计数据来检查信息系统中是否存在违反安全策略的行为和被攻击的迹象。入侵检测作为一种积极主动的安全检测技术，提供了对内部攻击、外部攻击和误操作的实时保护，在信息系统受到危害之前拦截和响应入侵。

七、可信计算技术

可信计算技术是指在信息系统的硬件架构上添加可信计算安全芯片模块及相应可信软件，以构建一个操作系统体系之外的可信计算安全平台。中国工程院沈昌祥院士表示，以防外与封堵为特征的传统信息安全系统，难以应对目前主要源自内部的安全威胁，而可信计算技术在硬件平台引入安全芯片架构，能从根本上实现对各种不安全因素的主动防御。

1.2 信息系统安全体系结构

国际标准化组织（ISO）在开放系统互联参考模型（OSI/RM）的基础上，于1989年制定了在OSI环境下解决信息安全的规则ISO/IEC 7498-2：信息处理系统.开放系统互连.基本参考模型.第2部分:安全体系结构（Information Processing Systems; Open Systems Interconnection; Basis Reference Model; Part 2: Security Architecture）。1990年，国际电信联盟（International Telecommunication Union，ITU）采用ISO/IEC 7498-2作为它的X.800推荐标准，我国的国家标准GB/T 9387.2-1995《信息处理系统 开放系统互连 基本参考模型 第2部分：安全体系结构》等同于ISO/IEC 7498-2。ISO/IEC 7498-2扩充了基本参考模型，加入了安全问题的各个方面，为开放系统的安全通信提供了一种概念性、功能性及一致性的途径。在ISO/IEC 7498-2中描述了开放系统互联安全的体系结构，提出设计安全的信息系统的基础架构中应该包含5种安全服务，能够对这5种安全服务提供支持的8类安全机制和普遍安全机制。其中5种安全服务为保密性、完整性、鉴别服务、抗抵赖性和访问控制。8类安全机制为加密、数字签名、访问控制、数据完整性、交换鉴别、业务流量填充、路由控制和公证。

1.2.1 信息安全服务

安全服务（Security Service）是指采用一种或多种安全机制以抵御安全攻击、提高信息系统的信息处理安全和信息传输安全的服务。面对各种信息安全威胁，要实现安全的信息通信，需要提供的信息安全服务包括保密性、完整性、鉴别性、抗抵赖性和访问控制。

一、保密性服务

保密性又称机密性（Confidentiality），是指不向非授权用户、实体或过程泄露信息系统资源（如数据信息、系统和硬件设备等），或保护信息系统资源免于被暴露和窃取攻击，例如，信息免于被进行流量分析，即它可以保护信息免于窃听和流量分析，它是针对资源泄露和窃取等威胁的安全服务。机密性服务的内容包括信息系统中静态存储的信息和动态传输的信息，以及物理资源。

二、完整性服务

完整性（Integrity）是指信息在存储和传输过程中保持不被非授权用户、实体或过程偶然或故意添加、篡改、删除的特性，它是针对信息删除、篡改、伪造等威胁的安全服务。破坏完整性的因素包括传输链路误码、设备故障、人为误操作及人为恶意攻击。此外，像网络使用高峰期的系统中断、传输链路误码和设备故障等，也可能会对信息造成不应有的改变。完整性服务要求网络信息不受各种原因破坏。完整性是一种面向网络信息的安全性，它可以保护网络信息的整体和部分。实现完整性服务的方法、机制和技术包括冗余校验、单向散列等。

三、鉴别性服务

鉴别性又称身份认证，是指在信息系统中对数据来源的证实以及对通信实体的识别，因此它包括信源认证（数据源身份认证，Data Origin Authentication）和实体认证（对等实体身份认证，Peer Entity Authentication）。在鉴别性服务中，对数据来源的鉴别（即信源认证）就是要保证数据接收方接收的数据信息确实是从它声明的来源发出的。另外，鉴别性服务还可以提供远在另一端的通信实体的身份认证，也就是提供发送方或接收方的身份认证（即实体认证）。例如，在信息系统中有通信连接的时候，在建立连接时认证发送方和接收方的身份；在没有通信连接的时候，认证信息的来源。鉴别性服务是针对网络欺骗、伪造等安全威胁的安全服务。实现鉴别性服务的方法、机制、技术包括账户/密码、数字证书、基于生物特征（如指纹、视网膜、脸型等）的认证等。

四、抗抵赖性服务

抗抵赖性（Non-repudiation）是指通信实体无法抵赖自己的网络行为的特性。例如，在网络通信中，通信的数据发送方无法否认发送过数据的行为，同样，数据接收方无法否认接收到数据的行为，因此又称不可否认性。在抗抵赖性服务中，带有源证据时，如果通信数据的发送方否认自己发出过数据，数据的接收方过后可以检验其身份，并通过其源证据证实数据确实是从声明的发送方发出。同样，带有交接证据时，通信数据的发送者过后可以检验发送给预定接收方的通信数据，并通过交接证据证明通信数据确实是由预定接收方所接收。抗抵赖性服务是针对网络欺骗、抵赖等安全威胁的安全服务。实现抗抵赖性服务的方法、机制和技术包括数字签名、电子取证和安全审计等。

五、访问控制服务

访问控制（Access Control）是指对用户访问信息系统资源的权限进行严格的认证和控制。在信息系统中，访问包含对程序的读、写、修改和执行等；另外，也指可以控制授权范围内的信息流向及行为方式。此外，访问控制服务在于信息和数据被合法使用时，保证可以控制授权用户或过程的使用方法和权限，即保护信息免于被未经授权的实体访问，它是针对网络入侵等威胁的安全服务。实现访问控制服务的方法、机制、技术包括进行用户身份认证，对口令加密、更新和鉴别，设置用户访问目录和文件的权限，控制网络设备配置的权限等。

1.2.2 信息安全机制

安全机制（Security Mechanism）是指设计用于预防、检测安全攻击或恢复信息系统的机制。ISO/IEC 7498-2中提出了提供安全服务的加密、数字签名、访问控制、数据完整性、交换鉴别、业务流量填充、路由控制和公证等安全机制。

一、加密机制

加密机制主要用来解决信息的窃取安全威胁，它能提供对信息的机密性、鉴别性、完整性等安全服务支持。首先，加密是提供数据信息保密的最常用和核心方法。此外，加密技术不仅应用于数据的安全存储和安全传输，也应用于程序的安全运行。例如，通过对程序的运行进行加密保护，可以防止软件被非法复制和使用，防止软件的安全机制被破坏，称为软件加密技术。在加密机制中，根据密码体制的不同划分，可分为序列密码和分组密码算法两种。按不同的密钥类型划分，加密算法可分为对称密钥密码和非对称密钥密码两种。加密机制除了提供信息的保密性之外，它和其他技术结合，如哈希函数，还能提供信息的完整性。ISO七层协议模型中，除了会话层不提供加密保护外，加密可在其他各层上进行。在现代加密机制中，加密算法是公开的，而密钥是需要进行保密的，因此与加密机制伴随而来的是密钥安全管理机制。

二、数字签名机制

数字签名是指发送方以电子形式签名一个消息或文件，表示签名人对该消息或文件的内容负有责任。此外，通过发送方的数字签名，信息接收方可以对签名进行电子检验。实现数字签名的过程和方法总和就称为数字签名机制。在数字签名中，发送方使用非对称加密算法中的私钥进行电子签名，接收方使用与发送方的私钥有联系的公钥进行验证，证明信息确实是由声称发送过这个信息的人签名的。数字签名机制主要用来解决信息的窃取否认、篡改、伪造和冒充威胁，它能提供对信息的鉴别性和不可否认性等安全服务支持。此外，数字签名综合使用数字摘要和公钥加密技术，可以在保证数据完整性的同时保证数据的真实性。

三、访问控制机制

访问控制是通过对访问主体的有关信息进行检查，并按确定的规则决定主体对客体的访问是否合法来限制或禁止访问主体使用资源，它分为高层访问控制和低层访问控制。其中，高层访问控制包括身份检查和权限确认，通过对用户口令、用户权限、资源属性的检查和对比来实现。低层访问控制是通过对通信协议中的某些特征信息的识别、判断，来禁止或允许用户访问的措施。如在路由器上设置过滤规则进行数据包过滤，就属于低层访问控制。访问控制机制是实现访问主体对各种网络资源的访问和操作进行限制的策略和方法总和。例如，当一个主体试图非法使用一个未经授权使用的客体时，访问控制机制将拒绝这一企图。此外，访问控制机制还能向审计跟踪系统报告这一事件。审计跟踪系统将产生报警信号或形成部分追踪审计信息。访问控制机制主要用来解决信息系统的非法入侵威胁，它可以防止未经授权的用户非法使用信息系统资源，这种服务不仅可以提供给单个用户，也可以提供给用户组的所有用户。建立访问控制机制的方法包括控制信息库、鉴别信息、权限、安全标记、访问的时间、访问的路由和访问持续的时间等。

四、数据完整性机制

在互联网信息系统中，数据往往通过分组进行传输，所以数据完整性包括数据单元的完整性和数据单元序列的完整性两种形式。其中，数据单元的完整性是指组成一个单元的一段数据不被破坏和增删篡改，它包括发送实体和接收实体两个过程。数据序列的完整性是指发出的数据被分割为按序列号编排的许多单元时，在接收时还能按原来的序列把数据串联起来，而不会发生数据单元的丢失、重复、乱序、假冒等情况。因此，数据完整性机制是防止数据单元或数据单元序列被插入、修改、假冒、重发或丢失的过程和各种方法的总和，该机制提供对信息的完整性和不可否认性等安全服务支持。保证数据完整性的一般方法是发送实体在一个数据单元上加一个标记，这个标记是数据本身的函数变换，如一个分组校验，或密码校验函数，它本身是经过加密的。接收实体是一个对应的标记，并将所产生的标记与接收的标记相比较，以确定在传输过程中数据是否被修改过。例如，把包含有数字签名的文件用单向哈希函数产生一个固定长度的摘要标记，并在传输信息时将它加入文件一同送给接收方。接收者在收到文件后也用相同的单向哈希函数进行变换运算得到另一个标记，然后将自己运算得到的标记与发送过来的标记进行比较，看看产生的标记是否相同就可知道数据是否完整。数据单元序列的完整性是要求数据编号的连续性和时间标记的正确性，以防止假冒、丢失、重发、插入或修改数据。

五、交换鉴别机制

在互联网信息系统中，为了保证信息交换的真实可靠，需要有一种机制来验证通信实体双方的真实身份。在进行身份认证时，两个实体交换信息以相互证明身份。因此，信息系统的交换鉴别机制是以交换信息的方式来确认实体身份的各种方法的总和，该机制提供对信息的鉴别性安全服务支持。例如，一方实体可以证明他知道一个只有他才知道的秘密。在认证机制中，通常采用口令、密码技术和实体的特征或所有权等方式进行认证。其中，口令认证是指由发送实体提供自己的口令，以证明自己的身份，接收实体则根据口令来判断对方的身份。密码技术认证是指发送实体和接收实体各自掌握的密钥是成对的。接收实体在收到已加密的信息时，通过自己掌握的密钥解密，能够确定信息的发送实体是掌握了另一个密钥的那个人。在许多情况下，密码技术还和时间标记、同步时钟、双方或多方握手协议、数字签名、第三方公证等相结合，以提供更加完善的身份鉴别。特征实物认证是指利用实体的特征或所有权，如U盾、IC卡、指纹、脸形和声音等。

六、业务流量填充机制

流量填充是指在数据流中随机嵌入一些虚假信息，从而阻止攻击者企图通过流量分析提取出有用信息。因此，流量填充机制提供针对流量分析的保护。这种机制主要是对抗非法者在线路上监听数据并对其进行流量和流向分析。例如，通过流量填充装置在无信息传输时，连续发出伪随机序列，使得攻击者不知哪些是有用信息，哪些是无用信息。该机制提供对信息的机密性安全服务支持。流量填充机制能够保持流量基本恒定，因此攻击者不能获取任何信息。流量填充的实现方法是随机生成数据并对其进行加密，再通过信息系统进行传输。

七、路由控制机制

在互联网信息系统中，从源节点到目的节点可能有多条路由线路，有些路由线路是安全的，而有些路由线路可能是不安全的。路由控制机制可以使信息发送者指定通过网络发送数据的路径。这样，可以选择那些可信的网络节点，从而确保数据不会暴露在安全攻击之下，该机制提供对信息的机密性安全服务支持。

八、公证机制

公证是指选择一个双方都信赖的第三方控制双方的通信，如此即可避免否认。由于互联网信息系统是一个开放的平台，不是所有的网络实体或用户都是可靠和可信的。此外，也可能由于系统故障等原因使信息丢失、迟到等，这很可能引起责任问题。为了解决这个问题，就需要有一个各方都信任的第三方实体——公证机构，如同一个国家设立的公证机构一样，提供公证服务，仲裁出现的问题。例如，为了避免发送方过后否认其曾经提过这样的请求，接收方可以通过第三方的公正机构来保存发送方的请求。因此，公证机制是指通信双方进行数据通信时必须经过这个机构来中转，公证机构从中转的信息里提取必要的证据，日后一旦发生纠纷，就可以据此做出仲裁。该机制提供对信息的不可否认性安全服务支持。

信息安全机制与安全服务的关系如表1-1所示。它表明对于每一种服务的提供，有哪些机制被认为是适宜的，可以由一种机制单独提供或几种机制联合提供。

表 1-1　安全机制与安全服务的关系

安全服务 \ 安全机制		加密	数字签名	访问控制	数据完整性	交换鉴别	业务流量填充	路由控制	公证
鉴别	对等实体鉴别	√	√			√			
	数据源发鉴别	√	√						
访问控制				√					
数据机密性	连接机密性	√						√	
	无连接机密性	√						√	
	选择字段机密性	√							
	业务流机密性	√				√	√	√	
数据完整性	可恢复的连接完整性	√			√				
	不可恢复的连接完整性	√			√				
	选择字段的连接完整性	√			√				
	无连接完整性	√	√		√				
	选择字段的无连接完整性	√	√		√				
抗抵赖性	数据源发证明的抗抵赖性	√	√		√				√
	交付证明的抗抵赖性	√	√		√				√

1.3 信息安全保障

互联网是涉及面极广的信息系统，要实现真正意义上的安全，必须同时从法规政策、管理、技术三个层面全方位采取有效措施。

一、完善的法律法规

信息安全需要通过完善的法律法规加以保障，为此不同的国家都针对信息安全制定了相应的法律法规。在美国，1998年5月发布《保护美国关键基础设施》，并围绕信息安全保障成立了多个组织，包括全国信息保障委员会、全国信息保障同盟、关键基础设施保障办公室、首席信息官委员会、联邦计算机事件响应行动组等十多个全国性机构。1998年美国国家安全局（National Security Agency，NSA）制定了《信息保障技术框架（Information Assurance Technical Framework，IATF）》，提出深度防御策略，确定包括网络与基础设施防御、区域边界防御、计算环境防御和支撑性基础设施的深度防御目标。2000年1月发布《保卫美国计算机空间——保护信息系统的国家计划》，分析美国关键基础设施所面临的威胁，确定计划的目标和范围，制定出联邦政府关键基础设施保护计划，以及私营部门、洲和地方政府的关键基础设施保障框架。

俄罗斯在1995年颁布《联邦信息、信息化和信息保护法》，提出保护信息的法律责任，明确界定信息资源开放和保密的范畴，为提供高质量的信息保障创造条件。1997年发布《俄罗斯国家安全构想》，明确提出保障国家安全应把保障经济安全放在第一位，而信息安全又是经济安全的重中之重。2000年发布《国家信息安全学说》，明确了联邦信息安全建设的任务、原则和主要内容，第一次明确俄罗斯在信息领域的利益是什么，受到的威胁是什么，以及为确保信息安全首先要采取的措施等。

日本在2003年发布《信息安全综合战略》，强调信息安全保障是日本综合安全保障体系的核心。2010年发布《保护国民信息安全战略》，进一步加紧完善与信息安全相关的政策和法律法规，并成立信息安全措施促进办公室、综合安全保障阁僚会议、IT安全专家委员会和内阁办公室下的IT安全分局。

我国在信息安全方面也制定了一系列法律法规，包括《中华人民共和国计算机安全保护条例》《中华人民共和国商用密码管理条例》《计算机信息网络国际联网管理暂行办法》《计算机信息网络国际联网安全保护管理办法》和《计算机信息系统安全等级划分标准》等。此外，在我国的《刑法》修订中，也增加了有关计算机犯罪的条款。2016年11月7日发布《中华人民共和国网络安全法》，为保障我国的网络安全，维护网络空间主权和国家安全、社会公共利益，保护公民、法人和其他组织的合法权益，促进经济社会信息化健康发展提供了法律依据和保障。

二、严格的管理

安全管理包括人员可靠性、规章制度完整性等，其按照不同信息系统而不同。在开放信息系统中，根据信息安全监测软件的实际测试，一个没有安全防护措施的信息系统，其安全漏洞通常有1500个左右。其中用户口令的保管对信息系统安全至关重要。实际上，信息系统用户中很谨慎地使用或保管口令的人很少，因此被窃取概率很大。在封闭环境或专用系统特别是涉密信息系统中，各用户单位应建立相应的信息安全管理规则，确定大家共同遵循的规范，以加强内部管理，保证信息安全技术按预定的安全设计无差错运行。同时，依据信息安全评估标准，建立安全审计和安全跟踪体系，建立必要的信息安全管理系统。只有提高全体人员的信息安全意识，才能真正增强整个信息系统的安全性。

三、先进的技术

当前在信息安全中普遍采用的技术包括规模化密钥管理技术、虚拟网技术、防火墙技术、入侵监控技术、安全漏洞扫描技术、防病毒技术、加密技术、可信计算技术、鉴别和数字签名技术等，可以综合应用，构成多层次的信息安全解决方案。

1.4 信息安全模型

由于信息安全的动态性特点，信息安全防护也在动态变化，同时，信息安全目标也呈现为一个不断改进的、螺旋上升的动态过程。传统的以密码技术为核心的单点技术防护已经无法满足信息安全的需要，人们迫切地需要建立一定的安全指导原则以合理地组织各种信息安全措施，从而达到动态的信息安全目标。为了有效地将单点的安全技术有机融合成信息安全的体系，各种信息安全模型应运而生。所谓信息安全模型，就是动态信息安全过程的抽象描述。为了达到安全目标，需要建立合理的信息安全模型描述，以指导信息安全工作的部署和管理。目前，在信息安全领域存有较多的安全模型。这些信息安全模型都较好地描述了信息安全的部分特征，又都有各自的侧重点，在各自不同的专业和领域都有着一定程度的应用。本节将介绍信息安全领域比较通用的安全模型，通过对安全模型的研究，了解安全动态过程的构成因素，从而构建合理而实用的安全策略体系。

1.4.1 传统信息安全模型

在信息系统中，为了保证信息传输的安全性，一般需要一个值得信任的第三方负责在源节点和目的节点间进行秘密信息（如密钥）分发，同时当双方发生争执时，起到仲裁的作用。图1-7所示为传统信息安全模型示意图。

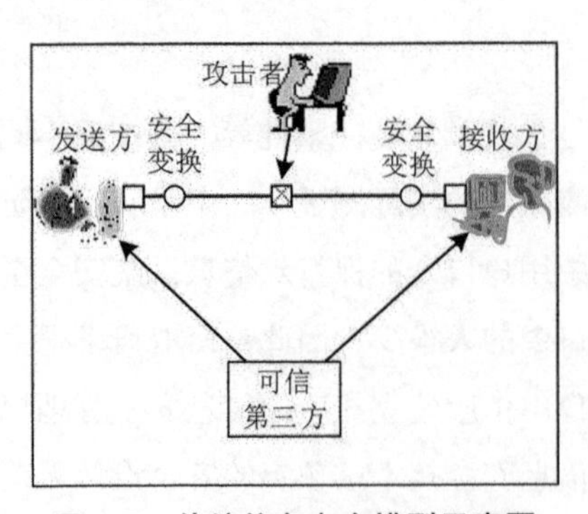

图 1-7 传统信息安全模型示意图

在图1-7所示的基本模型中，通信的双方在进行信息传输前，首先建立一条逻辑通道，并提供安全的机制和服务来实现在开放信息系统环境中信息的安全传输。信息的安全传输主要包括以下几点。

（1）发送方从源节点发出的信息，使用信息加密等密码技术对其进行安全的转换，从而实现该信息的保密性，同时也可以在该信息中附加一些特征信息，作为源节点的身份验证。

（2）源节点与目的节点应该共享如加密密钥这样的保密信息，这些信息除了发送双方和可信任的第三 方之外，对其他用户都是保密的。

（3）接收方从目的节点接收安全信息，并将其转换成接收方能理解的明文信息。

1.4.2 P2DR 模型

传统的信息安全技术都集中在系统信息自身的加固和防护上。单纯的防护技术容易导致系统的盲目建设。面对不可避免的各种攻击，信息系统安全的重点应放在如何在安全策略的指导下及时发现问题，然后迅速响应，为此美国ISS公司提了一种动态的P2DR（Policy，Protection，Detection，Response）信息安全模型。P2DR是在安全策略的统一控制和指导下，在综合运用防护措施基础上，利用检测措施检测评估信息系统的安全状态，并通过及时的响应措施将信息系统调整到风险最低的安全状态。此外，P2DR对传统安全模型作了很大改进，引进了时间的概念，对实现信息的安全状态给出了可操作性的描述。图1-8所示为P2DR模型示意图。

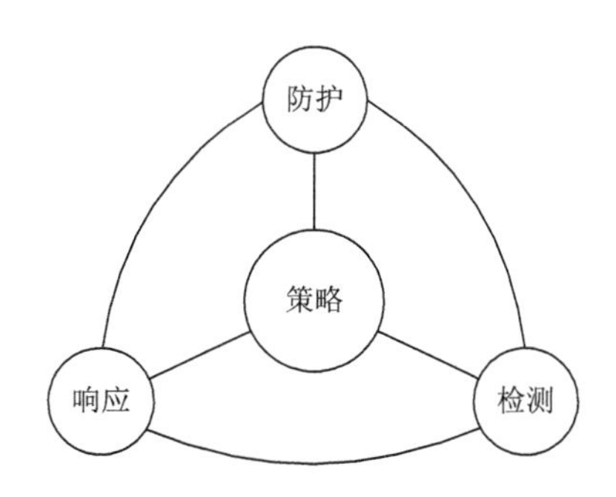

图 1-8 P2DR 模型示意图

从图1-8所示的P2DR模型可以看出，完整的信息安全体系应当包括核心安全策略（Policy）、防护（Protection）、检测（Detection）和响应（Response）4个主要部分。其中，安全策略是整个P2DR模型的核心，它是P2DR模型中的防护、检测和响应等部分实施的依据。信息安全策略可以分为总体安全策略与具体安全策略规则。一个安全策略体系的建立包括策略的制定、评估与执行。防护是根据信息系统中可能出现的安全问题而采取的预防措施，这些措施通过传统的静态安全技术实现。采用的防护技术通常包括数据加密、身份认证、访问控制、VPN、防火墙和数据备份等，它对信息系统可能出现的安全问题采取预防措施。防护可以预先阻止可以发生攻击的条件产生，让攻击者无法顺利地入侵。检测是根据入侵事件的特征检测入侵行为。当攻击者穿透防护模块时，检测模块就发挥作用，与防护系统形成互补。检测模块使用漏洞扫描和入侵检测等技术。在P2DR模型中，检测模块是非常重要的一个环节，检测是静态防护转化为动态防护的关键，是动态响应和加强防护的依据，它也是强制落实安全策略的有力工具，通过不断地检测和监控信息系统，发现新的威胁和弱点，通过循环反馈及时做出有效的响应。响应是当安全事件发生时采取的对应措施，并把信息系统恢复到原来的状态或比原来更安全的状态。信息系统一旦检测到入侵，响应系统就开始工作，进行事件处理。响应包括紧急响应和恢复处理，恢复处理又包括系统恢复和信息恢复。防护、检测和响应组成了一个完整的、动态的安全循环，在核心安全策略的指导下保证信息系统的安全。

P2DR模型是基于时间的安全理论。该理论的基本原理就是认为网络安全相关的所有活动，不管是攻击行为、防护行为、检测行为和响应行为等都要消耗时间。因此，可以用时间来衡量一个体系的安全性和安全能力。设P_t为系统保护安全目标所提供的防护时间，它相当于攻击者攻击安全目标所花费的时间。在入侵发生的同时，检测系统也在发挥作用，因此设D_t为从入侵者开始发动入侵开始，到系统能够检测到入侵行为所花费的时间。在检测到入侵后，系统会做出应有的响应动作，设R_t表示从发现入侵行为开始，到系统能够做出足够的响应，将系统调整到正常状态的时间。因此，P2DR 模型就可以用以下数学公式来表达安全的要求：

$$P_t > D_t + R_t \tag{1-1}$$

在公式（1-1）中，针对需要保护的安全目标，如果公式满足防护时间P_t大于检测时间D_t加上响应时间R_t，也就是在入侵者危害安全目标之前就能被检测到并及时处理，目标就是安全的。

当$P_t=0$，即防护时间为0，则有以下公式：

$$E_t = D_t + R_t \tag{1-2}$$

在公式（1-2）中，D_t与R_t之和为该安全目标系统的暴露时间E_t。针对需要保护的安全目标，如果E_t越小系统就越安全。P2DR模型阐述了这样一个结论：安全的目标实际上就是尽可能地增大保护时间，尽量减少检测时间和响应时间，在系统遭到破坏后，应尽快恢复，以减少系统暴露时间。

通过上面两个公式的描述，实际上给出了信息安全一个全新的定义：及时的检测和响应就是安全，及时的检测和恢复就是安全。而且，这样的定义为安全问题的解决给出了明确的方向，即提高系统的防护时间P_t，降低检测时间D_t和响应时间R_t。P2DR模型也存在一个明显的弱点，就是忽略了内在的变化因素。如人员的流动、人员的素质和策略执行的不稳定性等。实际上，信息安全问题牵涉面广，除了涉及防护、检测和响应，信息系统本身安全免疫力的增强、系统和整个网络的优化，以及人员这个在系统中作为最重要角色的素质提升，都是P2DR安全模型没有考虑的问题。

1.4.3 PDRR 模型

近年美国国防部提出了信息安全保障体系（Information Assurance，IA）概念，其重要内容概括了信息安全的整个环节，即包括防护（Protect）、检测（Detect）、响应（React）和恢复（Restore），形成了PDRR安全模型。PDRR模型把信息的安全保护作为基础，将保护视为活动过程，要用检测手段来发现安全漏洞，及时更正，同时采用应急响应措施对付各种入侵。在系统被入侵后，要采取相应的措施将系统恢复到正常状态，使信息的安全得到全方位的保障。该模型强调的是自动故障恢复能力，因此，在PDRR模型中，安全的概念已经从信息安全扩展到了信息保障，信息保障内涵已超出传统的信息安全保密，是防护（Protect）、检测（Detect）、反应（React）和恢复（Restore）的有机结合。图1-9所示为PDRR模型示意图。

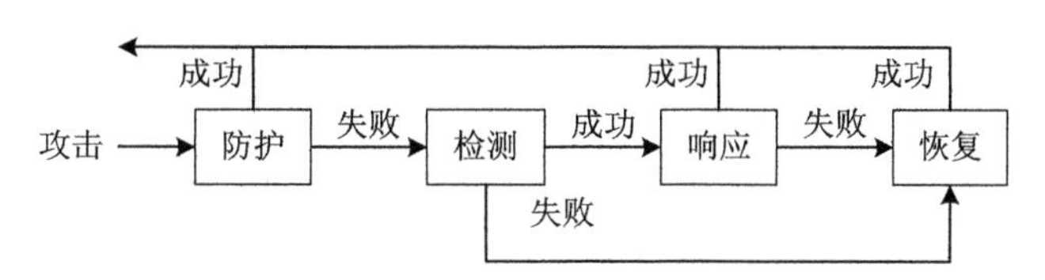

图 1-9　PDRR 模型示意图

从图1-9可以看出，PDRR模型的4个部分是一个顺次发生的过程。首先，采取各种措施对需要保护的对象进行安全防护，即根据系统已知的所有安全问题做出防护的措施，如打补丁、访问控制、数据加密等。然后，利用相应的检测手段对安全保护对象进行安全跟踪和检测以随时了解其安全状态。如果发现安全保护对象的安全状态发生改变，特别是由安全变为不安全，则马上采取应急措施对其进行处理，响应系统开始响应事件处理和其他业务，直至恢复安全保护对象的安全状态。PDRR模型的最后一个环节就是恢复。恢复是安全事件发生后，把信息系统恢复到原来的状态，或者比原来更安全的状态。恢复也可以分为系统恢复和信息恢复两个方面。其中，系统恢复指的是修补该事件所利用的系统缺陷，不让攻击者再次利用这样的缺陷入侵。一般系统恢复包括系统升级、软件升级和打补丁等。系统恢复的另一个重要工作是去除后门。一般来说，攻击者在第一次入侵的时候都是利用系统的缺陷。在第一次入侵成功之后，攻击者就在系统打开一些后门，如安装一个特洛伊木马。所以，尽管系统缺陷已经打补丁，攻击者下一次还可以通过后门进入系统。系统恢复都是根据检测和响应环节提供有关事件的资料进行的。信息恢复指的是恢复丢失的数据。数据丢失的原因可能是由于攻击者入侵造成，也可以是由于系统故障、自然灾害等原因造成的。信息恢复就是从备份和归档的数据恢复原来数据，因此信息恢复过程跟数据备份过程有很大的关系。数据备份做得是否充分对信息恢复有很大的影响。信息恢复过程的一个特点是有优先级别，直接影响日常生活和工作的信息必须先恢复，这样可以提高信息恢复的效率。在入侵事件发生后，把系统恢复到原来的状态。每次发生入侵事件，防御系统都要更新，保证相同类型的入侵事件不能再发生，所以整个安全策略包括防御、检测、响应和恢复，这4个方面组成了一个动态的信息安全周期。

1.5 信息安全模式

信息安全一般从信息通道、信息系统门卫、信息系统内部和系统内核4层模式来考虑。

一、通道模式

通道模式是指在信息系统中的不安全信息节点之间建立一条安全的信息传输专用秘密通道，如图1-10所示。它在防范的对象和概念上与传统的专用物理通道的通信保密相差不多，即在通路两端架设安全设备。但是其形式上或内容上却不大相同，如VPN服务器、加密路由器、加密防火墙等。目的是建立一个专用秘密通道，防止非法入侵，保证通路的安全。

二、门卫模式

门卫模式是指在信息系统的唯一出入口处设置一个安全网关设备（称为门卫）来实现各种信息安全机制。所有出入信息系统的数据（包括从应用层到链路层）都需要经过门卫的安全检查，门卫会根据检查结果对数据采取相应的处理，如通过、拒绝或丢弃等，如图1-11所示。信息系统的出入口是控制信息系统安全非常有效的部位，在这个部位开展的工作非常活跃，含盖面也非常广，包含了从应用层到链路层，从探测设备到安全网关等信息出入控制设备。典型的门卫模式安全网关设备为防火墙。

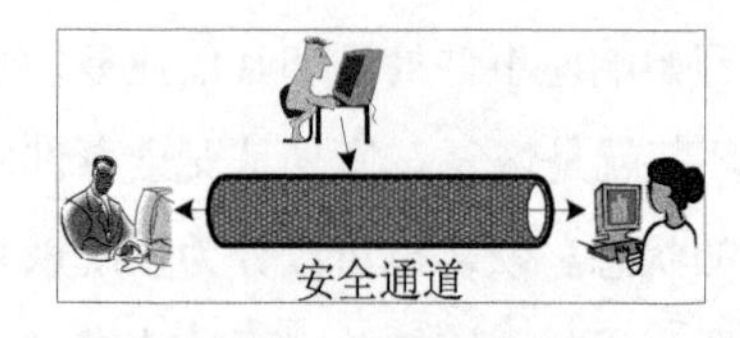

图 1-10　通道模式

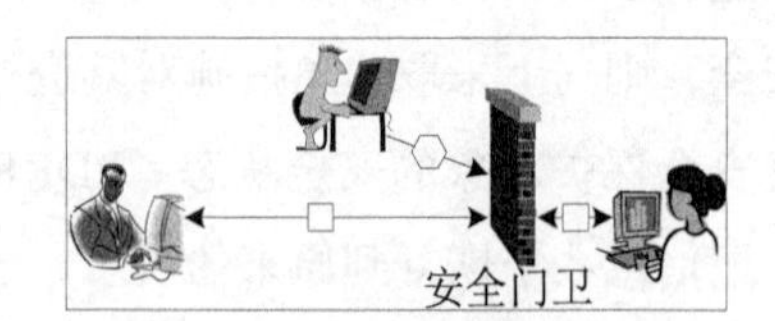

图 1-11　门卫模式

三、系统内部模式

系统内部模式是指在信息系统内部的应用层实现信息安全机制，如图1-12所示。应用层是人机交流的地方，因此安全机制实现非常灵活，如代理型防火墙、安全扫描和检查、内部网安全保密系统等都建在用户层上。此外，用户层的控制力度可以到用户级或文件级，因此是用户鉴别和数据鉴别的最理想地方。最后，用户层较为独立，不受网络通信协议的影响，可独立构建内部网安全保密协议。

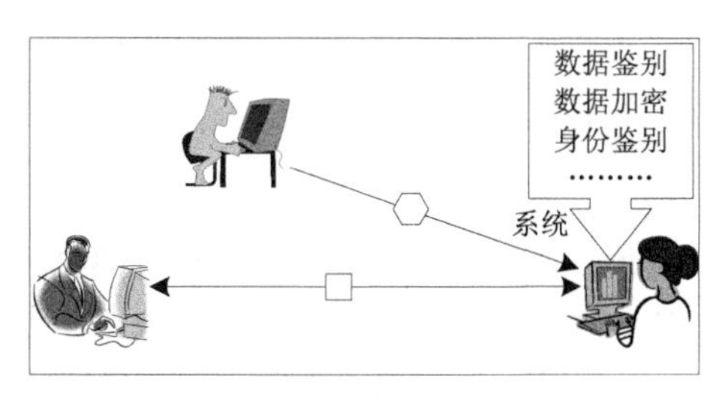

图 1-12　系统内部模式

四、内核模式

内核模式是指在操作系统的内核或系统硬件（如CPU等）中实现信息安全机制。例如，CPU序列号可以用来作为敌友识别系统，它能解决源地址跟踪难题。含有全球唯一序列号的CPU处理器的计算机在处理信息或数据时会带来信息安全问题，即这种CPU内含有一个全球唯一的序列号，计算机所产生的文件和数据都会附着此序列号，因而由此序列号可以追查到产生文件和数据的任何机器。此外，安全内核是多用户操作系统必备的内部控制系统，只有在可靠的安全内核的基础上才能实现可靠的多级控制。CPU中的序列号、操作系统中的安全内核是信息系统安全可靠的最基本要素，技术难度很大。

1.6 信息安全评估

信息安全评估是指评估机构依据信息安全评估标准，采用一定的方法对信息系统的安全性进行评价。信息安全评估的主要目标是发现信息系统中的潜在风险，找出信息安全建设中的薄弱环节，向信息系统的用户提出预警，为信息系统管理者的决策提供可靠、真实的数据和资料，促进信息系统安全保障工作得到有效、持续的改进。

1.6.1　信息安全评估方式

信息安全评估的方式包括价值评估、风险评估、等级保护测评和渗透测试等。

一、价值评估

信息系统是满足用户所需的业务系统，其安全只是整个信息系统中的一环。此外，信息安全是实用技术，不能一味追求理论上的完美。因此，需要从信息系统自身的价值和提供相应安全服务所需花费的额外代价两方面进行价值评估，即对保护信息及其系统的价值进行评估，包括物理价值、软件价值、网络价值、管理价值和人员成本等。其中，物理价值是指计算机、存储设备（磁盘和内存等）和外围设备的硬件费用。软件价值是指操作系统、应用程序和数据所涉及的费用。网络价值是指网络各部件本身的费用。管理价值是指防护管理所需规定、制度、政策的费用。人员费用是指操作员、维修员、用户、管理员的雇佣费和培训费等方面的支出。要达到保护的重点明确和层次清楚，不花很大代价去保护低价值的信息。

二、风险评估

风险评估是依据有关信息安全技术与管理标准，对信息系统及由其处理、传输和存储的信息的保密性、完整性和可用性等安全属性进行评价的过程。它要评估资产面临的威胁及利用脆弱性导致安全事件的可能性，并结合安全事件所涉及的资产价值来判断安全事件一旦发生对组织造成的影响。

价值评估和风险评估紧密相关，在价值和损失的风险之间必须做出权衡。风险评估不能笼统做出，而要一项一项具体分析。风险评估主要包含资产分析、威胁分析、脆弱分析和安全措施建议，并考虑业务战略、资产价值、安全需求、安全事件、残余风险等相关属性。其中，资产分析是对资产进行识别，并对资产的价值进行赋值。威胁分析是对威胁进行识别，描述威胁主体、影响对象、出现频率、动机等属性，并对威胁出现的频率赋值。威胁的种类很多，如火灾、水灾和地震等自然灾害威胁，过失损害或恶意损害等人工威胁等。不同信息系统所关心的威胁类型不同，要求的层次也有差别。只有威胁的种类和层次分析清楚才能采取有效的防范措施。脆弱性分析是对脆弱性（包括物理漏洞、硬件漏洞、软件漏洞、网络漏洞、管理漏洞和人员漏洞等）进行识别，并对具体信息系统的脆弱性严重程度赋值。其中，物理漏洞包括不严格的机房进出控制，不可靠的环境控制（如空调和供水等），不可靠的电源和防火措施等。硬件漏洞包括信号辐射等。软件漏洞包括错误的响应，不能备份和不能升级等。网络漏洞包括缺乏对信息窃听的防范措施，缺乏路由冗余等。管理漏洞包括不完善，前后矛盾，不适当的规定，以及制度和政策等。人员漏洞包括贪欲、欺诈和贿赂等。任何信息系统都有各种漏洞或脆弱性，信息安全的任务就是弥补漏洞，克服原有脆弱性。风险评估是根据威胁及利用脆弱性的难易程度判断安全事件发生的可能性，根据脆弱性的严重程度及安全事件所作用的资产的价值计算安全事件造成的损失，根据安全事件发生的可能性及安全事件出现后的损失，计算安全事件一旦发生对组织的影响，即风险值。最后，根据风险值提出相应的防护措施。

三、等级保护测评

信息安全等级保护是对信息和信息载体按照重要性等级分级别进行保护的一种方式。信息安全等级保护包括定级、备案、安全建设和整改、信息安全等级保护测评、信息安全检查

5个阶段。其中，信息安全等级保护测评是测评机构依据国家信息安全等级保护制度规定，按照有关管理规范和技术标准，对非涉及国家秘密信息系统安全等级保护状况进行检测评估的活动。通过等级保护测评，可以了解目前的信息系统安全保护实际情况，明确安全需求，为后续的信息安全建设和整改提供参考和依据，并切实提升信息系统的安全防护能力。在信息安全等级保护测评中，包括测评活动准备、方案编制、现场测评和分析及报告编制。

信息系统安全等级保护测评是验证信息系统是否满足相应安全保护等级的评估过程。信息安全等级保护要求不同，安全等级的信息系统应具有不同的安全保护能力：一方面，通过在安全技术和安全管理上选用与安全等级相适应的安全控制来实现；另一方面，分布在信息系统中的安全技术和安全管理上不同的安全控制，通过连接、交互、依赖、协调、协同等相互关联关系，共同作用于信息系统的安全功能，使信息系统的整体安全功能与信息系统的结构及安全控制间、层面间和区域间的相互关联关系密切相关。因此，信息系统安全等级测评在安全控制测评的基础上，还要包括系统整体测评。

四、渗透测试

渗透测试是尽可能完整地模拟攻击者使用的漏洞发现技术和漏洞利用等攻击手段，从攻击者的角度对信息系统中的目标网络、系统、主机应用的安全性作深入的非破坏性的探测，发现系统最脆弱环节的过程。渗透测试通常能以非常明显、直观的结果来反映出信息系统的安全现状，其目的是能够让管理人员直观地知道自己信息系统所面临的安全问题。

在渗透测试中，为了不对测试目标造成破坏、损害或篡改，某些可能会对测试对象造成负面影响的攻击方法和手段，在渗透测试中不予使用，具体包括社会工程学、分布式拒绝服务攻击、恶意代码（包括木马、病毒等），以及对即时通信工具的攻击和网络钓鱼等。

1.6.2 信息安全评估标准

信息安全评估标准是信息安全评估的行动指南，为此，不同国家和组织都提出了不同的信息安全评估标准，如美国国防部制定的可信计算机系统评估准则（Trusted Computer System Evaluation Criteria，TCSEC）。TCSEC准则于1970年由美国国防科学委员会提出，并于1985年12月由美国国防部公布，是计算机系统安全评估的第一个正式标准。该标准认为要使系统免受攻击，对应不同的安全级别，硬件、软件和存储的信息应实施不同的安全保护。安全级别对不同类型的物理安全、用户身份验证、操作系统软件的可信任性和用户应用程序进行了安全描述。

TCSEC标准对多用户计算机系统安全级别的划分进行了规定，并将网络安全性由高到低划分为A、B1、B2、B3、C1、C2、D，共4类7个等级，其中，A类安全等级最高，D类安全等级最低，对用户登录、授权管理、访问控制、审计跟踪、隐蔽通道分析、可信通道建立、安全检测、生命周期保障、文档写作、用户指南等内容提出了规范性要求，如表1-2所示。

表 1-2　安全级别

类别	级别	名称	主要特征
D	D1	低级保护	没有安全保护
C	C1	自主安全保护	自主存储控制
	C2	受控存储介质	单独的可查性，安全标识
B	B1	标识的安全防护	强制存取控制，安全标识
	B2	结构化保护	面向安全的体系结构，较好的抗渗透能力
	B3	安全区域	存取监控，高抗渗透能力
A	A1	验证设计	形式化的最高级描述和验证

一、D1 级

D类安全等级只包括D1一个级别。D1级是可用的最低安全级别，也称酌情安全保护。D1标准几乎是一个完全没有保护的信息系统。对于硬件来说，没有任何保护作用。对于操作系统来说较容易受到损害。对于用户和他们存储在计算机上的信息来说，没有系统访问限制和数据访问限制，没有身份认证，任何人不需要账户都可以进入系统，不受限制就可以访问他人的数据文件。因此，整个系统都是不可信任的，硬件和软件都易被入侵。

二、C1 级

C类安全等级能够提供审慎的保护，并为用户的行动和责任提供审计能力。C类有两个安全子级别，分别是C1和C2。其中，C1级称为自主安全保护。对硬件来说，存在某种程度的保护，因为它不再容易受到损害，尽管这种可能性存在。用户必须通过用户注册名和口令系统识别自己，用这种方式来确定每个用户对程序和信息拥有什么样的访问权限。C1级信息系统的可信计算基（Trusted Computing Base，TCB）通过将用户和数据分开来达到安全的目的。在C1级信息系统中，所有的用户以同样的灵敏度来处理数据，即用户认为C1级信息系统中的所有文档都具有相同的机密性。

三、C2 级

C2级也称受控存取保护，它除了具有C1级中所有的安全性特征外，还包括其他的创建受控访问环境的安全特性，该环境具有进一步限制用户执行某些命令或访问某些文件的能力。这不仅基于许可权限，而且基于身份验证级别。另外，这种安全级别要求对系统加以审核，审核可用来跟踪记录所有与安全有关的事件，如哪些是由系统管理员执行的活动。最后,C2级通过授权分级使系统管理员给用户分组，授予他们访问某些程序和分级目录的权限。

四、B1 级

B类也称被标签的安全性保护，它可分为B1、B2和B3三个级别。B类信息系统具有强制性保护功能。强制性保护意味着如果用户没有与安全等级相连，信息系统就不会让用户存取对象。其中，B1级称为标准安全保护，它是支持多级安全的第一个级别，对信息系统上的每个对象都实施保护，并对信息系统中的网络、应用程序工作站实施不同的安全策略。B1级说明了一个处于强制性访问控制之下的对象，不允许文件的拥有者改变其许可权限。

五、B2 级

B2级也称结构保护，要求信息系统中的所有对象都加标签，而且给工作站、终端等设备分配单个或多个安全级别。按最小特权原则取消权力无限大的特权用户。这是提出的较高安全级别的对象与另一个较低安全级别的对象相互通信的第一个级别。

六、B3 级

B3级也称安全域，使用安装硬件的办法来加强域，例如，内存管理硬件用来保护安全域免遭无授权访问或其他安全域对象的修改。此外，它要求用户工作站或终端必须通过信任的途径连接到网络系统内部的主机上。根据最小特权原则，增加了系统安全员，将系统管理员、系统操作员和系统安全员的职责分离，将人为因素对计算机安全的威胁减至最小。

七、A1 级

A类也称验证设计级，是TCSEC标准中的最高级别。目前，A类安全等级只包含A1一个安全级别。A1级包含了一个严格的设计、控制和验证过程。与前面提到的各级别一样，这一级包含了较低级别的所有特性，并附加了一个安全系统的受监视设计。其设计必须是从数学上经过验证的，而且必须进行对秘密通道和可信任分布的分析。所有构成系统部件的来源都必须有安全保证。此外,A1级还规定了将安全计算机系统运送到现场安装所必须遵守的程序。A1级信息系统必须满足下列要求：系统管理员必须从开发者那里接收到一个安全策略的正式模型；所有的安装操作都必须由系统管理员进行；系统管理员进行的每一步安装操作都必须有正式文档。

除了TCSEC标准，欧洲的英国、法国、德国、荷兰四国提出了评价满足保密性、完整性、可用性要求的信息技术安全评价准则（Information Technology Security Evaluation Criteria，ITSEC）。美国联合英国、法国、德国、荷兰和加拿大，并会同国际标准化组织共同提出信息技术安全评价的通用准则（CC for ITSEC），成为代替TCSEC的评价安全信息系统的标准（ISO/IEC 15408，也称CC标准）。CC标准是第一个信息技术安全评价的国际标准，它的发布对信息安全具有重要意义，是信息技术安全评价标准及信息安全技术发展的一个重要里程碑。该标准定义了评价信息技术产品和系统安全性的基本准则，提出了目前国际上公认的表述信息技术安全性的结构，即把安全要求分为规范产品和系统安全行为的功能要求，以及如何正确有效地实施这些功能的保证要求。我国2001年由中国信息安全产品测评认证中心牵头，将ISO/IEC 15408转化为国家标准，即《信息技术安全性评估准则》（GB/T 18336），并直接应用于我国的信息安全测评认证工作。

1.7 信息安全组织和标准

信息安全是信息系统实现互联、互用、互操作过程中提出的安全需求，因此迫切需要技术标准来规范系统的设计和实现。信息安全标准是一种多学科、综合性、规范性很强的标准，其目的在于保证信息系统的安全运行。一个完整、统一、科学、先进的信息安全标准体系是十分重要的。没有标准就没有规范，无规范就无法形成规模化信息安全产业，无法生产出满足信息社会广泛需求的产品。没有标准无法规范人们的安全防范行为，无法提高全体人员的信息安全意识和整体水平。

从事信息安全标准化工作的组织有国际标准化组织（International Organization Standardization，ISO）、国际电工委员会（International Electrotechnical Commission，IEC）、国际电信联盟（International Telecommunication Union，ITU）、国际互联网工程任务组（The Internet Engineering Task Force，IETF）、可信计算组织（Trusted Computing Group，TCG）、美国国家标准化协会（American National Standards Institute，ANSI）、美国国家标准技术研究所（National Institute of Standards and Technology，NIST）、美国国防部（United States Department of Defense，DOD）和美国电气电工工程师协会（Institute of Electrical and Electronics Engineers，IEEE），以及我国的全国信息安全标准化技术委员会（National Information Security Standardization Technical Committee，NISSTC）和中国通信标准化协议（China Communications Standards Association，CCSA）等。

一、ISO/IEC

ISO和IEC是世界上专门从事标准化工作的国际组织。在信息技术领域，ISO和IEC成立了第1联合技术委员会（Joint Technical Committee1，JTC1）。SC27是JTC1中专门从事信息安全通用方法及技术标准化工作的分技术委员会，负责确定信息技术系统安全服务的一般需求（包括需求的方法学），研究并制定相关的安全技术和机制（包括登记规程和安全部件间的相互关系），研究并制定安全指南（如说明性的文档、风险分析等），研究并制定管理支撑文档和标准（如词汇、安全评估准则等），研究并制定用于完整性、鉴别和抗抵赖性等服务的密码算法标准。同时根据国际认可的策略，研究并制定用于保密性服务的密码算法标准。1989年，ISO对信息系统的安全体系结构制定了OSI基本参考模型ISO/IEC 7498-2，并于2000年年底确定了信息技术安全评估标准ISO/IEC 15408。目前，SC27发布、正在制定及规划的信息安全国际标准超过80项。这些标准主要包括安全技术与机制（如密码算法、散列函数、数字签名机制、实体鉴别机制等）、安全评估准则和安全管理（如安全管理控制措施、安全管理指南等）。这些标准对促进和规范信息安全领域起到了重要的指导作用。

二、ITU

ITU是主管信息通信技术事务的联合国机构，负责分配和管理全球无线电频谱与卫星轨道资源，制定全球电信标准，促进全球电信发展。其中，国际电信联盟电信标准局（ITU-T）所属的第17研究组SG17主要负责研究通信系统安全标准，包括通信安全项目、安全架构和框架、计算安全、管理安全、用于安全的生物测定和安全通信服务。目前，ITU-T正式发布的信息安全标准达74个，包括ITU-T与ISO联合开发的X.400、X.500目录系统和安全框架，安全模型等方面的信息安全标准等。其中，X.509标准是开展电子商务认证的重要基础标准。

三、IETF

IETF是权威的互联网技术标准化组织，主要任务是负责互联网相关技术规范的研发和制定。IETF标准制定的具体工作由各个工作组承担。在信息安全领域，有关的工作组包括IPsec、PKCS、TLS等。形成的标准有SNMP安全管理协议（RFC 1352）、因特网电子邮件保密增强（RFC 1421-1424）、因特网协议安全体系结构（RFC 1825）等。这些事实标准对提高和改善互联网的安全性起到了至关重要的作用。

四、TCG

TCG（Trusted Computing Group），即可信计算组织，是由AMD、惠普、IBM、英特尔和微软组成的一个组织，旨在建立计算机的可信计算概念。该组织于2003年成立，并取代了于1999年成立的可信计算平台联盟（Trusted Computing Platform Alliance，TCPA）。目前，该组织已发展成员190家，覆盖全球各大洲的主力厂商。TCG组织制定了可信计算平台标准规范，即TPM（Trusted Platform Module）标准。

五、ANSI

ANSI于20世纪80年代初开始数据加密标准化工作，制定了多项美国国家标准。ANSI中的国家信息技术标准委员会NCITS负责信息技术，承担着JTC1秘书处的工作，其中，分技术委员会T4专门负责IT安全技术标准化工作，对口JTC1的SC27。ANSI负责制定的数据加密标准，如AES算法等，经国际标准化组织反复讨论后成为国际标准。

六、NIST

NIST主要负责制定美国联邦计算机系统标准和指导文件，所出版的标准和规范被称作联邦信息处理标准（Federal Information Processing Standards，FIPS）。FIPS安全标准也是美国军用信息安全标准的重要来源。FIPS由NIST在广泛搜集政府各部门及私人部门意见的基础上写成。正式发布之前，将FIPS分送给每个政府机构，并在联邦注册上刊印出版。经再次征求意见之后，NIST局长把标准连同NIST的建议一起呈送美国商业部，由商业部长签字同意或反对这个标准。FIPS安全标准的一个著名实例就是数据加密标准DES算法。目前，NIST已制定了33项与信息安全相关的FIPS和66种与信息安全相关的专题出版物，包括NIST SP 800系列和NIST SP 500系列。

七、DOD

美国国防部十分重视信息的安全问题，并发布了一些有关信息安全和自动信息系统安全的指令、指示和标准，并且加强信息安全的管理，特别是DOD 5200.28-STD《可信计算机系统评估准则》，受到各方面广泛的关注，为研究制定信息技术安全性评估准则提供了重要的基础。

八、IEEE

IEEE是美国电子电气工程师协会，从1990年IEEE成立 802.11无线局域网工作组以来，相继成立了802.15无线个人网络工作组、802.16无线宽带网络工作组和802.20移动宽带无线接入工作组等。其在信息安全标准化方面的贡献，主要是提出LAN/WAN 无线通信安全方面的标准。

九、NISSTC

信息安全标准是我国信息安全保障体系的重要组成部分，是政府进行宏观管理的重要依据。从国家意义上来说，信息安全标准关系到国家的安全及经济利益，标准往往成为保护国家利益、促进产业发展的一种重要手段。信息安全标准化是一项艰巨、长期的基础性工作。我国从20世纪80年代开始，全国信息技术标准化技术委员会信息安全分技术委员会积极采用国际标准的原则，转化了一批国际信息安全基础技术标准，为我国信息安全技术的发展做出了一定贡献。同时，公安部、国家安全部、国家保密局、国家密码管理委员会等相继制定、颁布了一批信息安全的行业标准，为推动信息安全技术在各行业的应用和普及发挥了积极的作用。但是，信息安全标准化是一项涉及面广、组织协调任务重的工作，需要各界的支持和协作。因此，国家标准化管理委员会批准成立全国信息安全标准化技术委员会（NISSTC）。

全国信息安全标准化技术委员会简称信息安全标委会（TC260）于2002年4月15日在北京正式成立，是在信息安全技术专业领域内，从事信息安全标准化工作的技术工作组织。NISSTC负责组织开展国内信息安全有关的标准化技术工作，主要工作范围包括安全技术、安全机制、安全服务、安全管理、安全评估等领域。NISSTC的职责是组织制定信息安全国家标准，具体包括统一协调和申报信息安全国家标准项目，组织国家标准的起草、送审、报批、宣贯等工作。

十、CCSA

CCSA成立于2002年，是国内企事业单位自愿联合组织起来开展通信技术领域标准化活动的组织。CCSA下设了有线网络安全、无线网络信息安全、安全管理和安全基础4个工作组，负责制定电话网、互联网、传输网和接入网等有线电信网络相关的安全标准，无线网络中接入、核心网、业务等相关的安全标准及安全管理和安全基础设施相关的安全标准。

十一、我国的信息安全标准

我国信息安全标准化工作从20世纪80年代中期开始，在制定我国的安全标准时，也尽量与国际环境相适应，自主制定和采用了一批相应的信息安全标准。到2016年年底，已经制定、报批和发布了有关信息安全的国家标准170个，被ISO等组织采用的国际标准111个，现在正在制定中的国家标准123个，对我国的信息化信息安全起到了重要的指导作用。此外，我国一些对信息安全要求高的行业和一些信息安全管理负有责任的部门，也制定了一些有关信息安全的行业标准和部门标准。表1-3列出了我国的部分信息安全标准。

表 1-3　我国部分信息安全标准

国标号	标准名称（中文）
GB/T 32213-2015	《信息安全技术 公钥基础设施 远程口令鉴别与密钥建立规范》
GB/T 31722-2015	《信息技术 安全技术 信息安全风险管理》
GB/T 31495.2-2015	《信息安全技术 信息安全保障指标体系及评价方法 第 2 部分：指标体系》
GB/T 31495.3-2015	《信息安全技术 信息安全保障指标体系及评价方法 第 3 部分：实施指南》
GB/T 31495.1-2015	《信息安全技术 信息安全保障指标体系及评价方法 第 1 部分：概念和模型》
GB/T 31497-2015	《信息技术 安全技术 信息安全管理 测量》
GB/T 31500-2015	《信息安全技术 存储介质数据恢复服务要求》
GB/T 31506-2015	《信息安全技术 政府门户网站系统安全技术指南》
GB/T 31507-2015	《信息安全技术 智能卡通用安全检测指南》
GB/T 31502-2015	《信息安全技术 电子支付系统安全保护框架》
GB/T 31499-2015	《信息安全技术 统一威胁管理产品技术要求和测试评价方法》
GB/T 31505-2015	《信息安全技术 主机型防火墙安全技术要求和测试评价方法》
GB/T 20281-2015	《信息安全技术 防火墙安全技术要求和测试评价方法》
GB/T 31496-2015	《信息技术 安全技术 信息安全管理体系实施指南》
GB/T 18336.1-2015	《信息技术 安全技术 信息技术安全评估准则 第 1 部分：简介和一般模型》
GB/T 18336.2-2015	《信息技术 安全技术 信息技术安全评估准则 第 2 部分：安全功能组件》
GB/T 18336.3-2015	《信息技术 安全技术 信息技术安全评估准则 第 3 部分：安全保障组件》

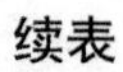
续表

国标号	标准名称（中文）
GB/T 31504-2015	《信息安全技术 鉴别与授权 数字身份信息服务框架规范》
GB/T 31508-2015	《信息安全技术 公钥基础设施 数字证书策略分类分级规范》
GB/T 31501-2015	《信息安全技术 鉴别与授权 授权应用程序判定接口规范》
GB/T 31509-2015	《信息安全技术 信息安全风险评估实施指南》
GB/T 31503-2015	《信息安全技术 电子文档加密与签名消息语法》
GB/T 31167-2014	《信息安全技术 云计算服务安全指南》
GB/T 31168-2014	《信息安全技术 云计算服务安全能力要求》
GB/Z 30286-2013	《信息安全技术 信息系统保护轮廓和信息系统安全目标产生指南》
GB/T 30271-2013	《信息安全技术 信息安全服务能力评估准则》
GB/T 30272-2013	《信息安全技术 公钥基础设施 标准一致性测试评价指南》
GB/T 30273-2013	《信息安全技术 信息系统安全保障通用评估指南》
GB/T 30276-2013	《信息安全技术 信息安全漏洞管理规范》
GB/T 30278-2013	《信息安全技术 政务计算机终端核心配置规范》
GB/T 30279-2013	《信息安全技术 安全漏洞等级划分指南》
GB/T 30282-2013	《信息安全技术 反垃圾邮件产品技术要求和测试评价方法》
GB/T 20275-2013	《信息安全技术 网络入侵检测系统技术要求和测试评价方法》
GB/T 30283-2013	《信息安全技术 信息安全服务 分类》
GB/T 20945-2013	《信息安全技术 信息系统安全审计产品技术要求和测试评价方法》
GB/T 30284-2013	《信息安全技术 移动通信智能终端操作系统安全技术要求（EAL2 级）》
GB/T 30285-2013	《信息安全技术 灾难恢复中心建设与运维管理规范》
GB/T 30274-2013	《信息安全技术 公钥基础设施 电子签名卡应用接口测试规范》
GB/T 30275-2013	《信息安全技术 鉴别与授权 认证中间件框架与接口规范》
GB/T 30277-2013	《信息安全技术 公钥基础设施 电子认证机构标识编码规范》
GB/T 30280-2013	《信息安全技术 鉴别与授权 地理空间可扩展访问控制置标语言》
GB/T 30281-2013	《信息安全技术 鉴别与授权 可扩展访问控制标记语言》
GB/T 30270-2013	《信息技术 安全技术 信息技术安全性评估方法》

续表

国标号	标准名称（中文）
GB/T 20278-2013	《信息安全技术 网络脆弱性扫描产品安全技术要求》
GB/T 29827-2013	《信息安全技术 可信计算规范 可信平台主板功能接口》
GB/T 29828-2013	《信息安全技术 可信计算规范 可信连接架构》
GB/Z 29830.1-2013	《信息技术 安全技术 信息技术安全保障框架 第 1 部分：综述和框架》
GB/Z 29830.2-2013	《信息技术 安全技术 信息技术安全保障框架 第 2 部分：保障方法》
GB/Z 29830.3-2013	《信息技术 安全技术 信息技术安全保障框架 第 3 部分：保障方法分析》
GB/T 29829-2013	《信息安全技术 可信计算密码支撑平台功能与接口规范》
GB/T 29766-2013	《信息安全技术 网站数据恢复产品技术要求与测试评价方法》
GB/T 29765-2013	《信息安全技术 数据备份与恢复产品技术要求与测试评价方法》
GB/T 29767-2013	《信息安全技术 公钥基础设施 桥 CA 体系证书分级规范》
GB/T 15852.2-2012	《信息技术 安全技术 消息鉴别码 第 2 部分：采用专用杂凑函数的机制》
GB/T 29240-2012	《信息安全技术 终端计算机通用安全技术要求与测试评价方法》
GB/T 29241-2012	《信息安全技术 公钥基础设施 PKI 互操作性评估准则》
GB/T 29242-2012	《信息安全技术 鉴别与授权 安全断言标记语言》
GB/T 29243-2012	《信息安全技术 数字证书代理认证路径构造和代理验证规范》
GB/T 29244-2012	《信息安全技术 办公设备基本安全要求》
GB/T 29245-2012	《信息安全技术 政府部门信息安全管理基本要求》
GB/T 29246-2012	《信息技术 安全技术 信息安全管理体系 概述和词汇》
GB/Z 28828-2012	《信息安全技术 公共及商用服务信息系统个人信息保护指南》
GB/T 28447-2012	《信息安全技术 电子认证服务机构运营管理规范》
GB/T 28448-2012	《信息安全技术 信息系统安全等级保护测评要求》
GB/T 28449-2012	《信息安全技术 信息系统安全等级保护测评过程指南》
GB/T 28450-2012	《信息安全技术 信息安全管理体系审核指南》
GB/T 28451-2012	《信息安全技术 网络型入侵防御产品技术要求和测试评价方法》
GB/T 28452-2012	《信息安全技术 应用软件系统通用安全技术要求》
GB/T 28453-2012	《信息安全技术 信息系统安全管理评估要求》

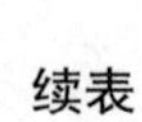

国标号	标准名称（中文）
GB/T 28454-2012	《信息技术 安全技术 入侵检测系统的选择、部署和操作》
GB/T 28455-2012	《信息安全技术 引入可信第三方的实体鉴别及接入架构规范》
GB/T 28456-2012	《IPsec 协议应用测试规范》
GB/T 28457-2012	《SSL 协议应用测试规范》
GB/T 28458-2012	《信息安全技术 安全漏洞标识与描述规范》
GB/T 26855-2011	《信息安全技术 公钥基础设施 证书策略与认证业务声明框架》
GB/T 25055-2010	《信息安全技术 公钥基础设施安全支撑平台技术框架》
GB/T 25056-2010	《信息安全技术 证书认证系统密码及其相关安全技术规范》
GB/T 25057-2010	《信息安全技术 公钥基础设施 电子签名卡应用接口基本要求》
GB/T 25058-2010	《信息安全技术 信息系统安全等级保护实施指南》
GB/T 25059-2010	《信息安全技术 公钥基础设施 简易在线证书状态协议》
GB/T 25060-2010	《信息安全技术 公钥基础设施 X.509 数字证书应用接口规范》
GB/T 25061-2010	《信息安全技术 公钥基础设施 XML 数字签名语法与处理规范》
GB/T 25062-2010	《信息安全技术 鉴别与授权 基于角色的访问控制模型与管理规范》
GB/T 25063-2010	《信息安全技术 服务器安全测评要求》
GB/T 25064-2010	《信息安全技术 公钥基础设施 电子签名格式规范》
GB/T 25065-2010	《信息安全技术 公钥基础设施 签名生成应用程序的安全要求》
GB/T 25066-2010	《信息安全技术 信息安全产品类别与代码》
GB/T 25067-2010	《信息技术 安全技术 信息安全管理体系审核认证机构的要求》
GB/T 25069-2010	《信息安全技术 术语》
GB/T 25070-2010	《信息安全技术 信息系统等级保护安全设计技术要求》
GB/T 25068.1-2012	《信息技术 安全技术 IT 网络安全 第 1 部分：网络安全管理》
GB/T 25068.2-2012	《信息技术 安全技术 IT 网络安全 第 2 部分：网络安全体系结构》
GB/T 25068.3-2010	《信息技术 安全技术 IT 网络安全 第 3 部分：使用安全网关的网间通信安全保护》
GB/T 25068.4-2010	《信息技术 安全技术 IT 网络安全 第 4 部分：远程接入的安全保护》
GB/T 25068.5-2010	《信息技术 安全技术 IT 网络安全 第 5 部分：使用虚拟专用网的跨网通信安全保护》

1.8 信息安全与可信计算

在信息安全实践中，许多信息和系统非法破坏、信息非法窃取等安全威胁主要来自于信息系统的内在缺陷和内部攻击，主要表现如下。

（1）计算机硬件结构简化，可任意使用资源，特别是修改执行代码，植入恶意程序。

（2）操作系统对执行代码不检查一致性，病毒程序可利用这一弱点将病毒代码嵌入执行代码中进行扩散。

（3）攻击者可利用被攻击信息系统的漏洞，从而窃取超级用户权限，并植入攻击程序，最后进行肆意破坏，攻击计算机系统。

（4）用户未得到严格控制，从而可越权访问，致使不安全事故的产生。

所有这些攻击都是从个人计算机终端上发起，而产生内在缺陷和内部攻击的根源在于没有从体系架构上建立计算机的恶意代码攻击免疫机制。另一方面，目前传统信息安全系统以防外部入侵攻击为主，与现今信息安全的主要威胁来自内部缺陷的实际不符合。这种采用传统的信息安全措施由于只封堵外围攻击，没有从根本上解决产生不安全的内在问题，最终结果是防不胜防。因此，如何从体系架构上建立恶意代码攻击免疫机制，实现计算系统平台安全、可信赖地运行，已经成为亟待解决的核心问题。可信计算就是在此背景下提出的一种技术理念，它从计算机的芯片、硬件结构和操作系统等方面综合采取措施，采用防内为主、内外兼防的计算模式，通过建立一种特定的可信度量机制，使计算平台运行时具备分辨可信程序代码与不可信程序代码的能力，从而对不可信的程序代码建立有效的防御方法和措施，提高计算节点的内在安全性，确保计算源头的安全。

可信计算与信息安全的关系在学术上是指：可信≈安全+可靠。因此，可信计算系统是能够提供信息系统的可靠性、可用性、信息和行为安全性的计算机系统。可信计算的理念来自于人们所处的社会生活。社会之所以能够和谐运转，就得益于人与人之间建立的信任关系。与社会所不同的是建立信任的途径不同。社会之中的信任是通过亲情、友情、爱情等纽带来建立，但计算机是没有感情的实体，一切的信息都是二进制数据流，所以在计算机世界中就需要建立一种二进制数据流的信任机制。近年来，体现整体安全的可信计算技术越来越受到人们的关注，这正是因为它有别于传统的安全技术，从根本上来解决安全问题。为从计算节点上解决信息系统安全的问题，需要建立信息的可信传递。所以，可信计算的核心就是要建立一种信任机制，用户信任计算机，计算机信任用户，用户在操作计算机时需要证明自己的身份，计算机在为用户服务时也要验证用户的身份。实现人与程序之间、人与机器之间的数据可信传递就能得到保证。此外，在计算机世界中要建立一种二进制数据流的信任机制，这就必须使用密码技术，从而密码技术成为可信计算的支撑技术之一。

1.9 小结

随着全球社会信息化的深入发展和持续推进，以及计算技术和网络技术的迅速发展，计算机及网络空间中的数字信息在各个领域所占的比重越来越大。以数字化、网络化、智能化为特征的信息社会，为信息安全带来了新技术、新环境和新形态，信息安全主要体现在计算机与网络安全领域，反映在跨越时空的计算机信息系统和网络空间之中，反映在互联互通之中。本章从信息安全的概念、体系结构、保障、模型、模式和评估等不同维度进行详细说明，对目前的相关标准化机构和组织进行介绍。具体分析了信息安全和可信计算的关系。随着信息与网络空间安全提升为国家安全战略需要，发展自主可信计算成为我国的必经之路。本书的后续章节将进一步介绍可信计算的密码基础和关键技术。在此基础上，学习基于龙芯的自主可信计算平台及其应用。

第2章 密码学基础

信息安全和可信计算离不开密码学。作为信息安全的关键技术和可信计算的支撑技术，密码学可以提供信息的保密性、完整性、鉴别性及抗抵赖性等安全服务。可信计算以密码技术为支撑，实现可信计算平台自身的完整性、身份可信性和数据保密性等安全功能。当前，密码学的研究主要是基于数学的密码理论与技术。现代密码学的研究可分为对称密码、非对称密码和哈希密码 3 类密码体制。本章将分别介绍这 3 类密码体制的研究现状和发展趋势，并具体介绍在可信计算中用到的相关密码算法。

本章目标

理解信息安全及信息加密的含义；理解对称密码体制的基本特点和基本原理；理解公钥密码体制的基本特点和基本原理；理解哈希密码体制的基本特点和基本原理；理解并掌握AES、SM4、RSA、SM2、SM3和SHA1加密算法。

2.1 密码学概述

2.1.1 密码学定义

密码学是研究编制密码和破译密码技术的科学。研究密码变化的客观规律，应用于编制密码以保守通信秘密的称为密码编码学。应用于破译密码以获取通信情报的称为密码破译学。密码编码学与密码破译学相互对立，又相互依存，从而推动了密码学自身的快速发展。随着科学技术的发展，密码学已发展成为一门综合性的技术科学。它与数学、信息论、语言学、电子学、声学、计算机科学等有着广泛而密切的联系。表2-1列出了密码学的相关术语。

表 2-1 密码学术语

术语	说明
明文	信息的原始形式称为明文（Plaintext，记为 M）
密文	明文经过变换加密后的形式称为密文（Ciphertext，记为 C）
加密	由明文变成密文的过程称为加密（Enciphering，记为 E），加密通常由加密算法实现
解密	由密文还原成明文的过程称为解密（Deciphering，记为 D），解密通常是由解密算法实现
加密算法	实现加密所遵循的规则
解密算法	实现解密所遵循的规则
密钥	为了有效地控制加密和解密算法的实现，在其处理过程中要有通信双方掌握的专门信息参与加密和解密操作，这种专门信息称为密钥（Key，记为 K）

在密码编码学中，用某种方法伪装消息并隐藏它的内容，称作加密（Encryption）。待加密的消息称作明文（Plaintext），所有明文的集合称为明文空间。被加密以后的消息称为密文（Ciphertext），所有密文的集合称为密文空间。而把密文转变成明文的过程，称为解密（Decryption）。加密或解密由一系列数学函数运算和数学变换组成，称为密码算法，不同的数学运算和变换组合分别代表不同的算法。此外，这些算法的不同运算可以用不同的参数表示，这些参数称作密钥，密钥空间是所有密钥的集合。任何一个密码系统都包含明文空间、密文空间、密钥空间和密码算法。密钥空间与相应的加解密运算结构（包括明文和密文的结构特征）构成一个密码体制。密码体制的两个基本单元是算法和密钥，其中算法是相对稳定的，视为常量；密钥则是不固定的，视为变量。密钥安全性是密码系统安全的关键。

密码通信通常会受到未授权者或非法入侵者的攻击。未授权者通过各种可能的手段获取密文，并通过各种分析方法推断出明文的过程，称为密码破译或密码攻击。在密码破译学中，破译或攻击密码的方法有穷举法和分析法两种。穷举法是指用各种可能的密钥去试译密文，直到得到有意义的明文的方法。分析方法是指通过数学关系式或统计规律找出明文或与明文相关的有用信息的破译方法。如果一个密码在规定的时间内，通过密文能确定明文或密钥，或通过一定量的明文与密文的对应关系能确定密钥，则称这个密码是可破译的；否则，称密码是不可破译的。根据密码分析者破译密码时已具备的前提条件，将破译类型或攻击类型分为以下4种。

（1）唯密文攻击（Cipher-text-only Attack）。密码分析者有一个或更多的用同一个密钥加密的密文，通过对这些截获的密文进行分析得出明文或密钥。

（2）已知明文攻击（Known Plaintext Attack）。除要破译的密文外，密码分析者有一些明文和用同一密钥加密这些明文所对应的密文。

（3）选择明文攻击（Chosen Plaintext Attack）。密码分析者可得到所需要的任何明文所对应的密文，这些密文与要破译的密文是用同一个密钥加密得来的。

（4）选择密文攻击（Chosen Cipher-text Attack）。密码分析者可得到所需要的任何密文所对应的明文，解密这些密文所使用的密钥与要破译的密文的密钥是相同的。

2.1.2 密码学的发展

（1）第 1 阶段，从古代到 1949 年，可以看作是密码学科学的前夜时期。

这一时期的密码技术可以说是一种艺术，而不是一种科学，其数据的安全基于算法的保密，称为古典密码。密码学专家是凭知觉和信念来进行密码设计和分析，而不是推理和证明。

1883年，柯克霍夫（Kerchoffs）第一次明确提出了密码的编码原则，即加密算法应建立在算法的公开不影响明文和密钥安全的原则上。这一原则已得到普遍认同，成为判定密码强度的衡量标准，实际上也成为古典密码和现代密码的分界线。

（2）第 2 阶段，从 1949 年到 1975 年。

1949年，香农（Shannon）发表的保密系统的信息理论一文为对称密码系统建立了理论基础，从此密码学成为一门科学。人们将此阶段使用的加密方法称为传统加密方法，其安全性依赖于密钥的保密，而不是算法的保密。

（3）第 3 阶段，从 1976 年至今。

1976年，迪菲（Diffie）和赫尔曼（Hellman）发表的文章《密码学的新动向》，首先证明了在发送端和接收端无密钥传输的保密通信是可能的，从而开创了公钥密码学的新纪元。这个时期密码学技术得到蓬勃发展，密码学技术趋于标准化。

2.1.3 密码学的分类

密码学发展至今，产生了很多密码算法，这些密码算法已经广泛应用于军事、商业经济、网络间的通信、电子商务、电子政务等领域。从不同的角度根据不同的标准，可以把密码分成若干类。

一、根据密码算法与密钥是否分离划分

根据算法是否公开或算法和密钥是否分离，分为古典密码和现代密码。

- 古典密码。古典密码包括置换密码、替代密码、转轮机密码等。古今中外的密码，不论其形态多么繁杂，变化多么巧妙，都是按照移位、替代和置换 3 种基本原理编制出来的，这 3 种原理在密码编制和使用中相互结合、灵活应用。
- 现代密码。现代密码又包括序列密码、分组密码、对称密码、公钥密码、量子密码等。

二、按密钥方式划分

根据加密和解密是否使用相同的密钥，分为对称密码和非对称密码。

- 对称密码。加密和解密使用相同密钥或从一个容易推出另一个的密码称为对称密码。对称加密，又称为秘密密钥密码或单密钥密码。
- 非对称密码。加密和解密使用不同密钥的密码称为非对称密码，其中一个密钥（公钥）可以公开，另一个密钥（私钥）必须保密，且由公钥求解私钥在计算上是不可行的。非对称密码又称为公钥密码或双密钥密码。

三、按数据单元大小划分

根据加解密时，每次操作的数据单元是否分块，分为分组密码和流密码。

- 分组密码。将输入数据划分成固定长度的分组进行加解密的密码称为分组密码。每个组分别在密钥的控制下变换成等长的输出数据。分组长度一般为 64bit 或 128bit。分组密码算法包括 DES、AES、SM4、IDEA、SAFER、Blowfish 和 Skipjack 等。
- 序列密码。序列密码也称为流密码，它是将数据逐比特或字节运算的一种密码。序列密码算法包括 A5、RC4、WAKE 和 SEAL 等。

四、按加解密是否可逆划分

根据加密后的密文是否可以解密成明文，分为单向哈希密码和双向可逆密码。

- 单向哈希密码，也称为散列函数、杂凑函数、HASH 算法或消息摘要算法。它通过一个单向数学函数，将任意长度的数据转换为一个定长的、不可逆转的数据。
- 双向可逆密码。明文通过数学变换转换成密文后，密文通过类似的数学变换可还原成明文的密码称为双向可逆密码。

2.1.4 古典密码学

古典密码是密码学发展的初级阶段。虽然古典密码比较简单，但是其原理对理解、构造和分析现代密码具有很大的帮助。典型的古典密码技术包括替代密码和置换密码。

一、替代密码

替代密码（Substitution Cipher）是利用预先设计的固定替代规则，对明文逐字符或逐字符组进行替代的密码，对密文进行逆替代就可以恢复明文。字符组称为一个替代单位。这里的替代规则又称为替代函数、替代表或S盒。替代密码的固定性是指这个替代规则与密钥因素和被加密的明文字符的序号无关，即相同的明文字符组产生相同的密文字符组。在基于替代表的替代算法中，根据密码算法加解密时使用替代表多少的不同，替代密码又可分为单表替代密码和多表替代密码。其中，单表替代密码的密码算法加解密时使用一个固定的替代表，多表替代密码的密码算法加解密时使用多个替代表。替代密码可描述为：

已知明文字母表：$A = \{a_0, a_1,..., a_{n-1}\}$；密文字母表：$B = \{b_0, b_1,..., b_{n-1}\}$。

定义一个由A到B的映射：f：$A \to B$，$f(a_i) = b_i$。

设明文：$M = (m_0, m_1, ..., m_{n-1})$，则密文：$C = (f(m_0), f(m_1), ..., f(m_{n-1}))$。

著名的凯撒（Caesar）密码就是一种简单的替代密码，它的每一个明文字符都由其右边第3个字符替代，即明文字母表：$A = \{a, b,..., z\}$，密文字母表：$B = \{d, e,..., c\}$，因此凯撒密码替代表如表2-2所示。

表 2-2 凯撒密码替代表

A	*a*	*b*	*c*	*d*	*e*	*f*	*g*	*h*	*i*	*j*	*k*	*l*	*m*	*n*	*o*	*p*	*q*	*r*	*s*	*t*	*u*	*v*	*w*	*x*	*y*	*z*
B	*d*	*e*	*f*	*g*	*h*	*i*	*j*	*k*	*l*	*m*	*n*	*o*	*p*	*q*	*r*	*s*	*t*	*u*	*v*	*w*	*x*	*y*	*z*	*a*	*b*	*c*

【例】已知明文M = *this is caesar*，求密文C。

解：根据凯撒密码替代表，$f(t)=w$，$f(h)=k$，$f(i)=l$，$f(c)=f$，$f(a)=d$，$f(e)=h$，$f(r)=u$。

因此，密文C = *wklv lv fdhvdu*。

二、置换密码

置换密码（Permutation Cipher）又称为换位密码，置换密码通过改变明文消息各元素的相对位置，但明文消息元素本身的取值或内容形式不变。在前面的替代密码中，可以认为是保持明文的符号顺序，但是将它们用其他符号来替代。而置换密码则是把明文中各字符的位置次序重新排列来得到密文的一种密码技术。置换密码实现的方法多种多样，直接把明文顺序倒过来，然后排成固定长度的字母组作为密文就是一种最简单的置换密码。下面再给出一种典型的置换密码算法。

在列置换密码算法中，加密时，将明文按照密钥的长度一行一行地写成一个矩阵（*X*, *Y*），其中*X*为列数，它等于密钥的长度，*Y*为行数。然后按照密钥字母对应的数值从小到大，按照列读出即为密文。解密时，将密文按列填写到一个行数固定（也为*Y*）的表格或矩阵中，并按照密钥字母对应的数值从小到大确定列的位置次序，然后按行读出即得到明文。

【例】已知明文*M* = *attack begins at four*，密钥*K* = *cipher*，求密文*C*。

解：在英文26个字母中，密钥*K* = *cipher*这6个字母在26个英文字母中出现的位置用粗体加下划线来表示，并将这6个字母按照字母表中的先后顺序加上编号1 ~ 6，如表2-3所示。

表 2-3 密钥字母排序表

字母	*a*	*b*	*c*	*d*	*e*	*f*	*g*	*h*	*i*	*j*	*k*	*l*	*m*	*n*	*o*	*p*	*q*	*r*	*s*	*t*	*u*	*v*	*w*	*x*	*y*	*z*
顺序			1		2			3	4							5		6								

然后在表2-4中，先写下密钥*cipher*，在密钥的每一个字母下面写下顺序号码。

表 2-4 密钥排序表

密钥*K*	*c*	*i*	*p*	*h*	*e*	*r*
顺序	*1*	*4*	*5*	*3*	*2*	*6*

接着，将明文*M* = *attack begins at four*去除空格后按照每行6个字母的形式排在矩阵表中，形成表2-5所示的形式。

表 2-5 明文矩阵

密钥*K*	*c*	*i*	*p*	*h*	*e*	*r*
顺序	1	4	5	3	2	6
明文 M	*a*	*t*	*t*	*a*	*c*	*k*
	b	*e*	*g*	*i*	*n*	*s*
	a	*t*	*f*	*o*	*u*	*r*

最后，根据密钥给出的字母顺序，按列读出，即第1次读出*aba*，第2次读出*cnu*，第3次读出*aio*，第4次读出*tet*，第5次读出*tgf*，第6次读出*ksr*。将所有读出的结果连起来，得出密文为：

C = *abacnuaiotettgfksr*。

收到密文后，先按照密钥的字母顺序，按列写入矩阵中（根据密钥含有的字母数就知道应当写成多少列），再按行自上而下读出，就可得出明文来。

2.2 对称密码体制

在一个密码体系中，如果加密密钥和解密密钥相同，就称为对称密码。现代密码技术的加密和解密算法是公开的，代表性的对称密码算法有DES、AES和SM4等。

2.2.1 DES 算法

DES（Data Encryption Standard，数据加密标准）密码算法是由IBM公司在20世纪70年代研制的第一个分组对称密码。经过加密标准筛选后，于1976年11月被美国政府采用，1977年被美国国家标准局（NBS）和美国国家标准协会（ANSI）所认可，成为加密标准。DES算法具有以下特点。

（1）DES 算法是分组加密算法，并以 64 位为分组大小。64 位分组的明文从 DES 算法一端输入，同样为 64 位的密文从另一端输出。

（2）DES 算法是对称算法，即加密和解密用同一密钥。

（3）DES 算法的密钥长度为 64 位，其中有效密钥长度为 56 位，另外 8 位用作奇偶校验，位于每个字节的第 8 位。

（4）DES 算法是替代和置换两种加密技术的组合。

（5）易于实现，即 DES 算法只是使用了标准的算术和逻辑运算，其作用的数最多也只有 64 位，因此用硬件技术很容易实现。算法的重复特性使得它可以非常理想地集成在一个专用芯片中。

一、DES 算法流程

DES算法将输入的明文分为64位的数据分组，在64位密钥的控制下，将 64位明文块变换为64位密文块，加密过程包括过初始置换、16轮迭代运算和逆初始置换3个主要阶段。其中16轮的迭代运算，每轮都采用乘积密码方式，即基于传统的替代和置换的方法进行加密，DES算法的流程如图2-1所示。

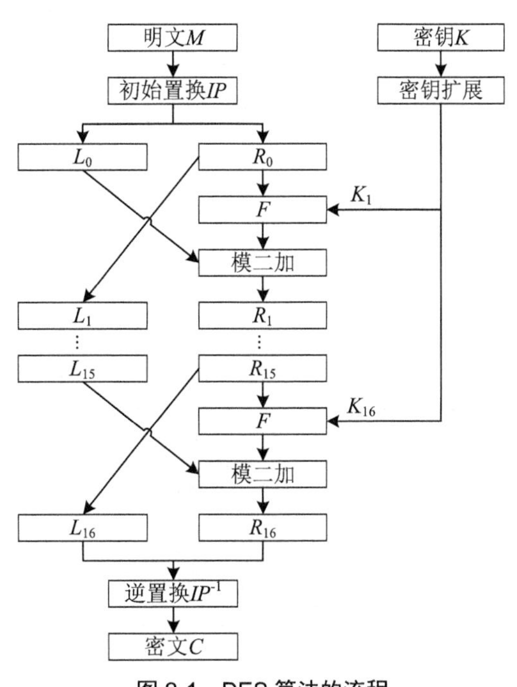

图 2-1　DES 算法的流程

从图2-1可以看出，在初始置换*IP*后，明文组被分为左右两部分，每部分32位，用L_0、R_0表示。经过16轮运算，将数据和密钥结合。16轮后，左、右两部分连接在一起；经过逆置换IP^{-1}，算法完成。DES加密算法可以用公式（2-1）表示。

$$C = E_K(M) = IP^{-1} \cdot T_{16} \cdot T_{15} \cdots T_1 \cdot IP(M) \tag{2-1}$$

其中，IP为初始置换，IP^{-1}是IP的逆，T_i（i=1, 2, ⋯, 16）是一系列的轮变换。$E_K(M)$表示明文M在密钥K的作用下产生的密文。在最初和最终置换之间，是结合替代和置换的函数F的16次迭代。其中置换、子密钥K_i和F函数的选择都将按下面介绍的特定规则进行。

（1）初始置换和逆置换。

初始变换IP是一个位置换，是将顺序排列的64位二进制数根据表2-6进行重新排序，即将顺序排列的64位序列$t_1t_2t_3 \cdots t_{64}$变换成$t_{58}t_{50} \cdots t_{15}t_7$，得到一个乱序的64位明文组；然后，分成左右两段，每段32位，用L_0和R_0表示，作为迭代运算的输入。

表 2-6　*IP* 初始置换表

58	50	42	34	26	18	10	2
60	52	44	36	28	20	12	4
62	54	46	38	30	22	14	6
64	56	48	40	32	24	16	8
57	49	41	33	25	17	9	1
59	51	43	35	27	19	11	3
61	53	45	37	29	21	13	5
63	55	47	39	31	23	15	7

逆初始置换用表2-7进行，仔细对比不难看出它是表2-6的逆过程。

表 2-7　IP^{-1} 逆置换表

40	8	48	16	56	24	64	32
39	7	47	15	55	23	63	31
38	6	46	14	54	22	62	30
37	5	45	13	53	21	61	29
36	4	44	12	52	20	60	28
35	3	43	11	51	19	59	27
34	2	42	10	50	18	58	26
33	1	41	9	49	17	57	25

（2）迭代运算。

DES的16轮迭代运算如公式（2-2）所示。

$$L_i=R_{i-1}，R_i=L_{i-1}\oplus F(R_{i-1}, K_i) \qquad i=1, 2, \cdots, 16 \qquad (2\text{-}2)$$

其中，$F(R_{i-1}, K_i)$的结构如图2-2所示。

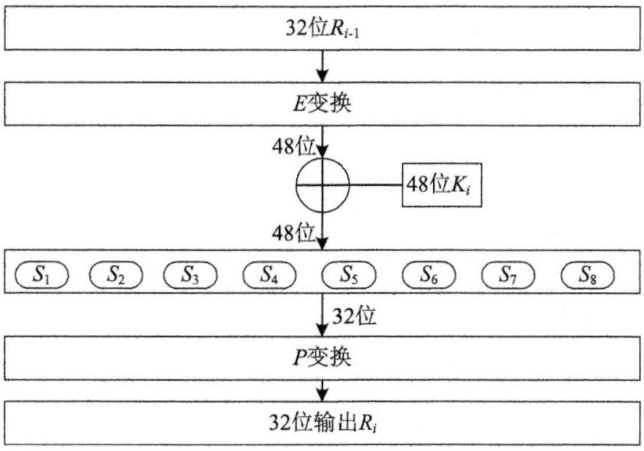

32位R_{i-1}
E变换
48位
48位K_i
48位
S_1 S_2 S_3 S_4 S_5 S_6 S_7 S_8
32位
P变换
32位输出R_i

图 2-2　*F* 函数的结构

从图2-2可以看出，首先通过E表置换（见表2-8）将32位R_{i-1}扩展成48位$E(R_{i-1})$二进制数，即$R_{i-1}=r_1r_2\cdots r_{31}r_{32}$，则$E(R_{i-1})=r_{32}r_1\cdots r_{31}r_{32}r_1$。

表 2-8　*E* 置换表

32	1	2	3	4	5
4	5	6	7	8	9
8	9	10	11	12	13
12	13	14	15	16	17
16	17	18	19	20	21
20	21	22	23	24	25
24	25	26	27	28	29
28	29	30	31	32	1

其次，$E(R_{i-1})$与48位的子密钥K_i进行异或运算，然后将所得的48位数分成8个6位数，记为B_i（$i=1, 2, \cdots, 8$），即$E(R_{i-1})\oplus K_i=B_1B_2\cdots B_8$。

接着，每个6位子块B_i都是选择函数S_i的输入，其输出是一个4位$S_i(B_i)$二进制数。每个S_i将一个6位块$B_i=b_1b_2b_3b_4b_5b_6$转换为一个4位块，根据表2-9选择S盒$S_1,\cdots,S_8$。其中，与b_1b_6相对应的整数确定表中S_i的行号，用与$b_2b_3b_4b_5$相对应的整数确定表中的列号，则$S_i(B_i)$的值就是位于该行和该列的数的4位二进制数。

表 2-9　DES 的 S 盒

		0	1	2	3	4	5	6	7	8	9	10	11	12	13	14	15
S_1	0	14	4	13	1	2	15	11	8	3	10	6	12	5	9	0	7
	1	0	15	7	4	14	2	13	1	10	6	12	11	9	5	3	8
	2	4	1	14	8	13	6	2	11	15	12	9	7	3	10	5	0
	3	15	12	8	2	4	9	1	7	5	11	3	14	10	0	6	13
S_2	0	15	1	8	14	6	11	3	4	9	7	2	13	12	0	5	10
	1	3	13	4	7	15	2	8	14	12	0	1	10	6	9	11	5
	2	0	14	7	11	10	4	13	1	5	8	12	6	9	3	2	15
	3	13	8	10	1	3	15	4	2	11	6	7	12	0	5	14	9
S_3	0	10	0	9	14	6	3	15	5	1	13	12	7	11	4	2	8
	1	13	7	0	9	3	4	6	10	2	8	5	14	12	11	15	1
	2	13	6	4	9	8	15	3	0	11	1	2	12	5	10	14	7
	3	1	10	13	0	6	9	8	7	4	15	14	3	11	5	2	12
S_4	0	7	13	14	3	0	6	9	10	1	2	8	5	11	12	4	15
	1	13	8	11	5	6	15	0	3	4	7	2	12	1	10	14	9
	2	10	6	9	0	12	11	7	13	15	1	3	14	5	2	8	4
	3	3	15	0	6	10	1	13	8	9	4	5	11	12	7	2	14
S_5	0	2	12	4	1	7	10	11	6	8	5	3	15	13	0	14	9
	1	14	11	2	12	4	7	13	1	5	0	15	10	3	9	8	6
	2	4	2	1	11	10	13	7	8	15	9	12	5	6	3	0	14
	3	11	8	12	7	1	14	2	13	6	15	0	9	10	4	5	3
S_6	0	12	1	10	15	9	2	6	8	0	13	3	4	14	7	5	11
	1	10	15	4	2	7	12	9	5	6	1	13	14	0	11	3	8
	2	9	14	15	5	2	8	12	3	7	0	4	10	1	13	11	6
	3	4	3	2	12	9	5	15	10	11	14	1	7	6	0	8	13
S_7	0	4	11	2	14	15	0	8	13	3	12	9	7	5	10	6	1
	1	13	0	11	7	4	9	1	10	14	3	5	12	2	15	8	6
	2	1	4	11	13	12	3	7	14	10	15	6	8	0	5	9	2
	3	6	11	13	8	1	4	10	7	9	5	0	15	14	2	3	12
S_8	0	13	2	8	4	6	15	11	1	10	9	3	14	5	0	12	7
	1	1	15	13	8	10	3	7	4	12	5	6	11	0	14	9	2
	2	1	11	4	1	9	12	14	2	0	6	10	13	15	3	5	8
	3	2	1	14	7	1	10	7	13	15	12	9	0	3	5	6	11

【例】S盒应用实例。

设B_1=101100，则$S_1(B_1)$的值位于列号为2的列和行号为6的行，即等于2，因此$S_1(B_1)$的输出是0010。

把这些子块合成32 位二进制块之后，用置换表P（见表2-10）将它变换成$P(S_1(B_1)\cdots S_8(B_8))$，这就是函数$F(R_{i-1}, K_i)$的输出。

表 2-10　P 置换表

16	7	20	21
29	12	28	17
1	15	23	26
5	18	31	10
2	8	24	14
32	27	3	9
19	13	30	6
22	11	4	25

（3）密钥扩展。

下面介绍由初始密钥K扩展出16个子密钥K_i（i=1, 2, ⋯, 16）的过程。初始密钥K是一个64位二进制数，其中8位是奇偶校验位，分别位于第8，16，⋯，64位。DES算法的密钥扩展过程如图2-3所示。

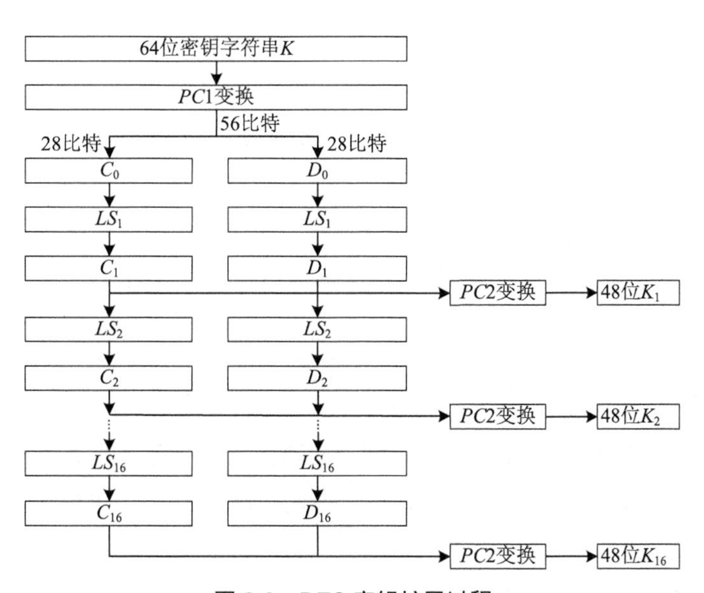

图 2-3　DES 密钥扩展过程

从图2-3可以看出，$PC1$置换表将64位初始密钥中的奇偶校验位去掉，并把剩下的 56位进行换位，换位后的结果被分成两半，即左右两段，每段28位，用C_0和D_0表示，作为迭代运算的输入。$PC1$置换表如表2-11所示。

表 2-11　*PC*1 置换表

57	49	41	33	25	17	9	1	58	50	42	34	26	18
10	2	59	51	43	35	27	19	11	3	60	52	44	36
63	55	47	39	31	23	15	7	62	54	46	38	30	22
19	11	3	60	52	44	36	21	13	5	28	20	12	4

令C_i和D_i分别表示推导K_i时所用的C和D的值，如公式（2-3）所示。

$$C_i=LS_i(C_{i-1}),\ D_i=LS_i(D_{i-1}) \tag{2-3}$$

其中，C_0和D_0是C和D的初始值，根据$PC1$置换表，$C_0=K_{57}K_{49}\cdots K_{44}K_{36}$，$D_0=K_{63}K_{55}\cdots K_{12}K_4$。

LS_i是循环左移位变换，移位次数如表2-12所示。

表 2-12　移位次数表

i	1	2	3	4	5	6	7	8	9	10	11	12	13	14	15	16
LS_i	1	1	2	2	2	2	2	2	1	2	2	2	2	2	2	1

从表2-12可以看出，LS_1、LS_2、LS_9和LS_{16}是循环左移1位变换，其余的LS_i是循环左移2位变换。

最后，循环移位后的C_i、D_i通过置换选择函数$PC2$，得出子密钥K_i，如公式（2-4）所示。

$$K_i = PC2(C_i, D_i) \tag{2-4}$$

其中，$PC2$如表2-13所示。

表 2-13　*PC*2 置换表

14	17	11	24	1	5	3	28	15	6	21	10
23	19	12	4	26	8	16	7	27	10	13	2
41	52	31	37	47	55	30	40	51	45	33	48
44	49	39	56	34	53	46	42	50	36	29	32

二、DES 解密算法

DES解密算法和加密算法相同，只不过第1次迭代时用子密钥K_{16}，第2次用K_{15}，…，第16次用K_1，因为最终置换IP^{-1}是初始置换IP的逆变换，且$R_{i-1}=L_i$，$L_{i-1}=R_i\oplus F(L_i，K_i)$。

DES解密算法如公式（2-5）所示。

$$M = D_K(C) = IP^{-1}\cdot T_1\cdot T_2\cdots T_{16}\cdot IP(E_K(M)) \tag{2-5}$$

三、DES 安全性及算法改进

DES的安全性完全依赖于所用的密钥。自DES作为标准以来，人们对它的安全性就有深入的研究，几十年来出现了许多针对DES安全性的攻击分析及其相关问题的研究，这些研究不仅深入分析、检验了DES的各个方面，而且大大地推动了密码学的研究和发展。DES的缺点主要如下。

（1）DES 的 56 位的密钥长度可能太小。

（2）DES 的迭代次数太大。

（3）S 盒中可能有不安全因素。

（4）DES 的一些关键部分应保密（如 *S* 盒设计）。

其中，因为DES算法有效密钥只有56位，现在已经不能提供足够的安全性，因此提出了三重DES（3DES）改进算法，该算法用两个密钥对明文进行三次运算。设两个密钥是K_1和K_2，首先用密钥K_1进行DES加密。其次，用K_2对步骤1的结果进行DES解密。最后，用步骤2的结果使用密钥K_1进行DES加密。3DES算法的强度大约和112比特的密钥强度相当。

2.2.2 AES 算法

AES（Advanced Encryption Standard，高级加密标准）算法是由Joan Daeman和Vincent Rijmen提交的Rijndael密码算法，在2001年被美国国家标准技术研究所采用为分组对称密码算法，用于取代DES算法。根据使用的密钥长度不同，AES算法最常见的方案有3种，用以适应不同的场景要求，分别是AES-128、AES-192和AES-256。本文主要对AES-128进行介绍，另外两种方案的思路基本一样，只是轮数会适当增加。

一、AES 算法流程

AES算法采用分组密码体制，其分组长度包括128位、192位和256位3种。同样，对应的密钥长度分别为128位、192位和256位。令N_b和N_k分别表示分组长度和密钥长度，单位为32位，则AES算法的3种分组长度和密钥长度分别表示为N_b=4，6，8和N_k=4，6，8。与DES算法一样，AES算法也是通过轮迭代对数据进行加解密。根据数据分组长度和密钥长度的不同，其迭代的轮数也不一样，对应AES的3种分组长度和密钥长度，其迭代次数N_r如表2-14所示。

表 2-14　加密轮数 N_r 取值

N_r	N_b=4	N_b=6	N_b=8
N_k=4	10	12	14
N_k=6	12	12	14
N_k=8	14	14	14

从表2-14可以看出，当AES算法的分组长度和密钥长度分别为4，即128位时，AES-128算法的加解密迭代轮数是10，其加解密的流程如图2-4所示。

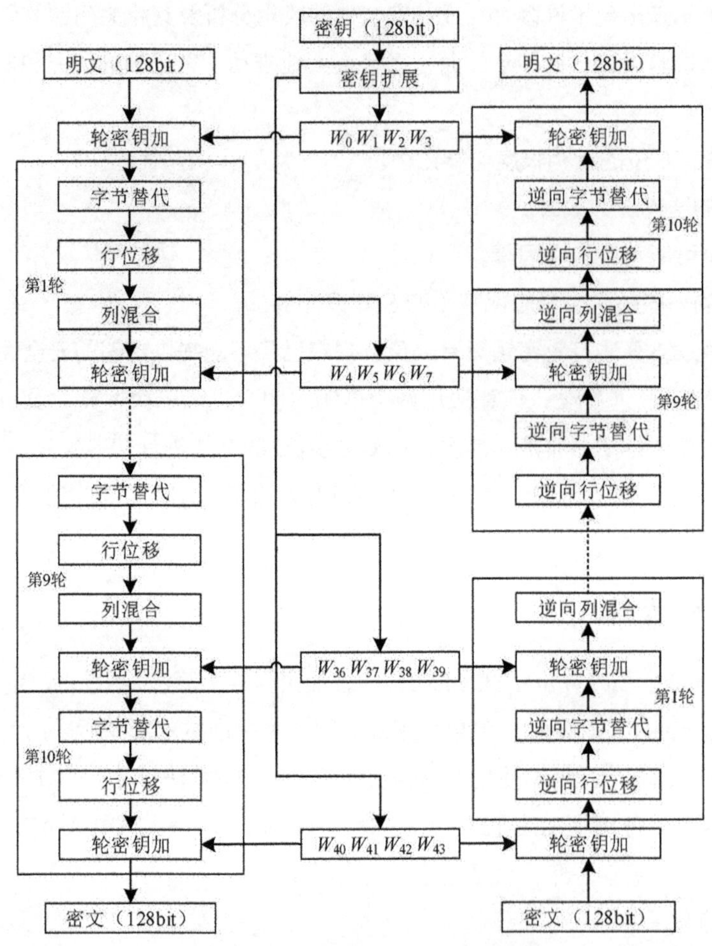

图 2-4　AES-128 算法的加解密流程

二、加解密操作

从图2-4可以看出，AES加密过程包括字节替代（SubBytes）、行移位（ShiftRows）、列混淆（MixColumns）和轮密钥加（AddRoundKey）等操作。这些操作的作用是通过重复简单的非线性变换、混合函数变换，将字节替代运算产生的非线性扩散，达到充分的混合，使加密后的分组信息统计特性分布更均匀。在每轮迭代中引入不同的密钥，这样能以最简单的运算代价得到最好的加密效果，实现加密的有效性。解密过程分别为对应的逆操作。由于每一步操作都是可逆的，按照相反的顺序进行解密即可恢复明文。此外，加解密中每轮的密钥分别由初始密钥扩展（KeyExpansion）得到。下面分别对上述5种操作进行介绍。

（1）字节替代。

AES-128算法中16字节的明文、密文和轮密钥都以一个4×4的矩阵表示。其中，将16字节的明文和密文形成的矩阵称为状态矩阵S，如公式（2-6）所示。

$$S=\begin{bmatrix} S_{00}\ S_{01}\ S_{02}\ S_{03} \\ S_{10}\ S_{11}\ S_{12}\ S_{13} \\ S_{20}\ S_{21}\ S_{22}\ S_{23} \\ S_{30}\ S_{31}\ S_{32}\ S_{33} \end{bmatrix} \tag{2-6}$$

从公式（2-6）可以看出，状态矩阵S有4行和4列，每个单元格S_{ij}存放一个字节，每一列就是一个32位字。用N_b表示被加密数据矩阵S的列数，字节替代是对状态矩阵中的单个字节数据单元（S_{ij}）进行可逆的非线性字节替代运算，其运算是通过S盒完成一个字节到另外一个字节的映射替代，如表2-15所示。

表2-15 AES的S盒变换

	0	1	2	3	4	5	6	7	8	9	A	B	C	D	E	F
0	63	7C	77	7B	F2	6B	6F	C5	30	01	67	2B	FE	D7	AB	76
1	CA	82	C9	7D	FA	59	47	F0	AD	D4	A2	AF	9C	A4	72	C0
2	B7	FD	93	26	36	3F	F7	CC	34	A5	E5	F1	71	D8	31	15
3	04	C7	23	C3	18	96	05	9A	07	12	80	E2	EB	27	B2	75
4	09	83	2C	1A	1B	6E	5A	A0	52	3B	D6	B3	29	E3	2F	84
5	53	D1	00	ED	20	FC	B1	5B	6A	CB	BE	39	4A	4C	58	CF
6	D0	ED	AA	FB	43	4D	33	85	45	F9	02	7F	50	3C	9F	A8
7	51	A3	40	8F	92	9D	38	F5	BC	B6	DA	21	10	FF	F3	D2
8	CD	0C	13	EC	5F	97	44	17	C4	A7	7E	3D	64	5D	19	73
9	60	81	4F	DC	22	2A	90	88	46	EE	B8	14	DE	5E	0B	DB
A	E0	32	3A	0A	49	06	24	5C	C2	D3	AC	62	91	95	E4	70
B	E7	C8	37	6D	8D	D5	4E	A9	6C	56	F4	EA	65	7A	AE	08
C	BA	78	25	2E	1C	A6	B4	C6	E8	DD	74	1F	4B	BD	8B	8A
D	70	3E	N5	66	48	03	F6	0E	61	35	57	B9	86	C1	1D	9E
E	E1	F8	98	11	69	D9	8E	94	9B	1E	87	E9	CE	55	28	DF
F	8C	A1	89	0D	BF	E6	42	68	41	99	2D	0F	B0	54	BB	16

表2-15中S盒为16×16的矩阵。设输入字节的值为$a=a_7a_6a_5a_4a_3a_2a_1a_0$，则输出值为

$S[a_7a_6a_5a_4][a_3a_2a_1a_0]$。例如：字节00替换后的值为$S[0][0]=63$。

（2）行移位。

行移位是线性变换，其功能是实现状态矩阵S内部字节之间的置换。包括正向行移位和逆向行移位。其中，正向行移位的操作如公式（2-7）所示。

$$\begin{bmatrix} S_{00} & S_{01} & S_{02} & S_{03} \\ S_{10} & S_{11} & S_{12} & S_{13} \\ S_{20} & S_{21} & S_{22} & S_{23} \\ S_{30} & S_{31} & S_{32} & S_{33} \end{bmatrix} \xrightarrow{\text{行位移}} \begin{bmatrix} S_{00} & S_{01} & S_{02} & S_{03} \\ S_{11} & S_{12} & S_{13} & S_{10} \\ S_{22} & S_{23} & S_{20} & S_{21} \\ S_{33} & S_{30} & S_{31} & S_{32} \end{bmatrix} \tag{2-7}$$

从公式（2-7）可以看出，实际移位的操作是第1行保持不变，第2行循环左移1个字节，第3行循环左移2个字节，第4行循环左移3个字节。

（3）列混合。

列混合为有限域$GF(2^8)$上的线性替代运算，包括正向列混合和逆向列混合。其中，正向列混淆的操作如公式（2-8）所示。

$$S'=\begin{bmatrix} S'_{00} & S'_{01} & S'_{02} & S'_{03} \\ S'_{10} & S'_{11} & S'_{12} & S'_{13} \\ S'_{20} & S'_{21} & S'_{22} & S'_{23} \\ S'_{30} & S'_{31} & S'_{32} & S'_{33} \end{bmatrix} = \begin{bmatrix} 02 & 03 & 01 & 01 \\ 01 & 02 & 03 & 01 \\ 01 & 01 & 02 & 03 \\ 03 & 01 & 01 & 02 \end{bmatrix} S = \begin{bmatrix} 02 & 03 & 01 & 01 \\ 01 & 02 & 03 & 01 \\ 01 & 01 & 02 & 03 \\ 03 & 01 & 01 & 02 \end{bmatrix} \cdot \begin{bmatrix} S_{00} & S_{01} & S_{02} & S_{03} \\ S_{10} & S_{11} & S_{12} & S_{13} \\ S_{20} & S_{21} & S_{22} & S_{23} \\ S_{30} & S_{31} & S_{32} & S_{33} \end{bmatrix} \tag{2-8}$$

从公式（2-8）可以看出，列混合为一矩阵乘法运算。根据矩阵的乘法可知，在列混淆的过程中，将某个字节所对应的值乘以2，其结果就是将该值的二进制位左移一位。如果该值的最高位为1（表示该数值不小于128），则还需要将移位后的结果异或00011011。乘法对加法满足分配率，例如：$07\cdot S_{0,0}=(01\oplus02\oplus04)\cdot S_{0,0}= S_{0,0}\oplus(02\cdot S_{0,0})\oplus(04\cdot S_{0,0})$。各个值在相加时使用的是模2加法（相当于异或运算）。

$$\text{设}S=\begin{bmatrix} C9 & E0 & 34 & B1 \\ 6E & AA & C2 & B5 \\ 46 & D2 & A9 & 87 \\ A6 & 39 & C8 & E6 \end{bmatrix}$$

$$\text{则}S'=\begin{bmatrix} S'_{00} & S'_{01} & S'_{02} & S'_{03} \\ S'_{10} & S'_{11} & S'_{12} & S'_{13} \\ S'_{20} & S'_{21} & S'_{22} & S'_{23} \\ S'_{30} & S'_{31} & S'_{32} & S'_{33} \end{bmatrix} = \begin{bmatrix} 02 & 03 & 01 & 01 \\ 01 & 02 & 03 & 01 \\ 01 & 01 & 02 & 03 \\ 03 & 01 & 01 & 02 \end{bmatrix} \bullet \begin{bmatrix} C9 & B1 & CA & B7 \\ 6E & 5B & 12 & 7F \\ 46 & FD & 7C & 7B \\ A6 & 79 & 04 & 23 \end{bmatrix} = \begin{bmatrix} D8 & 10 & C1 & AC \\ 37 & 62 & 6E & E7 \\ 94 & 80 & 2C & 5B \\ ED & 9C & 23 & 80 \end{bmatrix}$$

其中S'_{00}的运算过程如下：

$S'_{00}=(02\bullet C9)\oplus(03\bullet 6E)\oplus(01\bullet 46)\oplus(01\bullet A6)$

$02\bullet C9=02\bullet 11001001_B=10010010_B\oplus00011011_B=10001001_B$

$03\bullet 6E=(01\oplus02)\bullet 6E=01101110_B\oplus11011100_B=10110010_B$

$01\bullet 46=01000110_B$

$01 \cdot A6=10100110_B$

$S'_{00}=10001001_B \oplus 10110010_B \oplus 01000110_B \oplus 10100110_B=11011011_B=DB$

同理可以求出S'_{ij}的其他值。

（4）轮密钥加。

将状态矩阵S与密钥矩阵K进行异或逻辑运算，即将轮密钥与状态按比特异或，如公式（2-9）所示。

$$S'=\begin{bmatrix} S'_{00} & S'_{01} & S'_{02} & S'_{03} \\ S'_{10} & S'_{11} & S'_{12} & S'_{13} \\ S'_{20} & S'_{21} & S'_{22} & S'_{23} \\ S'_{30} & S'_{31} & S'_{32} & S'_{33} \end{bmatrix}=S\oplus K\begin{bmatrix} S_{00} & S_{01} & S_{02} & S_{03} \\ S_{10} & S_{11} & S_{12} & S_{13} \\ S_{20} & S_{21} & S_{22} & S_{23} \\ S_{30} & S_{31} & S_{32} & S_{33} \end{bmatrix}\oplus\begin{bmatrix} K_{00} & K_{01} & K_{02} & K_{03} \\ K_{10} & K_{11} & K_{12} & K_{13} \\ K_{20} & K_{21} & K_{22} & K_{23} \\ K_{30} & K_{31} & K_{32} & K_{33} \end{bmatrix} \tag{2-9}$$

其中，$S'_{ij}=S_{ij}\oplus K_{ij}$。

（5）密钥扩展。

AES密钥扩展的操作步骤如图2-5所示。

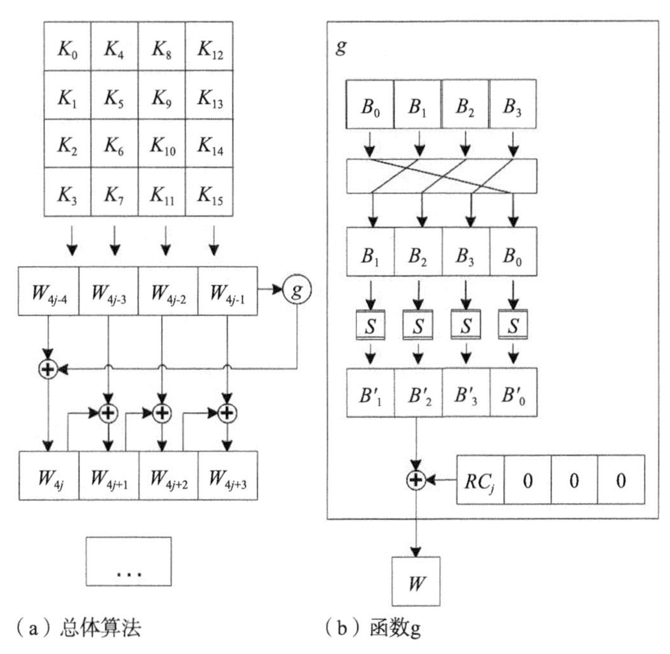

（a）总体算法　　（b）函数g

图 2-5　AES-128 密钥扩展

从图2-5可以看出，16字节初始密钥用4×4的矩阵表示，称为密钥矩阵K，用N_k表示密钥数据矩阵的列数，如公式（2-10）所示。

$$K=\begin{bmatrix} K_{00} & K_{01} & K_{02} & K_{03} \\ K_{10} & K_{11} & K_{12} & K_{13} \\ K_{20} & K_{21} & K_{22} & K_{23} \\ K_{30} & K_{31} & K_{32} & K_{33} \end{bmatrix}=\begin{bmatrix} W_0 \\ W_1 \\ W_2 \\ W_3 \end{bmatrix} \tag{2-10}$$

令$W_0=[K_{00}\ K_{01}\ K_{02}\ K_{03}]$，$W_1=[K_{10}\ K_{11}\ K_{12}\ K_{13}]$，$W_2=[K_{20}\ K_{21}\ K_{22}\ K_{23}]$，$W_3=[K_{30}\ K_{31}\ K_{32}\ K_{33}]$，则，

$$W_i=\begin{cases} W_{i-4}\oplus W_{i-1}, & i=\{4,5,\ldots,43\}\text{且}i\bmod 4\neq 0 \\ W_{i-4}\oplus T(W_{i-1}), & i=\{4,5,\ldots,43\}\text{且}i\bmod 4=0 \end{cases} \tag{2-11}$$

令$W_{i-1}=[a\ b\ c\ d]$，则，

$$[a\ b\ c\ d]\rightarrow[b\ c\ d\ a]\xrightarrow{s盒})[e\ f\ g\ h]\rightarrow[e\ f\ g\ h]\oplus RC\rightarrow[e\oplus RC_j\ f\ g\ h]\rightarrow[e\oplus 10^{(i-4)/4}\ f\ g\ h]=T(W_{i-1}) \tag{2-12}$$

$$K_j=\begin{bmatrix} W_{4j} \\ W_{4j+1} \\ W_{4j+2} \\ W_{4j+3} \end{bmatrix},\ j=\{0,1\ldots,10\} \tag{2-13}$$

其中，RC为轮常量，其为一个32位字，但其右边的3个字节总为0，即$RC=[RC_j\ 0\ 0\ 0]$。RC_j如表2-16所示。

表 2-16　轮常量

j	1	2	3	4	5	6	7	8	9	10
RC_j	01	02	04	08	10	20	40	80	1B	36

2.2.3　SM4 算法

SM4密码算法是配合WAPI（Wireless LAN Authentication and Privacy Infrastructure）无线局域网标准的推广应用，最早于2006年公开发布，2012年3月发布成为国家密码行业标准（GM/T 0002-2012），2016年8月发布成为国家标准（GB/T 32907-2016）。

一、SM4 算法流程

SM4对称密码算法是一个迭代分组密码算法，由加解密算法和密钥扩展算法组成。SM4分组密码算法采用非平衡Feistel结构，分组长度为128位，密钥长度为128位。加密算法与密钥扩展算法均采用32轮非线性迭代结构。加密运算和解密运算的算法结构相同，只是轮密钥的使用顺序相反，即解密运算的轮密钥的使用顺序与加密算法相反，图2-6显示了SM4的算法流程。

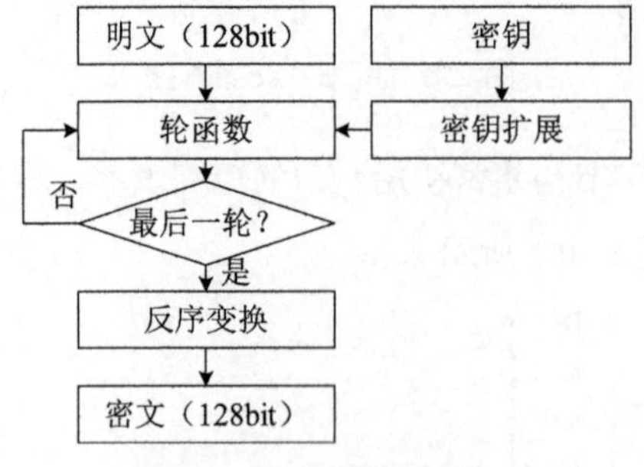

图 2-6　SM4 算法流程

从图2-6可以看出，SM4算法的加密流程包含轮函数迭代运算、反序变换和密钥扩展3个操作。其中，通过轮函数进行32轮的迭代运算，每轮迭代的子密钥分别为K_0，K_1，…，K_i，…，K_{31}。密钥扩展是将128位的初始密钥扩展成32个轮子密钥。下面将具体介绍这3个步骤。

（1）迭代运算。

SM4迭代运算如图2-7所示。

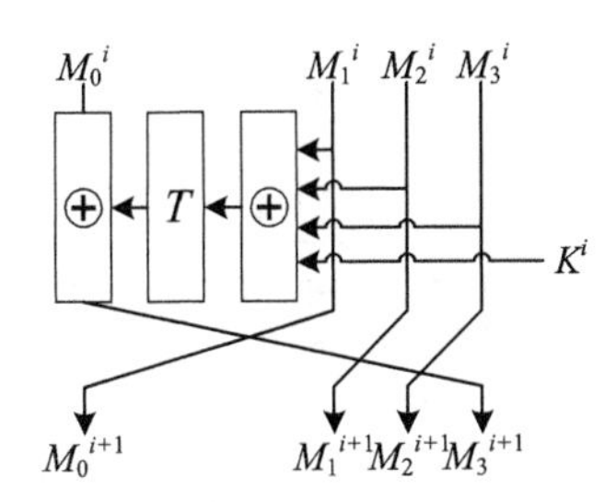

图 2-7　SM4 迭代运算

从图2-7可以看出，32次迭代运算，如公式（2-14）所示。

$$M_0^{i+1}=M_1^i,\ M_1^{i+1}=M_2^i,\ M_2^{i+1}=M_3^i,\ M_3^{i+1}=F(M_0^i, M_1^i, M_2^i, M_3^i, K^i),\ i=0,1,\cdots,31 \tag{2-14}$$

其中，$F(M_0^i, M_1^i, M_2^i, M_3^i, K^i)$为轮函数：

$$F(M_0^i, M_1^i, M_2^i, M_3^i, K^i)=M_0^i \oplus T(M_1^i \oplus M_2^i \oplus M_3^i \oplus K^i) \tag{2-15}$$

在公式（2-15）的轮函数中，设128比特的明文输入为$M=(M_0, M_1, M_2, M_3)$，则$M=(M_0, M_1, M_2, M_3)=(M_0^0, M_1^0, M_2^0, M_3^0)$，$T$为合成置换，它是一个可逆变换，由非线性变换$\tau$和线性变换$L$复合而成，即$T(\cdot)=L(\tau(\cdot))$。

① 非线性变换τ。

τ由4个并行的S盒构成。设输入为$A=(a_0, a_1, a_2, a_3) \in (Z_2^8)^4$，输出为$B=(b_0, b_1, b_2, b_3) \in (Z_2^8)^4$，则，

$$B=(b_0, b_2, b_2, b_3)=Sbox(A)=(Sbox(a_0), Sbox(a_1), Sbox(a_2), Sbox(a_3)) \tag{2-16}$$

其中，S盒如表2-17所示。

表 2-17　SM4 的 S 盒变换

	0	1	2	3	4	5	6	7	8	9	A	B	C	D	E	F
0	D6	90	E9	FE	CC	E1	3D	B7	16	B6	14	C2	28	FB	2C	05
1	2B	67	9A	76	2A	BE	04	C3	AA	44	13	26	49	86	06	99
2	9C	42	50	F4	91	EF	98	7A	33	54	0B	43	ED	CF	AC	62
3	E4	B3	1C	A9	C9	08	E8	95	80	DF	94	FA	75	8F	3F	A6

续表

	0	1	2	3	4	5	6	7	8	9	A	B	C	D	E	F
4	47	07	A7	FC	F3	73	17	BA	83	59	3C	19	E6	85	4F	A8
5	68	6B	81	B2	71	64	DA	8B	F8	ED	0F	4B	70	56	9D	35
6	1E	24	0E	5E	63	58	D1	A2	25	22	7C	3B	01	21	78	87
7	D4	00	46	57	9F	D3	27	52	4C	36	02	E7	A0	C4	C8	9E
8	EA	BF	8A	D2	40	C7	38	B5	A3	F7	F2	CE	F9	61	15	A1
9	E0	AE	5D	A4	96	34	1A	55	AD	93	32	30	F5	8C	B1	E3
A	1D	F6	E2	2E	82	66	CA	60	C0	29	23	AB	0D	53	4E	6F
B	D5	DB	37	45	DE	FD	8E	2F	03	FF	6A	72	6D	6C	5B	51
C	8D	1B	AF	92	BB	DD	BC	7F	11	D9	5C	41	1F	10	5A	D8
D	0A	C1	31	88	A5	CD	7B	BD	2D	74	D0	12	B8	E5	B4	B0
E	89	69	97	4A	0C	96	77	7E	65	B9	F1	09	C5	6E	C6	84
F	18	F0	7D	EC	3A	DC	4D	20	79	EE	5F	3E	D7	CB	39	48

例如：输入a=EF，则经S盒后的值为表中第E行和第F列的值，$b=Sbox(\mathrm{EF})=84$。

② 线性变换L。

非线性变换τ的输出是线性变换L的输入。设输入为$B\in Z_2^{32}$，输出为$C\in Z_2^{32}$，则，

$$C=L(B)=B\oplus(B\lll 2)\oplus(B\lll 10)\oplus(B\lll 18)\oplus(B\lll 24) \quad (2\text{-}17)$$

（2）反序变换。

设密文输出为$C=(C_0, C_1, C_2, C_3)\in(Z_2^{32})^4$，则，

$$C=(C_0, C_1, C_2, C_3)=R(M_0^{31}, M_1^{31}, M_2^{31}, M_3^{31})=(M_3^{31}, M_2^{31}, M_1^{31}, M_0^{31}) \quad (2\text{-}18)$$

（3）密钥扩展。

SM4算法的轮密钥由加密密钥通过密钥扩展算法生成。令加密密钥$K=(K_0, K_1, K_2, K_3)$，32位轮密钥生成方法为：

$$(K_0, K_1, K_2, K_3)=(K_0\oplus FK_0, K_1\oplus FK_1, K_2\oplus FK_2, K_3\oplus FK_3) \quad (2\text{-}19)$$

$$K_{i+4}=K_i\oplus T'(K_{i+1}\oplus K_{i+2}\oplus K_{i+3}\oplus CK_i)\text{，}i=0,1,\cdots,31 \quad (2\text{-}20)$$

$$K^i=K_{i+4}\text{，}i=0,1,\cdots,31 \quad (2\text{-}21)$$

其中：

(a) T'是将合成置换T的线性变换L替换为L'：

$$L'(B)=B\oplus(B\lll 13)\oplus(B\lll 23) \quad (2\text{-}22)$$

(b) $FK=(FK_0, FK_1, FK_2, FK_3)$为系统参数，其$FK(i=0,1,\cdots,3)$取值为：

FK_0 = A3B1BAC6，FK_1 = 56AA3350，FK_2 = 677D9197，FK_3 = B27022DC；

(c) CK=(CK_0, CK_1, ⋯, CK_{31})为固定参数，其取值方法为：

设$CK_{i,j}$为CK_i的第j字节($i = 0,1,\cdots,31; j = 0,1,2,3$)，即$CK_i = (CK_{i,0}, CK_{i,1}, CK_{i,2}, CK_{i,3})$，则$CK_{i,j} = (4i + j) \times (7 \bmod 256)$。固定参数$CK_i$ ($i = 0,1,\cdots,31$)的具体值为：

00070E15, 1C232A31, 383F464D, 545B6269, 70777E85, 8C939AA1, A8AFB6BD, C4CBD2D9,

E0E7EEF5, FC030A11, 181F262D, 343B4249, 50575E65, 6C737A81, 888F969D, A4ABB2B9,

C0C7CED5, DCE3EAF1, F8FF060D, 141B2229, 30373E45, 4C535A61, 686F767D, 848B9299,

A0A7AEB5, BCC3CAD1, D8DFE6ED, F4FB0209, 10171E25, 2C333A41, 484F565D, 646B7279。

SM4算法的解密变换与加密变换结构相同，不同的仅是轮密钥的使用顺序。解密时，使用轮密钥序（$K_{32}, K_{31}, \cdots, K_0$）。

二、SM4 与 AES 比较

在安全性设计方面，AES每轮的操作包括使用S盒完成分组的字节到字节的替代，简单的行移位、列混淆和密钥轮加。而SM4每轮的操作包括将32位明文组与轮密钥异或，基于S盒的字节到字节的替代和基于移位的线性变换。可以看出，SM4和AES算法的安全性均是基于S盒的非线性性及线性变换提供的扩散作用。密钥的使用方式也均是将密钥与明文或加密结果异或。它们的区别在于AES算法在每轮的最后使用密钥，而SM4算法在每轮的开始使用密钥。此外，在密钥调度算法方面，SM4的密钥调度算法和加密算法基本相同，同样是将密钥分为32位的4组，然后通过S盒替代、线性变换来产生各轮密钥。与此形成对照，AES算法的密钥产生则较为烦琐，主要是区分了N_k<6，N_k>=6，以及i-4或i是N_k的整数倍这些情况。不过其中同样也是用了S盒和线性变换。有关SM4和AES算法的密钥长度、分组长度、迭代次数和算法结构方面的比较如表2-18所示。

表 2-18　SM4 与 AES 算法比较

算法名称	密钥长度	分组长度	循环次数	算法结构
AES	128/192/256	128	10/12/14	Substitution-Permutation
SM4	128	128	32	非平衡 Feistel

通过以上分析比较可以看到，SM4算法实现起来较为简单，密钥调度和加密的算法基本相同，而且解密时也可以使用同样的程序，只要将密钥的顺序倒置即可。而AES算法则使用

了复杂的密钥调度算法，并且解密算法也需要另外编写代码，实现起来更复杂一些。

2.3 公钥密码体制

在2.2节的对称密码体制中，解密密钥与加密密钥相同或容易从加密密钥导出，加密密钥的暴露会使系统变得不安全，因此使用对称密钥密码体制在传送任何密文之前，发送者和接收者必须使用一个安全信道预先通信传输密钥K，在实际通信中做到这一点很困难。公钥密码体制能很好地解决对称密钥密码体制中的安全性问题。

公钥密码体制又称非对称密码体制，该密码体制需要公开密钥（Public Key）和私有密钥（Private Key）两个密钥，并且这两个密钥相互关联。其中，公开密钥是可以公开的，而私有密钥是保密的。当用公开密钥对数据进行加密时，只能用对应的私有密钥才可以解密。反之，当用私有密钥对数据进行加密时，那么只有用对应的公开密钥才能解密。公钥密码算法最早是在1976年由Diffie和Hellman首次提出，称为Diffie-Hellman算法，它的出现是密码学上的一次变革。此后，人们又提出了RSA、DSA、Elgamal、ECC、SM2等其他公钥密码算法。这些公钥密码算法多数是基于大整数因子分解和离散对数分解等数学难解问题。本节介绍典型的RSA和SM2公钥密码算法。

2.3.1 RSA算法

RSA算法是1977年由麻省理工（MIT）的Rivest、Shamir和Adleman共同提出的公钥密码算法。RSA算法是一种分组密码体制，其理论基础是数论中大整数的素因子分解是困难问题的结论，即求两个大素数的乘积在计算上是容易实现的，但是将一个大整数分解成两个大素数的乘积是困难的。

RSA算法不仅和对称密码算法一样可以对数据信息进行加解密，而且能解决对称密码算法秘密密钥利用公开信道传输分发的难题，实现秘密密钥安全交换。此外，RSA算法还可完成对数据信息的数字签名以抵抗对信息的否认与抵赖。

一、RSA算法描述

RSA明文和密文是$[0, n-1]$之间的整数，通常n的大小为1024位二进制数，即$n<2^{1024}$。

（1）密钥对生成。

RSA算法的密钥对（K_U, K_R）生成步骤如下。

① 寻找出两个大素数p和q，且p和q保密。

② 计算$n=pq$，且n公开。

③ 计算欧拉函数$\varphi(n)=(p-1)(q-1)$。

④ 选择一个随机数e（$0<e<\varphi(n)$），满足$\gcd(e,\varphi(n))=1$（即e和$\varphi(n)$互素），且e公开。

⑤ 使用欧几里得（Euclidean）算法计算$ed\equiv 1(\text{mod } \varphi(n))$，即$ed=k\,\phi(n)+1$，且$d$保密。

⑥ 公开n和b作为RSA的公开密钥，即$K_U=\{e,n\}$。d保密作为RSA的私有密钥，即$K_R=\{d,n\}$。

（2）加密。

加密时，用$E_{KU}(M)$对每一明文M计算密文：

$$C=M^e(\text{mod } n) \tag{2-23}$$

（3）解密。

解密时，用$D_{KR}(C)$对每一密文C计算明文：

$$M=C^d(\text{mod } n) \tag{2-24}$$

【例】用户B选择两个素数$p=3$，$q=11$，则$n=pq=33$，$\varphi(n)=(3-1)(11-1)=20$。取$e=3$，显然$\gcd(e,\varphi(n))=(3,20)=1$，再由欧几里得算法，对$\forall a\in Z_{33}=\{0,1,\cdots,32\}$，计算$\gcd(ed, 20)$。如果$\gcd(ed,20)=\gcd(20, ed\text{mod}20)=\gcd(20,1)$，则$ed=1(\text{mod } 20)$，即$d=e^{-1}(\text{mod}20)$。在本例中求出$d=7$或$d=27$。一般地，$d$的值不是唯一的，这里选$d=7$，即公开$n=33$和$e=3$，保密$p=3$，$q=11$和$d=7$。现在用户A想把明文$M=19$发送给B。A加密明文$M=19$，得密文$C$：

$$C=E_{KU}(M)\equiv M^e(\text{mod}33)\equiv 19^3(\text{mod}33)=28$$

A在公开信道上将加密后的密文$C=28$发送给B，当B收到密文$C=28$时，解密可得明文M：

$$M=D_{KR}(C)=C^d(\text{mod } n)=28^7(\text{mod}33)=19$$

从而B得到A发送的明文$M=19$。

二、RSA 算法的安全性

RSA算法的理论基础是一种特殊的可逆模指数运算，它的安全性是基于分解大整数n的困难性。密码破译者对RSA密码系统的一个明显的攻击是企图分解n，如果能做到，则他很容易计算出欧拉数$\varphi(n)=(p-1)(q-1)$，这样他就可从公钥e计算出私钥d，从而破译密码系统。目前大整数分解算法能分解的数已达到130位的十进制数。也就是说，129位十进制数字的模数是能够分解的临界数，因此，n的选取应该大于这个数。基于安全性考虑，建议用户选择的素数p和q大约都为100位的十进制数，那么$n=pq$将是200位的十进制数。因为在每秒上亿次的计算机上对200位的整数进行因数分解，要55万年。因而RSA体制在目前技术条件下是安全的，是无人能破译的。

RSA算法在目前和可预见的未来若干年内，在信息安全领域的地位是不可替代的，在没有良好的分解大数因子的方法及不能证明RSA算法的不安全性的时候，RSA算法的应用领域会越来越广泛。但是一旦分解大数因子不再困难，RSA算法的时代将会成为历史。

2.3.2 SM2 算法

1985年，华盛顿大学的Neal Koblitz和IBM的Victor Miller分别独立地提出了利用有限域上椭圆曲线群来设计公钥密码的方案，即椭圆曲线公钥密码（Elliptic Curve Cryptography，ECC）。SM2是基于ECC的非对称国产商用密码算法，支持数据加密、数字签名和密钥交换，称为SM2椭圆曲线公钥密码算法。SM2算法于2010年12月首次公开发布，2012年3月成为中国商用密码标准（GM/T0003-2012），2016年8月成为中国国家密码标准（GB/T32918-2016）。2016年10月，IS0/IEC SC27会议通过了SM2算法标准草案，SM2算法进入ISO 14888-3正式文本阶段。

一、SM2 椭圆曲线

（1）任意域 F 上的椭圆曲线。

椭圆曲线是一个域F上的维尔斯特拉斯方程（Weierstrass）所定义的一种平面曲线，维尔斯特拉斯方程又称维尔斯特拉椭圆曲线方程，简称椭圆曲线方程。椭圆曲线方程常用的表示形式有仿射平面坐标表示和射影平面坐标表示两种。其中，射影平面坐标系中的椭圆曲线方程定义如公式（2-25）所示。

$$Y^2Z+a_1XYZ+a_3YZ^2 = X^3+a_2X^2Z+a_4XZ^2+a_6Z^3 \tag{2-25}$$

公式（2-25）是一个齐次方程，在射影平面坐标系中，椭圆曲线上的点可以用椭圆曲线方程的（X, Y, Z）三个参量的坐标点表示。因此，射影平面上的椭圆曲线是在满足方程（2-25）的所有非奇异（或光滑）点（X, Y, Z）的集合，记为：

$E(F)=\{(X, Y, Z) \mid X, Y, Z \in F$且满足方程（2-25）$\}$。

所谓非奇异或光滑是指满足方程（2-25）的任意一点都存在切线，在数学中是指曲线上任意一点的偏导数不能同时为0。

设射影平面坐标系上的直线方程：

$aX+bY+cZ=0$

则，两条平行直线的方程是：

$aX+bY+c_1Z=0$

$aX+bY+c_2Z=0$

其中，$c_1 \neq c_2$。

根据定义，无穷远点是两条平行直线的交点，由于两条直线的交点坐标就是将两条直线对应的方程联立求解。因此，无穷远点就是方程组$aX+bY+c_1Z=0$和$aX+bY+c_2Z=0$的解，即：$c_2Z=c_1Z=-(aX+bY)$。

$\because c_1 \neq c_2$

$\therefore\ Z=0$

$\therefore\ aX+bY=0$

得出射影平面坐标系上的无穷远点是（$X, Y, 0$），无穷远直线对应的方程是Z=0。为与无穷远点相区别，当$Z\neq 0$时，射影平面坐标系上的坐标点（X, Y, Z）称为平常点。

因此，当Z=0时，射影平面坐标系下，椭圆曲线$E(F)$上的坐标点为（0, 1, 0），称为无穷远点O。

当$Z\neq 0$时，令$x=X/Z$，$y=Y/Z$，可将射影平面坐标转换为仿射平面坐标表示。这时，在仿射平面坐标下，椭圆曲线方程如公式（2-26）所示。

$$y_2+a_1xy+a_3y=x^3+a_2x^2+a_4x+a_6 \tag{2-26}$$

在仿射平面坐标系中，椭圆曲线上的点可以用椭圆曲线方程的（x, y）两个参量的坐标点表示。因此，仿射平面上的椭圆曲线是满足方程（2-26）的所有非奇异（或光滑）点（x, y）和无穷远点O的集合，记为：

$E(F)=\{(x, y)\mid x, y\in F$且满足方程（2-26）$\}\mathrm{U}\{O\}$，

也就是说满足方程（2-26）的光滑曲线加上一个无穷远点O，组成了椭圆曲线。

当域F的特征不为2、3时，椭圆曲线方程（2-26）可以转化为方程（2-27）：

$$y^2=x^3+ax+b，其中系数\ a、b\ 满足\ 4a^3+27b^2\neq 0 \tag{2-27}$$

例如，当$a=-1$，$b=0$时，$y^2=x^3+ax+b$椭圆曲线如图2-8所示。

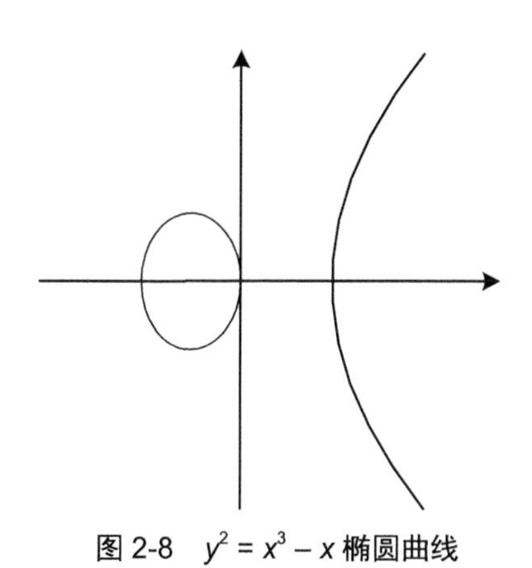

图 2-8 $y^2=x^3-x$ 椭圆曲线

（2）有限域上 F_q 的椭圆曲线。

F_q表示q个元素的有限域。当q为素数时，F_q为素域。则有限域F_q上的椭圆曲线$E(F_q)$是在仿射平面上满足方程（2-27）的所有非奇异（或光滑）点（x, y）和无穷远点O的集合，即：

$E(F_q)=\{(x, y)\mid x, y\in F_q$ 且满足方程（3）$\}\mathrm{U}\{O\}$

其中，q是大于3的素数，$a, b\in F_q$，$(4a^3+27b^2)\bmod q\neq 0$。椭圆曲线$E(Fq)$上的点的数目用

$\# E(F_q)$表示，称为椭圆曲线$E(F_q)$的阶。

椭圆曲线$E(F_q)$上点的加法运算定义如下：

$O + O = O$

$\forall P = (x_P, y_P) \in E(F_q)\backslash\{O\}, P + O = O + P = P$

$\forall P = (x_P, y_P) \in E(F_q)\backslash\{O\}$, P的逆元素$-P = (x_P, -y_P)$，$P + (-P) = O$

两个非互逆的不同点相加：

设$P_1 = (x_1, y_1) \in E(F_q)\backslash\{O\}, P_2 = (x_2, y_2) \in E(F_q)\backslash\{O\}$，且$x_1 \neq x_2$

设$P_3 = (x_3, y_3) = P_1 + P_2 \neq O$

则$x_3=\lambda^2-x_1-x_2$，$y_3 = \lambda(x_1 - x_3) - y_1$，其中$\lambda=(y_2 - y_1)/(x_2 - x_1)$

P_3通过几何方法进行求解。首先画一条连接P_1和P_2的直线，这条直线与椭圆曲线相交于第3点P'_3，则这个交点P'_3关于x轴的对称点就是P_3点，这一几何表示如图2-9所示。

倍点运算：

椭圆曲线上同一个点的加法称为该点的倍点运算。

设$P_1=(x_1, y_1) \in E(F_q)\backslash\{O\}$, 且$y_1 \neq 0$

设$P_3=(x_3, y_3)= P_1 + P_1$

则$x_3=\lambda_2 - 2x_1$，$y_3 = \lambda(x_1 - x_3) - y_1$，其中$\lambda = (3x_1^{\ 2} + a)/2y_1$，$x_1 = x_2$且$P_2 \neq -P_1$

同样，P_3通过几何方法进行求解。首先在P_1点作椭圆曲线的切线，这条切线与椭圆曲线相交于第2点P'_3，则这个交点P'_3作y轴的平行线交于P_3。这一几何表示如图2-10所示。

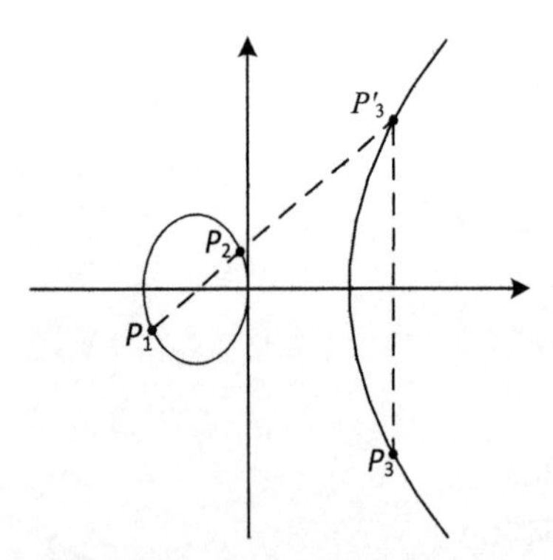

图 2-9　两个非互逆的不同点相加

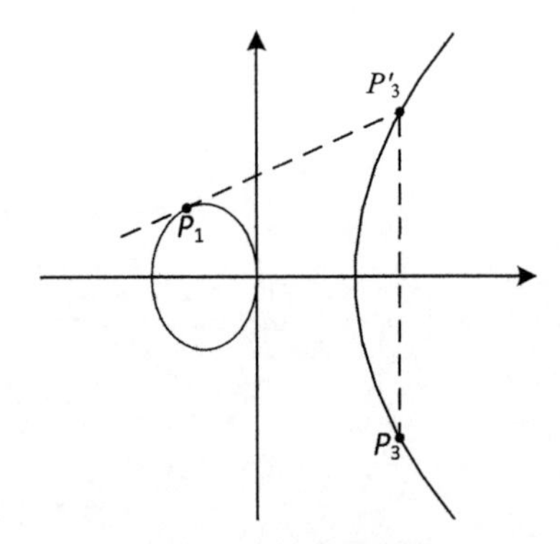

图 2-10　倍点运算

多倍点运算：

椭圆曲线上同一个点的多次加称为该点的多倍点运算。设k是一个正整数，P_1是椭圆曲线上的点，称点P_1的k次加为点P_1的k倍点运算，记为$P_k=[k] P_1= P_1+P_1+\cdots+P_1$。因为$[k] P_1=[k-1] P_1+P_1$，所以$k$倍点可以递归求得。多倍点运算的输出有可能是无穷远点O。当$O=[n]P_1$时，n为P_1的阶。在多倍点运算中，给定整数j和k，$[j][k]P=[j\cdot k]P=[k][j]P$。

（3）椭圆曲线上的离散对数问题。

根据前面介绍的椭圆曲线加法运算，假设阶为n的椭圆曲线$E(F_q)$上有点P_1、P_k满足P_k=[k] P_1，此时椭圆曲线离散对数问题（Elliptic Curve Discrete Logarithm Problem，ECDLP）就可以描述为：已知$E(F_q)$上的点P_1、P_k，求k（$k \in [0, n-1]$），使$P_k = [k]\ P_1$。不是任意两个点都有离散对数解k的，即在实际的椭圆曲线中的F_q，当q达到上百比特时，要计算k是非常困难的，称为椭圆曲线离散对数难解性问题。SM2椭圆曲线公钥密码算法的理论基础就是基于ECDLP的难解性。

（4）SM2 中的椭圆曲线及系统参数。

SM2算法采用有限域F_q上由椭圆曲线方程（2-27）所定义的椭圆曲线$E(F_q)$。系统参数T包括q，a，b，G，n，h，即$T = (q, a, b, G, n, h)$。其中，域的规模q是大于3的素数。a、b是小于q的非负整数，满足$(4a^3+27b^2) \bmod q \neq 0$。$q$、$a$和$b$用来确定一条唯一的椭圆曲线。$G$为椭圆曲线$E(F_q)$上的点，称为基点，$G = (x_G, y_G)$，$G \neq O$。$n$为点$G$的阶，$n$是素数，且满足$n > 2^{191}$和$n > 4\sqrt{q}$。余因子$h$是椭圆曲线上所有点的个数$\#E(F_q)$与$n$相除的整数部分，即$h=\#E(F_q)/n$。

二、SM2 密钥对生成

已知有限域F_q上的有效且安全的椭圆曲线$E(F_q)$，及其系统参数$T = (q, a, b, G, n, h)$，设SM2的密钥对为(K_U, K_R)，其中K_U为公钥，K_R为私钥，则：

① 选择一个随机整数d，其中$d \in [1, n-2]$，n为椭圆曲线基点G的阶；

② 计算$P = [d]G = (x_p, y_p)$，其中G为基点；

③ SM2的密钥对$(K_U, K_R) = (P, d)$，其中P为公钥K_U，d为私钥K_R。

三、SM2 加解密

已知有限域F_q上椭圆曲线$E(F_q)$的系统参数$T = (q, a, b, G, n, h)$，及SM2密钥对(K_U, K_R)，其中公钥$K_U=P$，私钥$K_R=d$。

（1）加密。

加密：$C = E_{KU}(M)$

设明文为M，则密文C：

- 选择一个随机整数 r，其中 $r \in [1, n-1]$；
- 计算 $C_1 = [r]G = (x_{C1}, y_{C1})$，并将 C_1 的数据类型转换成比特串；
- 计算 $E(F_q)$ 椭圆曲线点 $S=[h]P$，若 S 是无穷远点，则报错并退出；
- 计算 $E(F_q)$ 椭圆曲线点 $Q=[r]P=(x_Q, y_Q)$，并将坐标 x_Q、y_Q 的数据类型转换为比特串；
- 计算 $t = KDF(x_2||y_2, klen)$，$klen$ 为 M 的比特长度；
- $C_2 = M \oplus t = M \oplus KDF(x_2||y_2, klen) = M \oplus [r]P$；
- $C_3 = Hash(x_2||M||y_2)$；

- 密文 $C=(C_1, C_2, C_3) = C_1||C_2||C_3$。

（2）解密。

解密：$M = E_{KR}(C)$

设密文为$C = (C_1,C_2,C_3) = C_1||C_2||C_3$，则明文$M$：

- 从 C 中取出比特串 C_1，并将 C_1 的数据类型转换成 $E(F_q)$ 椭圆曲线上的点；
- 计算 $E(F_q)$ 椭圆曲线点 $S = [h]C_1$，若 S 是无穷远点，则报错并退出；
- 计算 $E(F_q)$ 椭圆曲线点 $Q = [d]C_1 = (x_Q, y_Q)$，并将坐标 x_Q、y_Q 的数据类型转换为比特串；
- 计算 $t = KDF(x_2||y_2, klen)$，$klen$ 为 C_2 的比特长度；
- 从 C 中取出比特串 C_2，并计算明文消息 $M=C_2\oplus t=C_2\oplus KDF(x_2||y_2, klen)=C_2\oplus[d]C_1$；
- 计算 $u=Hash(x_2||M||y_2)$，从 C 中取出比特串 C_3，如果 $u \neq C_3$，则报错并退出。

四、SM2 签名验证

已知有限域F_q上椭圆曲线$E(F_q)$的系统参数$T = (q, a, b, G, n, h)$，及密钥对(K_U, K_R)，其中，公钥$K_U=P$，私钥$K_R=d$。

（1）签名。

签名：$C=E_{KR}(M)$

设待签名的消息为M，则：

- 产生随机数 $r\in[1, n\text{-}1]$，计算 $E(F_q)$ 椭圆曲线点 $R = [r]G = (x_R, y_R)$，将 x_R 的数据类型转换为整数；
- 计算 $C_1 = (M + x_R) \bmod n$；
- 计算 $C_2 = ((1 + d)^{-1} \cdot (r - C_1 \cdot d)) \bmod n$；
- 签名消息 $C = (C_1, C_2) = C_1||C_2$，将 C_1 和 C_2 的数据类型转换为字节串。

（2）验证。

验证：$M=E_{KU}(C)$

设待验证的消息为M，签名消息为$C = (C_1,C_2) = C_1||C_2$，则：

- 将 C_1、C_2 的数据类型转换为整数，$t = (C_1+C_2) \bmod n$；
- 计算 $E(F_q)$ 椭圆曲线点 $Q = [C_2]G + [t]P = (x_Q, y_Q)$，将 x_Q 的数据类型转换为整数；
- 计算 $C'_1 = (M + x_Q) \bmod n$；
- 检验 $C'_1 = C_1$ 是否成立，如果成立则验证通过，否则验证不通过。

五、SM2 密钥交换

已知有限域F_q上椭圆曲线$E(F_q)$的系统参数$T = (q, a, b, G, n, h)$，及用户A的密钥对(K_{UA}, K_{RA})，用户B的密钥对(K_{UB}, K_{RB})，其中A的私钥$K_{RA} = d_A$，A的公钥$K_{UA} = P_A = [d_A]G = (x_{PA}, y_{PA})$，B的私钥$K_{RB} = d_B$，B的公钥$K_{UB} = P_B = [d_B]G = (x_{PB}, y_{PB})$，则：

用户A：

- 将公钥 $K_{UA} = P_A = [d_A]G = (x_{PA}, y_{PA})$ 发送给用户 B；
- 接收来自用户 B 的公钥 $K_{UB} = P_B = [d_B]G = (x_{PB}, y_{PB})$；
- 计算用户 A 的杂凑值 $Z_A = H_{256}(ENTL_A||ID_A||a||b||x_G||y_G||x_{PA}||y_{PA})$；
- 计算用户 B 的杂凑值 $Z_B = H_{256}(ENTL_B||ID_B||a||b||x_G||y_G||x_{PB}||y_{PB})$；
- 产生随机数 $r_A \in [1, n\text{-}1]$，计算 $E(F_q)$ 椭圆曲线点 $R_A = [r_A]G = (x_{RA}, y_{RA})$；
- 将 R_A 发送给用户 B；
- 接收来自用户 B 的 $R_B = (x_{RB}, y_{RB})$；
- 从 R_A 中取出域元素 x_{RA}，将 x_{RA} 的数据类型转换为整数，计算 $x'_{RA} = 2^w + (x_{RA}\&(2^w - 1))$，其中 $w = [[\log2(n)]/2]–1$（注：此处的 [] 指的是顶函数）；
- 从 R_B 中取出域元素 x_{RB}，将 x_{RB} 的数据类型转换为整数，计算 $x'_{RB} = 2^w + (x_{RB}\&(2^w - 1)$；
- 计算 $t_A = (d_A + x'_{RA} \cdot r_A) \bmod n$；
- 计算 $E(F_q)$ 椭圆曲线点 $U_A = [h \cdot t_A](P_B + [x'_{RB}]R_B) = (x_{UA}, y_{UA})$，将 x_{UA} 和 y_{UA} 的数据类型转换成比特串；
- 计算 $K_A = KDF(x_{UA}||y_{UA}||Z_A||Z_B, klen) = K$；

用户B：

- 将公钥 $K_{UB} = P_B = [d_B]G=(x_{PB}, y_{PB})$ 发送给用户 A；
- 接收来自用户 A 的公钥 $K_{UA} = P_A = [d_A]G = (x_{PA}, y_{PA})$；
- 计算 $Z_B = H_{256}(ENTL_B||ID_B||a||b||x_G||y_G||x_{PB}||y_{PB})$；
- 计算 $Z_A = H_{256}(ENTL_A||ID_A||a||b||x_G||y_G||x_{PA}||y_{PA})$；
- 产生随机数 $r_B \in [1, n\text{-}1]$，计算 $E(F_q)$ 椭圆曲线点 $R_B = [r_B]G = (x_{RB}, y_{RB})$；
- 将 R_B 发送给用户 A；
- 接收来自用户 A 的 $R_A = (x_{RA}, y_{RA})$；
- 从 R_B 中取出域元素 x_{RB}，将 x_{RB} 的数据类型转换为整数，计算 $x'_{RB} = 2^w + (x_{RB}\&(2^w - 1))$，其中 $w = [[\log2(n)]/2]–1$（注：此处的 [] 指的是顶函数）；
- 从 R_A 中取出域元素 x_{RA}，将 x_{RA} 的数据类型转换为整数，计算 $x'_{RA} = 2^w + (x_{RA}\&(2^w - 1))$；
- 计算 $t_B = (d_B + x'_{RB} \cdot r_B) \bmod n$；
- 计算 $E(F_q)$ 椭圆曲线点 $U_B = [h \cdot t_B](P_A + [x'_{RA}]R_A) = (x_{UB}, y_{UB})$，将 x_{UB} 和 y_{UB} 的数据类型转换成比特串；
- 计算 $K_B = KDF(x_{UB}||y_{UB}||Z_A||Z_B, klen) = K$。

2.4 哈希密码体制

哈希（Hash）密码体制是把任意长度的明文（M）经过密码算法（H）转换成固定长度（L）且不可逆密文（C）的一种密码体制。这种密码算法称为哈希函数、哈希算法、散列函数或散列算法，明文称为消息，密文称为哈希值、散列值或消息摘要（Message Digest）。哈希算法具有以下特性。

（1）抗碰撞性，不同明文加密后的密文不一样。

（2）单向性，经过哈希函数加密的密文是不可逆的，即无法根据密文得出明文信息。

常见的哈希算法有MD5（Message Digest 5)、SHA1（Secure Hash Algorithm 1）和SM3等。

2.4.1 SHA1 算法

SHA（安全散列算法）是在1993年由美国国家标准和技术协会（NIST）提出，并作为联邦信息处理标准（FIPS PUB 180）公布。1995年又发布了一个修订版FIPS PUB 180-1，称之为SHA1。对于长度小于2^{64}位的明文消息，SHA1会产生一个160位的消息摘要。SHA1产生消息摘要的原理如图2-11所示。

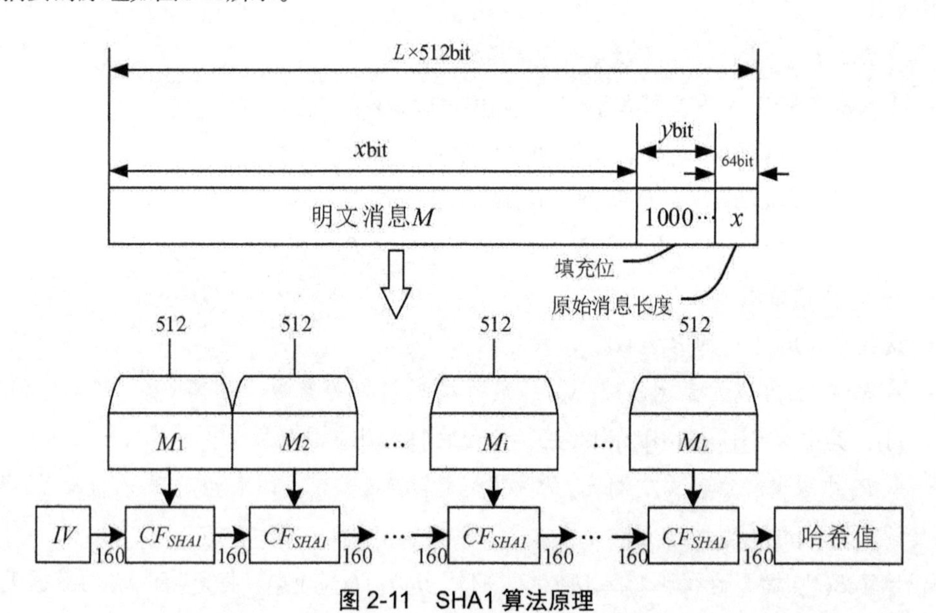

图 2-11 SHA1 算法原理

从图2-11可以看出，对于任意长度x的明文消息M，SHA1首先对其进行消息填充和分组$\{M_1, M_2,\cdots M_i,\cdots M_L\}$，使得每一分组的长度为512位，然后对这些明文分组根据压缩函数CF_{SHA1}进行重复计算处理。

（1）将512位的明文分组划分为16个子明文分组，每个子明文分组为32位。

（2）申请5个32位的链接变量，记为A、B、C、D、E。

（3）将16份子明文分组扩展为80份。

（4）80份子明文分组进行4轮运算。

（5）链接变量与初始链接变量进行求和运算。

（6）链接变量作为下一个明文分组的输入重复进行以上操作。

（7）最后，5个链接变量里面的数据就是SHA1摘要。下面将具体介绍这些操作步骤。

一、消息填充和分组

对于任意长度x的明文消息M，为了确保明文数据长度为512位的整数倍，首先需要进行消息填充。其中，消息填充包括补位和补长度的操作；其次对填充后的消息再进行分组，每个分组的大小为512位。下面介绍对SHA1数据的补位、补长度和分组操作。

（1）补位。

首先对消息进行补位，即在长度为x位的二进制明文消息后面添加y位的二进制数Y，以使其长度在对512取模以后的余数是448，如公式（2-28）所示。

$$(x+y)\bmod 512 = 448 \tag{2-28}$$

根据公式（2-28），y的取值范围是[0-448]。补位消息Y内容的补位规则是在明文消息后面添加一位1，后续都是0，直到长度满足对512取模后余数是448。

【例】明文消息abc，即M=abc。

abc的2进制数为M=01100001 01100010 01100011，用16进制表示为M=0x616263，得到abc的长度x为x=24位，代入公式（2-28）得到y=424位。

根据补位规则，得到长度为424位的补位信息Y=10……0，用16进制表示为Y=0x80 00000000 00000000 00000000 00000000 00000000 00000000 00000000 00000000 00000000 00000000 00000000 00000000 00000000

将补位信息Y添加到明文消息M后面（M=M||Y），得到补位后的消息，其16进制数为M=0x61626380 00000000 00000000 00000000 00000000 00000000 00000000 00000000 00000000 00000000 00000000 00000000 00000000 00000000

（2）补长度。

补长度是将补位前原始明文消息的长度值x添加到已经进行了补位操作的消息后面。x用一个长度为64位的二进制数Z来表示，则将Z添加到补位后的明文消息后面（M=M||Z）。

【例】在上例中，M消息的长度值x=24，因此，Z=0x00000000 00000018

在进行了补长度的操作以后，整个消息就变成以下内容：

M=0x61626380 00000000 00000000 00000000 00000000 00000000 00000000 00000000

00000000 00000000 00000000 00000000 00000000 00000000 00000000 00000018

（3）分组。

经过消息填充处理的明文M，其长度正好为512位的整数倍，然后按512位的长度进行分组，可以划分成L个明文分组，分别用M_1，M_2，…，M_i，…，M_L表示这些明文分组。

二、链接变量初始化

SHA1用5个32位缓冲区变量（A，B，C，D，E）来存储SHA1压缩函数计算的中间结果和最终的散列值，称为链接变量（Chaining Variable，CV），即$CV=A||B||C||D||E$。将链接变量初始化为A=0x67452301；B=0xEFCDAB89；C=0x98BADCFE；D=0x10325476；E=0xC3D2E1F0，称为初始化向量（Initial Vector，IV）。这些值以低端格式存储，即字节的最低有效位存储于低地址字节位置。

三、分组计算

分组计算是通过CFSHA1压缩函数（Compression Function，CF）运算，将512为分组消息Mi变换为160位的链接变量CV_i二进制数。在分组处理中，对于每一个明文分组，都要重复地迭代计算，如公式（2-29）所示。

$$CV_i=\begin{cases} CF_{SHA1}(M_i, CV_{i-1}), & i=\{1,L\} \\ IV, & i=0 \end{cases} \tag{2-29}$$

公式（2-29）的压缩函数CF_{SHA1}输入参数有两个，分别是M_i和CV_{i-1}，其中M_i为第i个明文分组，CV_{i-1}作为M_i明文分组压缩函数的输入。函数CF_{SHA1}的输出数据是CV_i，最后一个分组M_L的输出数据CV_L就是SHA1的哈希值。CF_{SHA1}压缩函数的运算流程如图2-12所示。

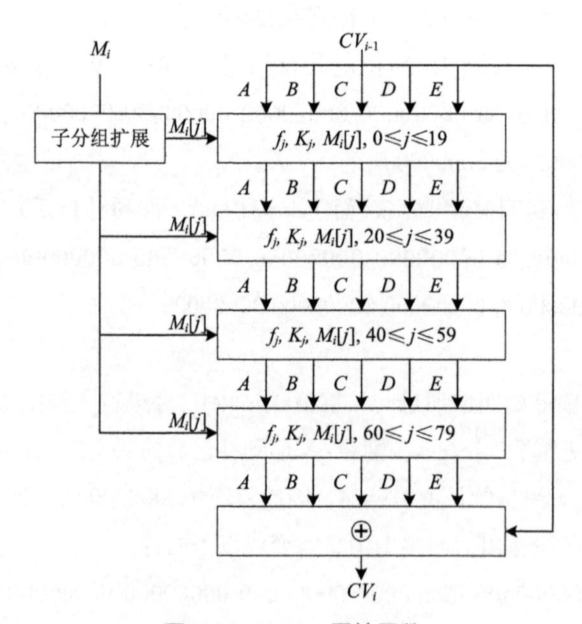

图 2-12　CF_{SHA1} 压缩函数

在图2-12中，CF_{SHA1}压缩函数首先将512位的明文分组M_i划分成16个子明文分组$M_i[j]$（$0\leqslant j\leqslant 15$），每个子分组32位。其次，将16个子分组扩展为80个子分组$M_i[j]$（$0\leqslant j\leqslant 79$）。然后，将输入链接变量CV_{i-1}进行迭代运算。迭代运算包含4轮运算，每轮20步迭代，共80步迭代，得到新的A、B、C、D、E值。接着，将迭代运算后的链接变量与原始链接变量CV_{i-1}进行求和，得到新的链接变量CV_i。最后，将求和后新的链接变量作为下一个明文分组的输入链接变量。下面具体介绍CF_{SHA1}压缩函数的操作步骤。

（1）子分组。

对于512位的明文分组M_i，SHA1将其再分成16个子明文分组，每个子明文分组为32位，用$M_i[j]$（$0\leqslant j\leqslant 15$）来表示这16个子明文分组。

（2）子分组扩展。

将16个子明文分组$W_i[j]$（$0\leqslant j\leqslant 15$）扩充到80个子明文分组，记为$W_i[j]$（$0\leqslant j\leqslant 79$），扩展子分组的操作如公式（2-30）所示。

$$W_i[j]=\begin{cases} W_i[j], & 1\leqslant i\leqslant L, 0\leqslant j\leqslant 15 \\ L^1(W_i[j-16]\oplus W_i[j-14]\oplus W_i[j-8]\oplus W_i[j-3]), & 1\leqslant i\leqslant L, 16\leqslant j\leqslant 79 \end{cases} \quad (2\text{-}30)$$

（3）迭代运算。

在图2-12中，SHA1有4轮运算，每一轮包括20个步骤，一共进行80步迭代运算，最后产生160位摘要，这160位摘要存放在5个32位的链接变量中，分别标记为A、B、C、D、E。每步迭代的运算如公式（2-31）所示。

$$A,B,C,D,E\leftarrow L^5(A)\oplus f_j(B,C,D)\oplus E\oplus W_i[j]\oplus K_j,A,L^{30}(B),C,D \quad 1\leqslant i\leqslant L, 0\leqslant j\leqslant 79 \quad (2\text{-}31)$$

其中，$f_j(B,C,D)$为基本逻辑函数，$W_i[j]$为子明文分组，K_j为固定常数。公式（2-31）表示将$L^5(A)\oplus f_j(B,C,D)\oplus E\oplus W_i[j]\oplus K_j$的运算结果赋值给链接变量$A$。将链接变量$A$初始值赋值给链接变量$B$。将链接变量$B$初始值循环左移30位后赋值给链接变量$C$。将链接变量$C$初始值赋值给链接变量$D$。将链接变量$D$初始值赋值给链接变量$E$，如图2-13所示。

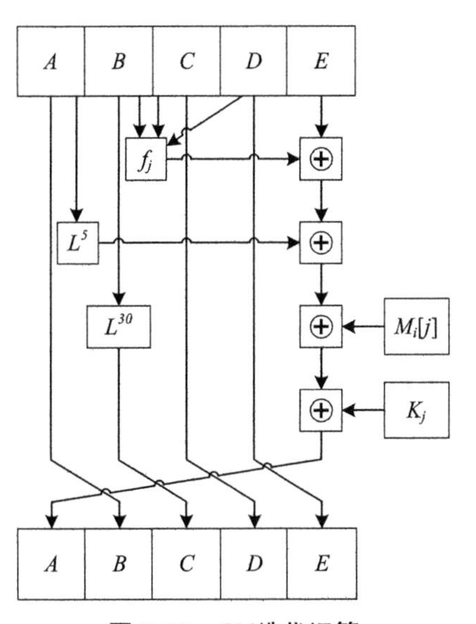

图2-13　CV迭代运算

在公式（2-31）的迭代运算中，每一轮使用一个基本逻辑函数f_j（$0\leqslant j\leqslant 79$），f_j函数操作32位字B、C、D并且产生32位字作为输出，f_j逻辑函数的定义如表2-19所示。

表 2-19　SHA1 的 f_j 逻辑函数

轮 n	步骤 j	基本逻辑函数定义 $f_j(B,C,D)$
1	$0 \leqslant j \leqslant 19$	$f_j(B,C,D)=(B\wedge C)\vee(\neg B\wedge D)$
2	$20 \leqslant j \leqslant 39$	$f_j(B,C,D)=B\oplus C\oplus D$
3	$40 \leqslant j \leqslant 59$	$f_j(B,C,D)=(B\wedge C)\vee(B\wedge D)\vee(C\wedge D)$
4	$60 \leqslant j \leqslant 79$	$f_j(B,C,D)=B\oplus C\oplus D$

此外，在迭代运算中，需要使用固定常数K_j（$0\leqslant j\leqslant 79$），K_j的取值如表2-20所示。

表 2-20　SHA1 的常数 K_j 取值表

轮 n	步骤 j	K_j 值
1	$0 \leqslant j \leqslant 19$	K_j=0x5A827999
2	$20 \leqslant j \leqslant 39$	K_j=0x6ED9EBA1
3	$40 \leqslant j \leqslant 59$	K_j=0x8F188CDC
4	$60 \leqslant j \leqslant 79$	K_j=0xCA62C1D6

【例】设$W_i[1]$=0x12345678，此时链接变量的值分别为A=0x67452301、B=0xEFCDAB89、C=0x98BADCFE、D=0x10325476、E=0xC3D2E1F0，那么第1轮第1步的运算过程如下。

（1）将链接变量A循环左移5位，得到的结果为：$L^5(A)$=0xE8A4602C。

（2）将B、C、D经过相应的逻辑函数：

$(B\wedge C)\vee(\neg B\wedge D)$=(0xEFCDAB89∧0x98BADCFE)∨(¬0xEFCDAB89∧0x10325476)=0x98BADCFE。

（3）将第（1）步，第（2）步的结果与E、$W_i[1]$和K_1相加得：

0xE8A4602C⊕0x98BADCFE⊕0xC3D2E1F0⊕0x12345678⊕0x5A827999=0xB1E8EF2B。

（4）将B循环左移30位得：$L^{30}(B)$=0x7BF36AE2。

（5）将第（3）步结果赋值给A，A（这里是指A的原始值）赋值给B，步骤（4）的结果赋值给C，C的原始值赋值给D，D的原始值赋值给E。

（6）最后得到第1轮第1步的结果：

A = 0xB1E8EF2B

B = 0x67452301

C = 0x7BF36AE2

D = 0x98BADCFE

E = 0x10325476

四、输出

当最后一个明文分组M_L计算完成以后，A、B、C、D、E中的数据CV_L就是最后散列函数值，即$MD=CV_L$。

2.4.2 SM3 算法

SM3是我国自主设计的一种哈希密码算法，SM3算法于2012年发布为密码行业标准（GM/T 0004-2012），2016年发布为国家密码杂凑算法标准（GB/T 32905-2016）。SM3密码杂凑算法压缩函数整体结构与SHA-256相似，但是增加了16步全异或操作、消息双字介入、增加快速雪崩效应的P置换等多种新的设计技术，能够有效地避免高概率的局部碰撞，抵抗强碰撞性的差分分析、弱碰撞性的线性分析和比特追踪法等密码分析。

SM3密码杂凑算法采用Merkle-Damgard结构，和SHA1一样对长度为l（$l < 2^{64}$）比特的消息M，经过填充、分组和迭代压缩运算，生成长度为256比特杂凑值。SM3的消息分组长度为512位，摘要长度为256位。压缩函数状态为256位，共64步操作。

一、消息填充

假设消息M的长度为l比特。首先将比特1添加到消息的末尾，再添加k个0，k是满足$l + 1 + k = 448 \bmod 512$的最小的非负整数。然后再添加一个64位比特串，该比特串是长度l的二进制表示。填充后的消息M'的比特长度为512的倍数。

二、消息分组

将填充后的消息M'按512比特进行分组：$M' = M_1||M_2||\cdots||M_i||\cdots||M_L$。

其中$L = (l+k+65)/512$。

三、*IV* 初始值

SM3密码杂凑算法的初始值共256位，由8个32位字寄存器变量A、B、C、D、D、E、F、G、H串联构成，称为初始化向量（IV），其具体值如下：

A=0x7380166F；B=0x4914B2bB；C=0x172442D7；D=0xDA8A0600；

E=0xA96F30BC；F=0x163138AA；G=0xE38DEE4D；H=0xB0FB0E4E；

四、迭代运算

对M'的分组M_i（$1 \leqslant i \leqslant L$）按公式（2-32）方式进行迭代运算：

$$CV_i=\begin{cases} CF_{SM3}(M_i, CV_{i-1}), & i=\{1,L\} \\ IV, & i=0 \end{cases} \qquad (2\text{-}32)$$

其中CF_{SM3}是SM3算法的压缩函数，CV_0为256比特初始值IV，M_i为填充后的512位消息分组，迭代压缩的结果为CV_L。

在CF_{SM3}压缩函数中，令A、B、C、D、D、E、F、G、H为字寄存器变量，$SS1$、$SS2$、$TT1$、$TT2$为中间变量。

定义常量T_j，如公式（2-33）所示。

$$T_j=\begin{cases}0x79CC4519 & 0 \leqslant j \leqslant 15 \\ 0x7A879D8A & 16 \leqslant j \leqslant 64\end{cases} \tag{2-33}$$

定义布尔函数$FF_j(X, Y, Z)$和$GG_j(X, Y, Z)$，如公式（2-34）和（2-35）所示。

$$FF_j(A,B,C)=\begin{cases}A \oplus B \oplus C & 0 \leqslant j \leqslant 15 \\ (A \wedge B) \vee (A \wedge C) \vee (B \wedge C) & 16 \leqslant j \leqslant 63\end{cases} \tag{2-34}$$

$$GG_j(E,F,G)=\begin{cases}E \oplus F \oplus G & 0 \leqslant j \leqslant 15 \\ (E \wedge F) \vee (\neg E \wedge G) & 16 \leqslant j \leqslant 63\end{cases} \tag{2-35}$$

定义置换函数$P_0(TT2)$和$P_1(A)$，如公式（2-36）和公式（2-37）所示。

$$P_0(TT2)=TT2 \oplus L^9(TT2) \oplus L^{17}(TT2) \tag{2-36}$$

$$P_1(X)=X \oplus L^{15}(X) \oplus L^{23}(X) \tag{2-37}$$

对于512位的明文分组M_i（$1 \leqslant i \leqslant L$），SM3将其再分成16个子明文分组，每个子明文分组为32位，用$M_i[j]$（$0 \leqslant j \leqslant 15$）来表示这16个子明文分组。然后，再将这16个子明文分组$M_i[j]$（$0 \leqslant j \leqslant 15$）扩展到132个子明文分组，记为$M_i[j]$（$0 \leqslant j \leqslant 67$），$M_i'[j]$（$0 \leqslant j \leqslant 63$），其扩展运算如公式（2-38）和公式（2-39）所示。

$$M_i[j] = \begin{cases}M_i[j] & 0 \leqslant j \leqslant 15 \\ P_1(M_i[j-16] \oplus M_i[j-9] \oplus (L^{15}(M_i[j-3]))) \oplus (L^7(M_i[j-13])) \oplus M_i[j-6] & 16 \leqslant j \leqslant 67\end{cases} \tag{2-38}$$

$$M'_i[j]=M_i[j] \oplus M_i[j+4] \quad 0 \leqslant j \leqslant 63 \tag{2-39}$$

则压缩函数$CV_i=CF_{SM3}(M_i, CV_{i-1})$,（$1 \leqslant i \leqslant L$）的运算过程如下：

$CV_{i-1}=A||B||C||D||E||F||G||H$

$FOR\ j=0\ TO\ 63$

$SS1=L^7(L^{12}(A)+E+L^j(T_j))$

$SS2=SS1 \oplus L^{12}(A)$

$TT1=FF_j(A, B, C)+D+SS2+M_i'[j]$

$TT2=GG_j(E, F, G)+H+SS1+M_i'[j]$

$D=C$

$C=L^9(B)$

$B=A$

$A=TT1$

$H=G$

$G= L^{19}(F)$

$F=E$

$E=P_0(TT2)$

END FOR

$CV_i=(A||B||C||D||E||F||G||H)\oplus CV_{i-1}$

其中，*A*、*B*、*C*、*D*、*E*、*F*、*G*、*H*字的存储为大端（Big-Endian）格式。

五、输出

$MD=CV_L= A||B||C||D||E||F||G||H$

2.5 小结

本章从密码学的定义、发展和分类等方面对密码学进行了概述，介绍了古典密码学的相关算法。在此基础上，进一步分析了密码学的对称密码体制、公钥密码体制和哈希密码体制，并对其具体算法进行了描述，为可信计算的密码支持提供了理论基础。

第3章 可信计算概述

随着信息技术的发展和信息安全的拓展，可信计算技术研究及其相关产业化应用已经成为当前信息安全领域最受关注的热点方向之一。国外可信计算起步较早，在组织机制、标准研发和产业化应用等领域都处于领先地位。尽管对于可信计算存在不同的认识，但是可信计算是目前公认的信息安全发展面临的重大机遇，是从一个全新的角度解决信息安全问题。在云计算、物联网和移动互联网等新技术日益发展的今天及将来，可信计算也将成为新的发展趋势。本章介绍可信计算的概念、可信计算的发展历程、可信计算的体系结构及主要技术、可信计算的标准化组织。通过这些基础内容，使读者对可信计算有一个初步的了解，为进一步讨论后面各章内容奠定基础。

本章目标

了解可信计算的研究背景；明确可信计算的概念；掌握可信计算的平台架构；了解可信计算的相关技术；了解可信计算的组织和标准。

3.1 可信计算的定义

根据第1章关于可信计算与信息安全的介绍，可信计算（Trusted Computing）主要致力于解决当前计算世界所面临的普遍的安全威胁和不可信危机，即可信计算是在信息系统中广泛使用基于硬件安全模块支持下的可信计算平台，以提高信息系统整体的安全性。为此，不同组织、权威机构和专家对可信计算进行了定义。例如，ISO在ISO/IEC 15408标准中，对可信的定义是一个参与可信计算的实体，包括组件、系统或过程的行为在任意操作条件下是可预测的，并能很好地抵抗应用程序（如病毒、木马等）及一定的物理干扰造成的破坏。IEEE组织给出的可信定义为计算机系统所提供服务的可信赖性是可论证的。TCG可信计算工作组对可信的定义是一个可信的实体的行为总是以预期的方式，达到预期的目标。TCG的可信计算技术思路是通过在硬件平台上引入可信安全芯片来提高计算机系统的安全性。这种技术思路目前得到了产业界的普遍认同，认为可信是以安全芯片为基础，建立可信计算环境，确保系统实体按照预期的行为执行。我国的信息安全专家沈昌祥院士则将可信计算定义为一种信息系统安全新技术，是指计算运算的同时进行安全防护，使操作和过程行为在任意条件下，其结果总是与预期一样，计算全程可测可控，不被干扰。可信计算是一种运算和防护并存的主动免疫的新计算模式，是改变传统的封堵查杀被动防御技术的基础。以上对可信的定义共同点是可信强调计算行为的结果是可预期的。

3.2 可信计算的形成与发展

一、可信计算的形成

可信计算的形成有一个历史过程。在可信计算的形成过程中，容错计算、安全操作系统和网络安全等领域的研究使可信计算的含义不断拓展，由侧重于硬件的可靠性、可用性，到针对硬件平台、软件系统服务的综合可信，适应互联网信息系统不断拓展的发展需要。从1960年到1970年，以可信电路相关研究为核心发展硬件可信概念。在该时期内，研究的重点为电路的可靠性，并把高可靠性的电路看成为可信电路。1985年美国国防部制定了世界上第一个《可信计算机系统评价准则（Trusted Computer System Evaluation Criteria，TCSEC）》，标志着可信计算的诞生。在TCSEC中，第一次提出可信计算机和可信计算基TCB（Trusted Computing Base）的概念，并把TCB作为系统安全的基础。随后又相继推出了可信数据库解释TDI（Trusted Database Interpretation）和可信网络解释TNI（Trusted Network Interpretation）作为补充。这些文件被标为彩虹系列信息系统安全指导文件，成为评价计算机系统安全的主要准则。然而由于历史的原因，彩虹系列呈现出一定的局限性：一方面它主要强调了信息的秘密性，而对完整性、真实性考虑较少；另一方面它强调了系统安全性的评价，却没有给出达到这种安全性的系统结构和技术路线。

二、国外可信计算的发展

20世纪90年代中期，国外一些计算机厂商就开始提出通过在硬件层嵌入一个安全模块，基于密码技术建立可信根、安全存储和信任链机制，实现可信计算安全目标的可信计算技术方案。该技术思路于1999年逐步被IT产业界接受和认可，并在美国卡内基梅隆大学与美国国家宇航局研究中心发起下，IBM、惠普、英特尔、微软等著名IT企业参加，成立了可信计算平台联盟（Trusted Computing Platform Alliance，TCPA）。该组织不仅考虑信息的秘密性，更强调了信息的真实性和完整性，而且更加产业化和更具广泛性。1999年IEEE太平洋沿岸国家容错系统会议改名为可信计算会议，这标志着可信计算又一次成为学术界的研究热点。同时，TCPA于2001年提出了TCG Trusted Platform Module（TPM）1.1技术标准。之后，一些国际IT技术主导厂商推出了相关可信计算产品，得到用户和产业界的普遍认可，至此可信计算成为IT产业发展趋势。到2003年，TCPA已发展成员近200个，包括大部分国际IT主流厂商，随后TCPA改名为可信计算组（Trusted Computing Group，TCG），并逐步建立起TCG TPM 1.2技术规范体系，其触角延伸到IT技术的每个领域。2009年该规范体系的4个核心标准成为ISO国际标准ISO/IEC 11889。2015年TPM标准升级为2.0版本，形成了可信计算的新高潮。在产业发展上，英特尔在新一代处理器中推出了支持可信计算的LaGrande硬件技术，微软也在其核心产品Vista中装配相应的可信计算技术。到2016年，TPM成为许多笔记本和台式机的标配部件。

在可信计算科研方面，可信计算技术的主要研究机构有卡内基梅隆大学、斯坦福大学、麻省理工学院、CMU、达特茅斯学院、剑桥大学、IBM Waston研究中心和HP实验室等。当前的主要研究方向涵盖了可信计算安全体系结构、安全启动、远程证明、安全增强、可信计算应用与测评等。而在应用领域，可信计算最初定位在PC终端，IT厂商逐步推出了TPM芯片、安全PC、可信应用软件等产品。随着技术进步和应用的发展，逐步转向了可信移动设备的应用。可信存储方面也在大规模发展，包括可信移动存储和大型的网络可信存储。目前，国际TCG组织正在做下一代的可信芯片标准，目标是做统一的平台模块标准，兼容包括中国、俄罗斯在内的全球各国家（地区）算法，最终目标是把可信计算芯片和体系做成统一的技术体系。

三、国内可信计算的发展

我国一直高度重视可信计算技术，承载着核心技术自主创新、信息安全自主掌控的信念，大致经历了3个发展阶段。第1个阶段为2000~2005年，是消化吸收国际TCG可信计算技术理念阶段。2000年6月，武汉瑞达公司和武汉大学合作，开始研制安全计算机，并提出了一套计算机的可信安全技术方案。2004年10月，该技术方案通过国家密码管理委员会主持的技术鉴定。它是国内第一款自主研制的可信计算平台，在系统结构和主要技术路线方面与国际TCG可信计算的规范是一致的，在有些方面有所创新。此外，在解放军密码管理委员会的支持下，2004年10月在武汉大学召开了第一届中国可信计算学术会议。2005年联想集团和兆日公司的TPM芯片和可信计算机相继研制成功，它们基于TCG可信计算技术体系也开发出相关可信计算的产品。此后，全国信息安全标准化技术委员会（TC260）成立了可信计算标准工作小组，推进中国可信计算标准的研究。

第2个阶段为2006~2007年，是建立自主技术理论和标准体系阶段。我国有关管理部门意识到可信计算给中国IT产业自主创新带来发展机遇，专门组织学术界和企事业单位，开展基于中国密码算法的可信计算技术方案研究，提出《可信计算密码应用方案》，之后组建了可信计算密码应用技术体系研究专项工作组，后改名为中国可信计算工作组（China TCM Union，TCMU）。联想、国民技术、中国科学院软件所、同方、兆日、瑞达等11家单位加入该工作组，制定出以可信密码模块（Trusted Cryptography Module，TCM）为核心的《可信计算密码支撑平台技术规范》系列标准，并于2007年12月颁布《可信计算密码支撑平台功能与接口技术规范》。同时，国民技术、联想、同方、方正、长城、瑞达等也开发出基于此标准的产品。中国科学院软件所作为TCMU的核心成员，重点开展可信计算关键技术研究，目前已经取得了多项创新成果，这些成果正在自主可信计算产业中得到推广应用。具体研究思路是从可信安全芯片的信任构建出发，按照信任构建范围，从小到大，依次研究构建终端信任、平台间信任、网络信任的关键技术，基于这些关键技术研究可信计算应用，提升现有应用解决方案的安全性，并进一步研究可信计算测评技术以规范可信计算产品的生产和认证。

第3个阶段为2008年以后，是推动产业发展阶段。TCM产品开始规模上市，获得了政府、军工、国计民生领域用户的高度认可。中国可信计算工作组目前有国民技术、联想、同方、中国科学院软件所、方正、卫士通等29个成员单位，由企业牵头，政府支持，大力推进中国可信计算产业的发展。到2010年，在TCMU全体成员的共同努力下，已建立起可信计算安全芯片、可信计算机、可信网络和应用、可信计算产品测评的基本完整的产业体系。2016年，中科梦兰和中国航天科工集团第二研究院七〇六所合作成立江苏航天龙梦信息技术有限公司，专注于自主可控、安全可靠的国产龙芯CPU芯片和可信计算应用的产业化。

过去国内可信计算技术还只在少数领域得到应用，中关村可信计算产业联盟正式成立以后，联盟会员具有广泛代表性的优势，可切实把业界的科研、企业、应用单位等各方力量整合到平台上，为具有自主知识产权的软硬件系统提供支撑，联合推出可信计算相关标准，加快技术创新、加快应用推广、加快产业发展，通过系统工程的方法整合国内优势资源，在未来会有个高速发展的阶段。目前，不少单位和部门已按有关标准研制了芯片、整机、软件和网络连接等可信部件和设备，并在国家电网调度等重要系统中得到了有效的应用。在云计算、大数据、物联网、工业系统移动互联网、虚拟动态异构计算环境中更需要可信计算提供基础保障，尤其是在专控行业里，这类行业的特点非常适合于可信计算发挥其安全作用，更加便于可信计算的应用推广，未来在这类环境中可信计算会取得突破性的进展并迅速推广。

当前，我国政府在各个重要科技和产业计划中都已将可信计算技术的研究与应用列入重点。学术界针对可信密码模块、可信计算平台、远程证明、可信计算测评、信任链构建技术、关键技术标准等方面都在积极开展研究工作。产业界也在积极研究各种基于TCM的安全解决方案。国家密码管理局和全国信息安全标准化技术委员会也在积极推进可信计算相关标准的研究与制定。

3.3 可信计算的功能

可信计算平台的主要应用目标是风险管理、数字资源管理的安全监控和应急响应。为了实现这些目标，可信计算支撑平台在计算机系统中的功能如图3-1所示。

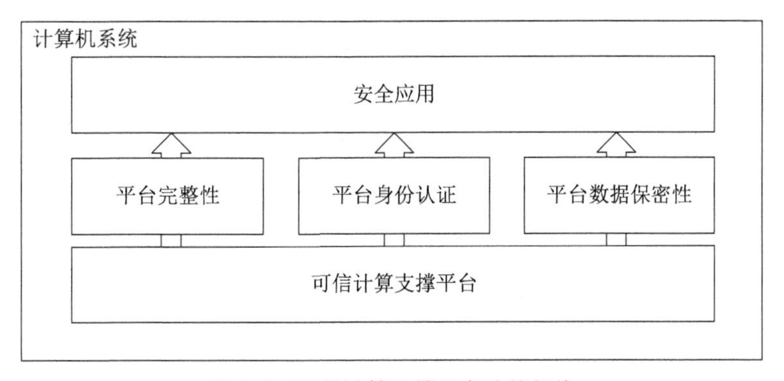

图 3-1　可信计算支撑平台功能架构

从图3-1可以看出，可信计算密码支撑平台为可信计算机提供了平台完整性、平台身份可信和平台数据安全保护等功能。其中，平台完整性利用密码机制，通过对系统平台组件的完整性度量、存储与报告，确保平台完整性。平台身份可信利用密码机制，标识系统平台身份，实现系统平台身份管理功能，并向外部实体提供系统平台身份证明。平台数据安全保护利用密码机制，保护系统平台敏感数据，其中数据安全保护包括平台自身敏感数据的保护和用户敏感数据的保护，另外也可为用户数据保护提供服务接口。

3.4 可信计算平台

所谓平台是一种能向用户发布信息或从用户那里接收信息的实体。可信计算平台（Trusted Computing Platform）则是能够提供可信计算安全服务的计算机软硬件综合实体，即对外提供平台完整性报告、平台身份认证、基于可信硬件模块平台的数据保密等安全服务。它的基本目标就是建立一个网络中的可信域，并基于该信任域的管理系统将单个的可信计算平台扩张到网络中，形成网络的可信域。可信计算平台的基本思想是首先构建一个信任根，再建立一条信任链，从信任根开始到硬件平台，到操作系统，再到应用，一级认证一级，一级信任一级，从而把这种信任扩展到整个计算机系统。可信计算平台的3个基本特征包括：（1）保护能力；（2）证明能力；（3）完整性度量、存储和报告。

3.4.1 可信计算平台体系结构

可信计算平台是能够提供可信计算服务的计算机软硬件实体，它能够提供可信系统的可靠性、可用性和行为的安全性。图3-2所示显示了可信计算平台的软硬件体系结构。

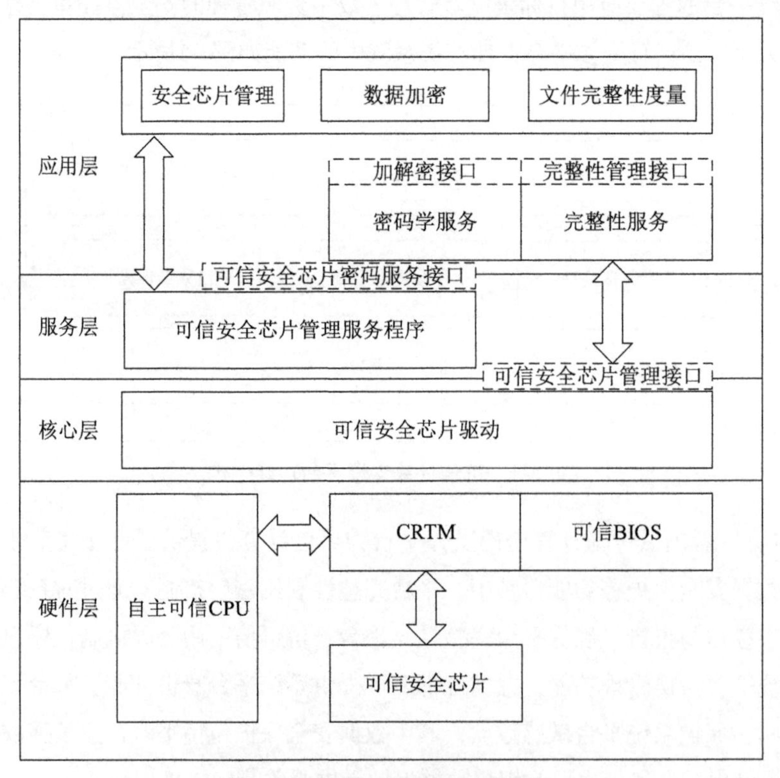

图 3-2　可信计算平台体系结构

从图3-2中可以看出，可信计算平台体系结构分为硬件层、内核层、服务层、应用层4个层次，具有安全芯片管理接口、安全芯片密码服务接口、完整性管理接口等。其中，硬件层由可信安全芯片、可信度量核心根（Core Root of Trust for Measurement，CRTM）和可信BIOS组成，它们是构建可信计算平台的基础。可信安全芯片是可信计算技术的核心，是一个含有密码运算部件的安全微处理器，通过系统总线（如LPC总线等）与硬件主板集成在一起。CRTM是平台的信任根，是可信计算平台信任链的源点和起点。软件层包含内核层、服务层和应用层，它们组成了可信支撑软件。其中，内核层直接与可信安全芯片交互，主要有可信安全芯片驱动和可信安全芯片驱动程序库两个部件。为了支持不同厂商生产的可信安全芯片之间的兼容性，在内核层和服务层之间存在可信安全芯片的管理接口。服务层运行的部件是以操作系统服务的形式存在，为上层应用程序提供密码管理服务接口，同时具备线程管理的功能。在服务层和应用层之间存在标准的安全芯片密码服务接口。在应用层上，可信计算平台可以利用可信安全芯片提供的功能支持多种可信安全服务，如可信安全芯片管理、文件可信加密、文件可信度量、软件可信运行等。此外，应用层存在完整性管理接口，该接口提供标准化的安全启动日志管理及完整性服务等操作。下面将介绍可信计算平台中的两个重要部件：可信安全芯片和可信支撑软件。

3.4.2　可信安全芯片

可信计算的主要思想就是在计算机的硬件平台上引入可信安全芯片架构，从硬件层面提供密码算法支持等安全特性，将终端计算平台变成可信的计算平台。作为计算平台的信任基础，可信安全芯片提供了安全的存储功能、密码学计算功能，以及构建可信计算平台和远程证明所需的功能。目前，国际广泛使用的可信安全芯片是TCG提出的符合可信平台模块（Trusted Platform Module，TPM）标准的TPM芯片，我国普遍使用的是符合国家密码管理局发布的自主可信密码模块（Trusted Cryptography Module，TCM）标准的TCM芯片。

3.4.2.1　可信平台模块

TPM可信平台模块是可信计算平台的核心，是一个含有密码运算部件和存储部件的小型片上SoC（System On Chip）系统，通常作为一个独立组件或其他组件的一部分固定在主板上，并与某个平台进行绑定。在可信计算平台上执行大部分操作都需要授权，包括TPM的所有者。这样可以进一步提高可信计算平台的可信任程度。

一、TPM 逻辑结构

TCG定义了TPM的逻辑结构，它由计算引擎、存储器、I/O、密码运算处理器、随机数产生器和嵌入式操作系统等部件组成，完成可信度量的存储、可信度量的报告、系统监控、密钥产生、加密签名、数据的安全存储等功能。TPM的体系结构如图3-3所示。

从图3-3可以看出，TPM内部包含了密码运算、存储和执行引擎等在内的可信计算平台所需的绝大多数功能模块，为整个平台的可信性提供了重要支撑。TPM对外部只提供了对其操作的I/O接口，这样使得外部无法干预TPM内部各模块函数的执行。表3-1为TPM体系结构内部组件说明。

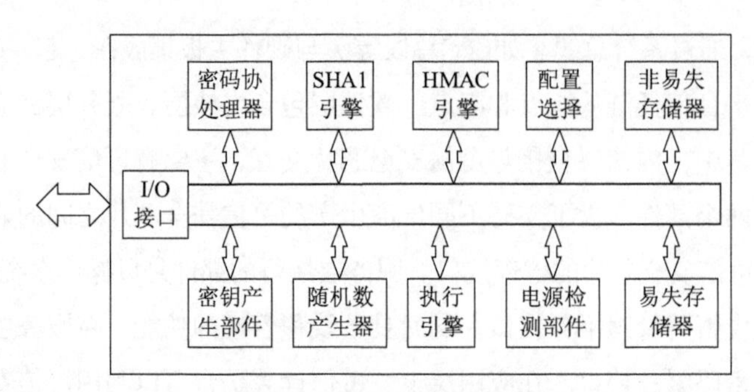

图 3-3　TPM 的体系结构

表 3-1　TPM 内部组件说明

组件	说明
I/O 组件	I/O 组件主要用来对通信总线协议进行编码和译码，是外部实例与 TPM 通信的唯一部件，用来实现外部与 TPM 的信息交换。实际上 TCG 规范中并没有定义专门的 I/O 总线类型，市面上主流 TPM 芯片广泛采用的是 LPC 总线。然而，大多数嵌入式设备并不支持 LPC 总线接口，这就需要我们自己使用通用外部总线，如 SPI、I^2C 或 UART 等进行 TPM 接口扩展
密码协处理器	用来实现加密、解密和签名等硬件加速，TPM 规范中推荐使用非对称的 RSA 算法，但也并没有禁止对称密码算法的使用
密钥产生部件	此模块主要用来产生 RSA 密钥对和对称加密密钥等
HMAC 引擎	用来实现基于 SHA1 的哈希函数消息认证码，其计算根据 RFC 2104 规范
随机数生成器	TPM 内置的随机源，TPM 用它来进行密钥生成以及数字签名等过程中所需的随机数
SHA1 引擎	哈希函数 SHA1 的执行引擎，其输出是 160 比特
电源检测部件	管理 TPM 的电源状态
配置选择	TPM 可以通过控制平台引脚和相应的命令，从物理上控制 TPM 工作状态的模式
执行引擎	包含了 CPU 和 TPM 的程序代码，用来执行并完成用户请求的 TPM 命令，并返回结果
非易失性存储器	用来存储 TPM 永久性身份和相关状态，以及密钥、证书和标识等重要数据
易失性存储器	主要是 TPM 内部工作的存储器

二、TPM 的核心功能

可信计算平台的可信性则由TPM的内部功能来保证，TPM的核心功能主要有安全度量与报告、密钥管理、远程证明和数据保护等。

（1）安全度量与报告。

TPM的安全度量也叫作完整性度量，可以用系统启动序列来加以说明。操作系统在启动的过程中，控制权依次在BIOS、Bootloader、操作系统内核、操作系统外围程序和应用程序之间传递，任何一个环节的破坏，都会部分或完全危及整体平台上的所有可信应用，所以就需要有一种强有力的信任机制来保证这一启动过程不被恶意篡改，或者让使用者在系统即使被篡改后也能做出正确的判断和动作。

（2）密钥管理。

TPM的密钥管理包括TPM密钥的类型、非对称密钥的生成、密钥的授权使用和密钥的安全存储4个部分。

① 密钥类型。

TCG的TPM定义了7种其自身可以创建和识别的密钥类型，这些密钥可以分为两大类：签名密钥和存储密钥。如果进一步划分的话，又可以分为平台密钥、绑定密钥、身份认证密钥、普通密钥和继承密钥等。表3-2列出了不同密钥及其说明。

图 3-2　TPM 的密钥类型及说明

密钥类型	说明
存储密钥（Storage Key，SK）	SK 用来加密其他密钥和加密数据的非对称密钥，它本身是长度为 2048 比特的 RSA 私钥。其中，存储根密钥（Storage Root Key，SRK）是 SK 的一个特例，它是整个系统中权限最高的存储密钥，管理着用户的所有数据，也就是存储信任根（Root of Trust for Storage，RTS）。一个 TPM 仅有一个 SRK，其他所有的密钥都在 SRK 的保护下
背书密钥（Endorsement Key，EK）	EK 是 TPM 最核心的密钥，也是 TPM 唯一的密码身份标识。EK 是 2048 比特的 RSA 密钥对，主要用于创建 TPM 的拥有者和身份认证密钥 AIK 及其授权数据。因为每个TPM只配备唯一的一个EK，并且EK和平台绑定，所以 EK 是可信计算平台的可信报告根最主要的组成部分
签名密钥（Signing Key，SGK）	SGK 也是通用的非对称密钥，用于对应用数据和信息等进行签名。签名密钥是 1024 比特的密钥对，不可用于数据加密
身份认证密钥（Attestation Identity Key，AIK）	AIK 是 EK 的代替物，也是 2048 比特的 RSA 密钥对。AIK 仅用于对 TPM 中表示整个平台可信状态的数据，如 PCR 值、计数器值、密钥的可迁移属性等进行签名和验证。AIK 不能用于加密，也不能签名其他非 TPM 状态数据
绑定密钥（Bind Key，BK）	BK 用于给一个平台中的小规模数据（如对称密钥等）进行加密，然后在另一个 TPM 平台进行解密。因为 BK 与使用平台的特性密切相关，所以 BK 与平台是绑定的
继承密钥（Legacy Key，LK）	LK 在 TPM 之外产生，当使用的时候（如签名或加密）才会被调入 TPM
认证密钥（Authentication Key，AK）	AK 用来保护涉及 TPM 传输会话的密钥对，即加密 TPM 的通信数据

② 非对称密钥生成。

TPM密钥产生部件用于生成密钥，包括对称密钥和非对称密钥。随机数生成器则作为密钥产生部件的重要输入参数。TPM的密码协处理器用来实现密码的运算操作，也包括了对称密码运算操作和非对称密码运算操作。但是对称密码运算操作仅仅在TPM内部使用，TPM不对外提供对称密码运算操作的接口，所以这里主要描述非对称密钥的安全生成。

非对称密钥通常要求是2048比特的RSA密钥，为了在TPM内部生成密钥，TPM结构中必须要有一个随机数生成器部件。由于真随机数算法实现困难，TPM通常使用伪随机数生成器来代替真随机数生成器。在使用随机数生成器时需要保证熵的输入足够好（可将时间作为TPM随机数生成器的输入参数，这样更加安全）。此外，由于随机数生成器的速度并不是很快，可以用为生成器创建周期性的种子作为输入。

③ 密钥授权使用。

因为密钥类型及所需的功能不同，所以TPM有不同的授权，这就需要搭配不同的授权方式组合，从而得到所需的授权方式。TPM的密钥授权包括加载时授权和使用时授权。此外，TPM的内部存储空间有限，所以很多密钥都存储在TPM外部。当要使用时，需要加载到TPM中，而TPM密钥只有授权后才能加载使用。在TPM密钥结构中都会有一个存储密钥，存储密钥和用户的口令相关联，用户在输入口令之后才能加载存储密钥，然后再加载需要使用的密钥，这就是TPM的加载时授权。

TPM有两种密钥授权方法，一种是通过用户口令，当口令输入正确时方可获得密钥的授权。另一种是将密钥授权绑定到某一个或某组PCR的值上，当PCR值和设定值相同时，方可获得授权。而根据密钥加载是否需要口令、密钥使用是否需要口令、密钥加载是否需要PCR、密钥使用是否需要PCR，则可以有16种不同的密钥授权创建方式。

④ 密钥安全存储。

TPM在被激活或重置时，TPM将使用随机数生成器生成一个256比特的RSA密钥，这个密钥是唯一被永久保存在芯片中的不可迁移的密钥，这个密钥就是我们所说的存储根密钥（SRK）。SRK是所有密钥链的根，其地位极其重要，如果SRK丢失，将导致所有不可迁移的密钥和未被迁移的可迁移密钥的丢失。

TPM的密钥管理又分为TPM内部密钥管理和TPM外部密钥管理，其主要区别在于TPM内部密钥是明文存储，TPM外部密钥是密文存储。其中，SRK和EK是永久存储在TPM内部的，其他密钥在不使用时由父密钥加密后存储在外存中，在需要的时候加载到TPM内部。

（3）远程证明。

远程证明通过请求—应答协议实现，在进行远程证明时，请求者向证明者发送一个请求证明和一个随机数NONCE，要求获得一个PCR或多个PCR的值便于对证明者的平台状态进行验证。远程证明流程步骤如下。

① 请求者产生一个随机数NONCE并和指定要求的PCR编号一起发送给配有TPM的客户端。

② 配有TPM的客户端和TSS进行交互，并载入AIK，从而对NONCE和指定的PCR值进行签名。

③ 客户端将AIK证书、签名后的PCR值及其相应的度量日志摘要返回发送给请求者。

④ 请求者检查NONCE并验证摘要数据块的签名，这也被称为验证AIK签名的合法性。请求者获取PCR的值并与NONCE串联后计算哈希值SHA1(PCR||NONCE)。此外，请求者使用AIK证书的公钥解密已经签名的PCR值，得到RSA_DecAIK。如果SHA1(PCR||NONCE) = RSA_DecAIK，则AIK的签名合法，否则认为PCR的值被篡改过。

⑤ 请求者通过第三方CA来验证AIK证书的合法性，即证明AIK证书是否是CA签发的。

⑥ 请求者根据客户端的状态做出客户端是否可信的决定，这主要是对比PCR的摘要值是否和期望值相符合。这一过程为：请求者读取SML（Stored Measurement Log）包含的每次度量的度量值日志记录，模仿PCR的扩展操作得到期望的PCR值。如果与客户端返回的值相等，则认为客户端环境可信，否则不可信。

（4）数据保护。

一个可信计算平台要可信，不仅要真实准确地报告平台系统的状态，而且不能暴露平台中的密钥，那么这就必须具备数据保护的能力。数据保护就是通过密钥对数据采用特定的保护方式，使其安全。用于数据保护的密钥可以分为对称密钥和非对称密钥，而被保护的数据可以是任何形式的数据。数据保护方式有数据加解密、数据信封和数据封装等。这些方式在TPM中以数据绑定和数据密封的形式存在。

配备有TPM的计算机能够创建加密密钥并对其进行加密，而解密只能由TPM完成，这一过程称为数据绑定。数据绑定就是将待绑定的数据和绑定密钥BK进行绑定。每个TPM都有一个基础加密密钥，即存储根密钥SRK。它存储在TPM内部，由TPM创建密钥的私钥不暴露给其他组件、进程或应用程序，因此可以避免密钥的泄露。

密封是指用当前使用软件和硬件的配置衍生出来的密钥来加密用户的私有数据，从而实现对数据的保护。配置有TPM的计算机可以用关联特定软件或硬件的配置来生成密钥，这个密钥就是密封密钥（Sealing Key）。密封密钥被首次创建时，TPM会记录相关配置和文件的哈希快照，只有当前系统值和哈希快照的值相匹配时才可以释放密封密钥或解密封。

3.4.2.2 可信密码模块

TCM可信密码模块是我国借鉴了国际TCG可信计算框架与技术理念，在可信计算领域自主研制的安全芯片，其设计原则和技术思路与TPM 相比有以下不同。

（1）TCM以椭圆曲线密码算法SM2和对称密码算法SM4为基础，计算效率高于TPM。

（2）TCM 密钥存储保护体系允许使用对称密钥作为存储密钥，提高了密钥管理的计算效率。

（3）TCM 身份密钥符合双证书体制，更适用于我国的公钥基础设施。

（4）TCM 提供了一些 TPM 不具备的功能，如数据对称加密和密钥协商功能。

（5）参考 TPM 已经暴露出的安全隐患，TCM 对自身的功能进行了改进，如 TCM 授权协议增加了对重放攻击的抵抗能力。

一、TCM 的逻辑结构

和TPM安全芯片一样，TCM是硬件和固件的集合，可以采用独立的封装形式，也可以采用IP核的方式和其他类型芯片集成在一起，其基本组成结构如图3-4所示。

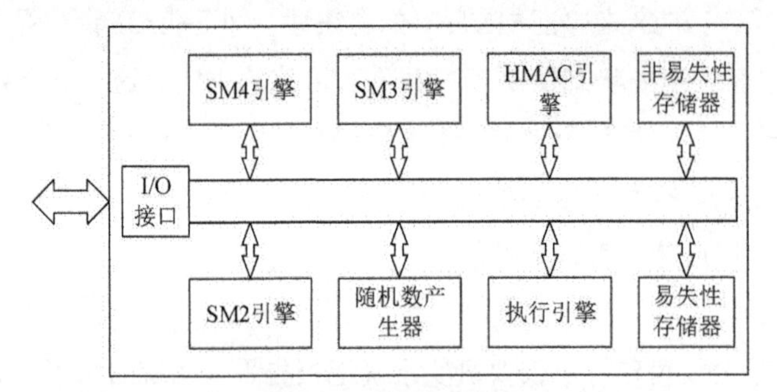

图 3-4　TCM 结构图

从图3-4可以看出，TCM安全芯片的内部逻辑结构包含TCM 的输入输出硬件I/O接口、SMS4引擎、SM2引擎、SM3引擎、随机数产生器、HMAC引擎、执行引擎、非易失性存储器和易失性存储器。其中，I/O接口模块负责TCM的输入输出硬件接口。SMS4引擎执行SMS4对称密码运算。SM2引擎产生SM2密钥对，执行SM2加解密、签名运算。SM3引擎执行杂凑运算。随机数产生器生成随机数。HMAC引擎基于SM3引擎，计算消息认证码。执行引擎为TCM的运算执行部件。非易失性存储器为存储永久数据的存储部件。易失性存储器为TCM运行时的临时数据存储部件。

二、TCM 的核心功能

TCM安全芯片具有密码学功能和受保护的存储空间，能够为可信计算平台提供密钥管理、平台数据保护、完整性存储与报告、身份标识等功能。其中，密钥管理是TCM的一个重要功能，因为密钥的安全存储和使用是TCM能够有效地提供其他各项功能的前提和基础。TCM用存储保护体系保证其密钥的安全性。同时，为满足用户在不同平台上使用同一密钥的需求，TCM提供了密钥迁移功能，使用户能够在不同TCM之间迁移密钥。TCM接口规范详细规定了用于密钥迁移功能的命令接口，用户可以依据该类接口设计和实现不同的密钥迁移协议。现有TCM密钥迁移协议通常以被迁移密钥在目标TCM上的新父密钥作为迁移保护密钥，用该密钥的公钥加密被迁移密钥实现迁移。下面将介绍TCM的密钥类型和结构、存储保护体系、密钥迁移类接口和密钥协商功能。

（1）密钥类型和结构。

① TCM密钥类型。

TCM包含密码模块密钥（TCM Endorsement Key，EK）、平台身份密钥（Platform Identity Key，PIK）、平台加密密钥（Platform Encryption Key，PEK）、迁移保护密钥（Migration Protection Key，MPK）、存储密钥（Storage Key，SK）和存储主密钥（Storage Master Key，SMK）等类型的密钥。其中，密码模块密钥EK用于标识TCM及其所在平台的身份的一个SM2密钥。每个TCM芯片都有唯一的EK，EK私钥永久存储在芯片内部，只在少数关键操作中执行解密操作。存储密钥SK用于加密保护TCM存储保护体系中的密钥。根据加密算法不同，SK分为采用SM2算法的非对称存储密钥和采用SMS4算法的对称存储密钥。平台加密密钥PEK作为我国的双证书体制引入的新类型密钥，是具有身份标识作用的SM2密钥。PEK由可信第三方生成，同时生成的还有PEK的公钥证书。TCM获得PEK及PEK证书的流程是：可信第三方使用EK加密的数字信封将PEK密钥及PEK证书发送给TCM，TCM用EK私钥解密数字信封以获得PEK和PEK证书。

按照是否具有迁移属性不同，TCM密钥可以分为可迁移密钥和不可迁移密钥。其中，可迁移密钥可以从当前TCM迁移到另一个TCM中使用。不可迁移密钥只能在生成该密钥的TCM中使用。TCM通过其内部安全机制保证用户只能对可迁移密钥实施迁移。

② TCM密钥结构。

TCM密钥分为公开区域和秘密区域。其中，公开区域包含指明密钥属性的各种字段，如keyUsage是指密钥用途，该字段为TCM SM2KEY STORAGE或TCM SMS4KEY STORAGE的密钥是SK类型密钥，该字段为TCM SM2KEY PEK的密钥是PEK类型密钥。pubKey是指密钥的公钥，对称密钥该字段值为空。秘密区域包含需要TCM保护的敏感字段，如pubDataDigest是指密钥公开区域的摘要值。key是指密钥的机密数据，对于非对称密钥，key为其私钥；对于对称密钥，key为密钥本身。

（2）密钥存储保护体系。

和TPM一样，TCM芯片内部的存储空间非常有限，因此，无法将所有密钥都存储在TCM内部。为解决密钥的安全存储问题，利用密码学技术拓展TCM的存储空间，将密钥加密安全存储在TCM外部，从而构建TCM存储保护体系进行密钥管理。

TCM存储保护体系是一个树形结构，该结构以存储主密钥SMK为根节点，普通的存储密钥为中间节点，受保护的密钥或数据为叶节点。SMK是TCM所有者获得TCM所有权时

TCM产生的一个SMS4密钥，该密钥是特殊的存储密钥，仅在TCM内部存储和使用。除SMK之外，任何TCM密钥生成时，都必须指定存储保护体系中已存在的存储密钥作为其父密钥。当新生成的密钥需要存储到TCM外部时，TCM用其父密钥对其秘密区域加密生成密钥包，将密钥包和公开区域存储在TCM外部。相比于TPM，TCM允许使用对称密钥作为存储密钥保护子密钥，大大提高了密钥管理的效率。

（3）密钥迁移接口。

密钥迁移是指将一个TCM（称为源TCM）生成的密钥安全地转移到另一个TCM（称为目标TCM）的存储保护体系中，它主要用于密钥复制和备份。TCM为用户提供保护密钥授权、创建迁移数据和转换迁移数据3个密钥迁移类命令。其中，保护密钥授权命令为TCM_AuthorizeMigrationKey(migMode, mpkPub)—>(migAuth)。该命令以迁移模式migMode和迁移保护密钥公钥mpkPub为输入，计算迁移授权数据migAuth，表明TCM所有者同意使用该迁移保护密钥MPK在migMode模式下进行迁移。计算得出的migAuth包括以下内容：①mpkPub；②migMode；③mpkPub、migMode和tcmProof三者的摘要值。其中，tcmProof是TCM内部一个机密的随机数，只有TCM知道，即使TCM所有者也不能得到此值。创建迁移数据命令为TCM_CreateMigratedBlob(hdex, migAuth, keyBlob)—>(sblob, ablob)。该命令使用迁移保护密钥公钥对被迁移密钥的秘密区域进行保护，生成被迁移密钥的迁移包(sblob, ablob)。保护机制由迁移模式决定。如果迁移模式为REWRAP，则直接用迁移保护密钥公钥migAuth。mpkPub加密被迁移密钥的秘密区域得到ablob，此模式下，sblob为空。如果迁移模式为MIGRATE，则TCM首先生成对称密钥sk，然后使用sk加密被迁移密钥的秘密区域得到sblob，之后用迁移保护密钥公钥migAuth。mpkPub加密sk，得到ablob。

转换迁移数据命令为TCM_ConvertMigratedBlob(hd_{MPK}, hd_{NPK}, sblob, ablob)—>(keyBlob)。TCM首先获得被迁移密钥的秘密区域。如果sblob为空，表明迁移模式为REWRAP，直接使用hdMPK指向的密钥对ablob解密，即可获得被迁移密钥的秘密区域。如果sblob不为空，表明迁移模式为MIGRATE，使用hd_{MPK}指向的密钥对ablob进行解密，得到对称密钥sk，然后使用sk解密sblob，获得被迁移密钥的秘密区域。接着，TCM用新父密钥（New Parent Key，NPK）hd_{NPK}指向的密钥加密获得的秘密区域，得到一个可以载入到目标TCM存储保护体系中新父密钥下的密钥包。

（4）密钥协商功能。

利用TCM密钥协商功能，两个计算平台可以通过执行SM2密钥协商协议建立共享的会话密钥，并保证该密钥始终处于TCM芯片的保护之中。TCM密钥协商包括3个步骤：首先，交互双方的TCM各自生成临时SM2密钥；其次，交互双方利用对方的公钥和临时密钥公钥、自身的私钥和临时密钥私钥，计算出共享的会话密钥；最后，交互双方的TCM删除生成的临时密钥。因为共享密钥由交互双方的长期密钥和临时密钥共同计算得出，因此，该密钥协商协议提供了隐式的身份认证，交互双方可以确信只有对方可以得到协商出的共享密钥。

TCM提供了创建协商会话和释放协商会话的密钥协商类命令。其中，创建协商会话命令为TCM CreateKeyExchangeO—>(X, shd_X)。该命令创建密钥协商会话，生成参与方的临时密钥，并将其存储在会话中。其输入参数为空，输出参数为参与方的临时密钥公钥X和该密钥协商会话的句柄shd_X。释放协商会话命令为TCM_ReleaseExchangeSession(shd_X)—>()。该命令以密钥协商会话句柄shd_X为输入，用于释放该句柄指向的TCM密钥协商会话。

3.4.3 可信支撑软件

可信支撑软件位于可信安全芯片和可信应用之间，可信应用软件通过调用可信计算支撑软件的接口来使用可信安全芯片提供的安全功能。可信计算支撑软件负责与可信安全芯片的通信会话建立、外部数据（密钥等）存储及维护等工作，根据不同的可信安全芯片，分为TCG软件协议栈（TCG Software Stack，TSS）和TCM服务模块（TCM Service Module，TSM）。

一、TCG 软件协议栈

TCG软件协议栈是与TPM相配套的可信支撑软件，由多个软件协议层组成，包括TCG设备驱动库层（TCG Device Driver Library，TDDL）、TSS核心服务层（TCG Core Services，TCS）、TCG服务提供者层（TCG Service Provider，TSP），其结构如图3-5所示。

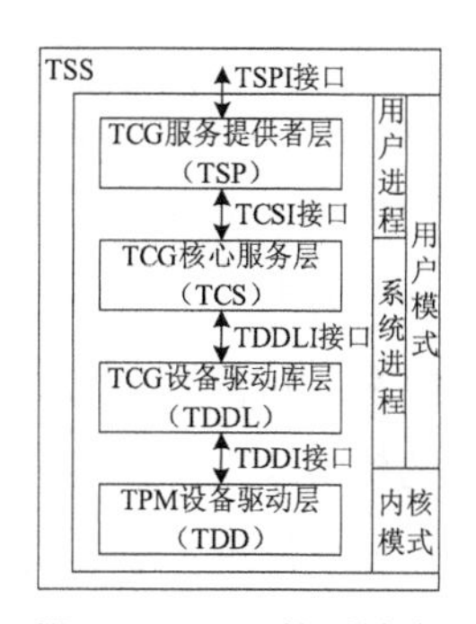

图 3-5　TSS 体系结构

在图3-5中，TSP、TCS和TDDL全部运行于用户模式。其中，TSP是用户模式的用户进程，位于TSS 的最上层，它为应用程序提供了丰富的、面向对象的接口，包括上下文管理、密钥管理和安全操作等。使应用程序可以更加方便地利用可信安全芯片提供的功能构建所需要的安全特性。TCS是用户模式的系统进程，通常以系统服务形式存在，它通过TDDL与可信安全芯片进行通信。除提供可信安全芯片所具有的所有原始功能外，还提供如密钥管理等功能。通过TCS的接口，上层应用可以非常直接、简便地使用可信安全芯片提供的功能。TDDL提供两个功能，一个功能是通过提供标准接口，屏蔽各种不同可信安全芯片的差异。此外，TDDL在用户模式和内核模式之间提供一个通信通道。

从图3-5可以看出，TSS对外提供给用户管控TPM，对内操控TPM，并与操作系统相结合，是对使用TPM功能的应用程序提供一个唯一入口。TPM提供的各种功能，包括对TPM的同步访问，管理TPM的资源和适当的时候释放TPM的资源等，都要通过TSS可信支撑软件来完成，上层应用通过TSS提供的API可以对TPM进行访问。目前比较流行的基于TSS规范的软件实现是由IBM研发的Trousers，其遵循TPM规范。Trousers 软件包主要包括两大功能部分：TPM Tools部分和TPM PKCS#11命令，其中TPM Tools部分是一套用来管理TPM的程序。Trousers可完成与TPM建立会话、密码计算与密钥管理、数据存储与维护等功能。

二、TCM 服务模块

在基于TCM的可信计算平台上，为防止TCM成为可信计算平台的性能瓶颈，将可信计算平台中需执行保护的函数与无须执行保护的函数分开，其中无须执行保护的功能函数由计算平台主处理器执行，这些功能函数构成TCM 服务模块（TCM Service Module，TSM）。和TSS一样，TSM由多个软件协议层组成，即TCM服务提供者层（TCM Service Provider，TSP）、TCM核心服务（TCM Core Service，TCS）和TCM设备驱动库（TCM Device Driver Library，TDDL）。其中，TDDL与TCS存在于系统进程，TSP存在于用户进程。此外，与TSM相关的TCM设备驱动程序（TCM Device Driver，TDD）存在于内核层。对于TSM体系结构来说，尽管其模块和组件的特点会随着硬件平台的不同而不同，但是其各模块之间的交互关系是一样的，所以TSM的体系结构不会依赖于硬件平台。TSM的体系结构如图3-6所示。

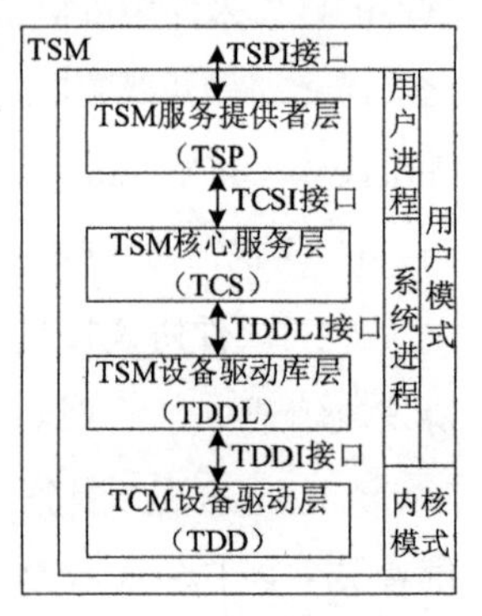

图 3-6 TSM 体系结构

从图3-6可以看出，TSM作为TCM可信计算平台的可信支撑软件，是可信应用程序访问TCM可信安全芯片的唯一入口。在图3-6中，TSM和TSS一样是一种栈式结构，各层之间具有明确的访问接口。其中，TCM 服务提供者（TSP）向应用程序提供TCM服务，如提供对TCM的同步访问，向应用程序隐藏TCM所建立的功能命令和管理TCM资源等。此外，TSP还具有一些TCM所不提供的辅助函数，这些辅助函数能够便利于应用程序功能的实现。TSP被置于应用程序的进程之内，使得每一个应用程序看起来好像拥有一个专属于自己的TSP。在TSM体系结构上，TSP为应用程序调用TCM安全保护功能提供一个入口点，称为Tspi接口。Tspi接口为规范化的函数接口，也是一个面向对象的接口，既可以提供动态连接块，也可以提供静态连接块。TSP通过Tspi接口负责对应用程序间的信息和数据传输提供保护。这样，TSP在执行TCM提供的可信函数时，应用程序只需关注它们本身的特性。

TCM核心服务（TCS）位于TSP层和TDDL层之间，以系统服务的形式存在。在TSM体系结构上，TCS以Tcsi为接口。TCM支持多线程，所以TCS也允许多个TSP访问自己。在服务中，TCS主要负责会话上下文管理、密钥管理、事件管理，并通过参数块产生器与底层进行通信。其中，TCS上下文管理通过提供动态句柄使用TSP和TCS资源。当应用程序与TCS层交互时，需从TSP层的句柄tspi_context获得与之对应的TCS层句柄tcsi_context，然后通过tcsi_context执行TCS层的内存管理和其他操作。当TSP层退出应用程序请求时，TCS层的tcsi_ context将被销毁。每个句柄都会为与其相关的操作提供一个上下文，同一个TSP中的不同线程可以共享相同的上下文，也可以独自请求独立的上下文。在密钥管理中，因为TCM的存储空间有限，所以TCS定义了一个密钥永久存储区PS（Persistent Storage），将所有TSM密钥存放在PS中，由TCS的密钥管理服务机制统一调度。密钥由父密钥进行加密保护，以SRK存储父密钥作为根，形成一个树形的存储体系对密钥进行管理。其中，TCS不负责SRK加载，SRK被保存在TCM中。事件管理主要管理事件日志的记录及相应PCR平台控制寄存器的访问。PCR操作类提供了对PCR进行选择、读、写等操作的简便方法。该类可用于建立系统平台的信任级别，因为它们与平台相关联而与应用程序无关，所以应用程序和访问提供者应该有这些结构的备份。参数块产生器负责对TCM命令序列化、同步和处理。调用TCS的函数通过字节流管理块与TCM通信，参数块产生器传入TCS的参数转换成TCM所需的字节流，当经过TCM处理后的字节流返回到TCS时，TCS会对其进行分析与处理，并把处理后的结果上传给TSP，最后再由TSP处理并将所获得的相应结果返回给最上层的应用程序。

TCM设备驱动库（TDDL）主要是在TCM设备驱动程序（TDD）之上提供一个标准的接口。TDDL具有屏蔽各种设备输入输出控制信息，以便指令和状态信息在用户与内核之间顺利传递。通过TDDL可以确保任意的TCM能与不同方法实现了的TSM进行交互，此外它提供给TCM应用程序独立于操作系统的接口。TCM设备驱动程序（TDD）是内核模式下的TCM设备驱动模块，由TCM制造商提供，并且包含能够理解TCM具体行为的代码。因为用户模式的执行不能访问内核模式的执行，TCM制造商也需提供TCM设备驱动库，由TSM打开TCM设备驱动器。除了TSM外，此TDD不允许任何程序与TCM设备连接。

3.5 可信计算技术

可信计算作为一种新型信息安全技术，已经成为信息安全领域的研究热点，近年来这方面的相关研究已经陆续展开，并取得长足发展。主要关键技术包括密码技术、可信度量技术、信任链技术和远程证明技术。可信计算从密码技术入手，形成可信度量技术，解决单一组件的可信安全问题。在此基础上建立信任链技术，把这种信任安全扩展到整个计算系统。最后，通过远程证明技术，进一步将信任安全扩展到整个网络系统，从而确保整个网络信息系统的可信。

3.5.1 密码技术

密码技术不仅是信息安全的基础，也是可信计算的基础。可信计算体系结构以密码体系为基础，采用对称和非对称密码算法相结合的密码体制，从可信平台控制模块出发，建立信息系统的信任链，保障关键信息系统的安全。图3-7所示显示了密码与可信计算平台的功能关系。

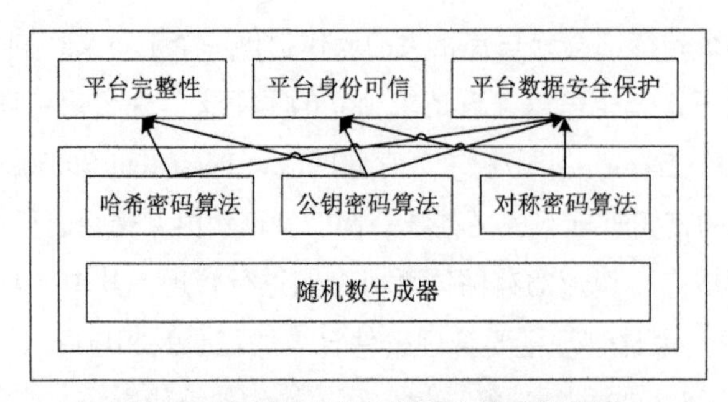

图 3-7 密码与可信计算平台的功能关系

从图3-7可以看出，可信计算平台基于密码技术，实现平台自身的完整性、身份可信性和数据安全性等安全功能。利用密码技术，通过对系统平台组件的完整性度量，确保系统平台的完整性，并向外部实体可信地报告平台完整性。利用密码技术，标识系统平台身份，实现系统平台身份管理功能，并向外部实体提供系统平台身份证明。利用密码技术，保护系统平台敏感数据。其中，数据安全保护包括平台自身敏感数据的保护和用户敏感数据的保护；另外，也可为用户数据保护提供服务接口。

3.5.2 可信度量技术

建立计算平台信任的主要技术手段是完整性度量。在信息安全中，数据完整性度量技术通过消息认证码（Message Authentication Code，MAC）的一致性校验来实现度量功能。对于MAC消息认证码的产生，可以利用单向哈希（HASH）函数来实现。

在可信计算中，早期的可信度量主要是借助专用PCI板卡和外部可信实体执行度量工作，如马里兰大学的Copilot系统和卡内基梅隆大学的Pioneer系统，这种度量技术存在无法适用于通用终端平台的问题。TCG提出以TPM为信任根，逐级度量启动过程中的硬件、操作系统和应用程序的方法，以此建立通用终端平台的信任。TPM提供了满足单向性、抗碰撞性的安全HASH函数SHA1引擎，可以为度量的实现提供保证。同时，TPM还提供安全存储及内部的平台配置寄存器PCR（Platform Configuration Register），这样可信度量的更新及实际应用都是以平台配置寄存器PCR作为载体。IBM研究院研发了最早的TCG框架下的完整性度量架构IMA，其特点是在可执行文件装载时对其进行完整性度量，缺陷是对所有装载程序都进行度量，系统效率较低。对此它们又进一步提出了PRIMA度量架构，该架构将度量与信息流访问控制模型相结合，从而大幅度精简度量对象，提高系统效率。上述两种度量架构都只能静态度量可执行文件，无法保证程序在运行过程中可信。卡内基梅隆大学提出了BIND度量系统，其扩展了编程语言的度量语义，包含度量标记的代码被执行时会激活BIND系统对其完整性度量。BIND系统在一定程度上实现了对软件关键代码动态行为的度量，但是需要软件开发者手动添加度量标记，编程要求较高。我国学者针对静态度量的不足也提出了一些解决方案，具体的可信度量技术将在第4章中做进一步介绍。

3.5.3 信任链技术

TCG 提出信任链（Trusted Chain）来解决安全问题，其思想是从一个初始的信任根出发，在平台上计算环境的每一次转换时，如果这种信任可以通过传递的方式保持下去不被破坏，那么平台上的计算环境始终是可信的。基于这种思想，可信计算平台首先构建一个信任根，再建立一条信任链，从信任根开始到硬件平台，到操作系统，再到应用，一级认证一级，一级信任一级，从而把这种信任扩展到整个计算系统。因此，信任链是可信计算的又一个关键技术。信任链的起点是信任根，信任链是在计算系统启动和运行过程中，使用完整性度量方法在部件之间所建立的信任传递关系。信任链的传递则是依靠可信度量技术来实现。在信任链的理论中，无论是最底层的BIOS启动模块还是最上层的应用，在得到信任以运行之前，都需要经过可信度量，即一个测量或认证的过程。具体的信任链技术将在第5章中做进一步介绍。

3.5.4 远程证明技术

在本地计算平台信任构建的基础上，将本地计算平台的信任扩展到远程计算平台的主要方法是远程证明，它是可信计算用于解决可信计算平台之间、可信网络节点信任的重要安全机制。远程证明包含平台身份的证明和平台完整性状态的证明，这两种证明的基本模型非常类似，包含一个带有可信安全芯片的可信计算平台、验证平台和辅助支持验证的可信第三方。远程证明基本模型的信任锚点是可信安全芯片，以及颁发平台证书（包括平台身份证书，或者平台属性证书）的可信第三方，可信安全芯片保证了平台的真实性，可信第三方确保了协议的正确性。

在平台身份证明方面，TCG的TPM提出基于Privacy CA的身份证明方案。该方案通过平台身份证书证明平台真实身份，无法实现平台身份的匿名性。为此，Briekel针对TPM匿名证明的需求提出了基于CL签名的直接匿名证明协议（Direct Anonymous Attestation，DAA）方案。DAA方案的研究主要针对RSA密码体制展开，因此存在DAA签名长度较长和计算量大的缺点。为此，Briekel又提出了基于椭圆曲线及双线性映射的DAA改进方案，大幅提高了计算和通信性能。冯登国基于q-SDH假设对DAA方案也进行了改进研究，进一步提高了计算和通信效率。此外，Liqun Chen采用新的密码学假设对DAA方案进行了深入的研究，对TPM的协议计算量进行了优化。

在平台状态证明方面，TCG提出二进制直接远程证明方法，IBM遵循该方法实现了直接证明的原型系统。这种方法存在平台配置容易泄漏、扩展性差等问题。为此，许多科研机构、专家和学者提出了改进。例如，IBM基于属性的证明方法（Property-Based Attestation，PBA），将平台配置度量值转换为特定的安全属性，并加以证明。此外，Poritz和Schunter等学者利用可信虚拟机向远程方证明Java高级语言程序的语义安全，在此基础上提出了基于语义的证明方法。Seshadri和Perrig等学者针对特殊的嵌入式设备提出了基于软件的证明方法。沈昌祥院士和李晓勇等学者将平台配置状态转化为平台历史行为序列，并在此基础上提出了基于系统行为的证明方法。

3.6 可信计算组织和标准

可信计算是信息系统实现互联、互用、互操作过程中提出的安全需求，因此迫切需要技术标准来规范系统的设计和实现。通过可信计算的标准化组织提出权威和统一的可信计算技术标准和规范，有助于形成规模化信息安全产业，生产出满足信息社会广泛需求的可信计算产品。

3.6.1 可信计算工作组 TCG 及标准

2003年，包括IBM、Microsoft、Intel、AMD、HP、Sony和Sun在内的14家发起成员公司宣布成立可信计算工作组（Trusted Computing Group，TCG）。该工作组的目标是建立可信计算的技术标准，并将可信计算从计算机扩展到网络环境。此后，TCG开始成立移动电话（Mobile）、存储（Storage）、个人计算机客户端（PC Client）、服务器（Server）、嵌入式系统（Embedded Systems）、物联网（Internet of Things，IoT）、可信网络连接（Trusted Network Communications, TNC）、可信平台模块（Trusted Platform Module, TPM）和软件栈（Software Stack）等各个子工作组，各子工作组开始为开放的规范准备定义需求和案例，讨论并提出了移动设备、存储、服务器、外设和基础架构上的可信安全需求。其中，TCG的移动电话子工作组发布了一系列案例，定义可信计算如何在移动电话上使用。该子工作组的成员扩展到了手持设备、芯片和应用厂商。存储子工作组开始为静态的存储数据建立开放的可信计算规范标准，希望能补偿不断增长的数据丢失、失窃和未授权访问，这包括存储于硬盘驱动器、磁带和闪存等介质上的数据。该子工作组发布了一些案例供业界讨论，同时开始和已有的存储规范工作组一起讨论，确保对命令的支持能拓宽到广泛使用的SCSI和ATA体系。此外，TCG的存储子工作组发布了笔记本电脑和数据中心的自加密驱动器的最终规范和一系列帮助生产这些驱动器的厂商们互通的API接口。服务器子工作组开始建立在服务器上使用TPM的规范标准。生产厂商开始开发能保证可信的客户端能连接到指定的服务器的产品。个人计算机客户端子工作组在2007年公布可以支持个人电脑上全盘加密的可信存储规范。该工作组将这一可信规范拓展到其他存储设备上。服务器子工作组在制定可信计算规范标准的同时还提供了一个使用模型，该模型确保服务器在进行敏感交易之前能满足一个最低的安全标准。可信网络连接子工作组致力于建立起一个支持网络访问控制和端点一致性的开放规范标准和应用，如Microsoft开始在其网络访问保护技术体系中支持和TNC的互联。日本互联网协议设备认证组织支持TNC来提供网络安全，包括涉足数据恢复等领域的十余家其他业界公司加入了TCG支持TNC体系。TPM子工作组致力于可信安全芯片的研究和标准化，对于用户所使用的TPM安全芯片，TCG采纳了已有的规范，经过一系列讨论和修订，将其公开为一个开放的业界规范标准。2004年，TCG公布了TPM规范1.2版本，并在2009年成为ISO的国际标准ISO/IEC 11889-1:2009。相关厂商开始生产支持TPM主要特性的安全芯片。各种企业级台式电脑和笔记本电脑都开始附载TPM芯片和相关的软件，用来支持数据和文件的加密、安全电子邮件系统、单一登录，以及证书和密码的存储等应用。2013年，TCG公布了TPM规范2.0版本，并在2015年成为ISO的国际标准ISO/IEC 11889-1:2015。

此外，TCG成立了一个由IT业界的隐私、金融和安全方面的专家所组成的顾问委员会，并启动了和业界的其他标准工作组交流的联络项目，以及与可信计算相关领域的研究人员和学术机构进行交流的指导项目。表3-3列出了可信计算国际标准和规范。

表 3-3　可信计算国际标准和规范

标准号	标准名称	组织
ISO/IEC 11889-1:2015	Information technology -- Trusted platform module library -- Part 1: Architecture	ISO/IEC JTC1
ISO/IEC 11889-2:2015	Information technology -- Trusted Platform Module Library -- Part 2: Structures	ISO/IEC JTC1
ISO/IEC 11889-3:2015	Information technology -- Trusted Platform Module Library -- Part 3: Commands	ISO/IEC JTC1
ISO/IEC 11889-4:2015	Information technology -- Trusted Platform Module Library -- Part 4: Supporting Routines	ISO/IEC JTC1
ISO/IEC 11889-1:2009	Information technology -- Trusted Platform Module -- Part 1: Overview	ISO/IEC JTC1
ISO/IEC 11889-2:2009	Information technology -- Trusted Platform Module -- Part 2: Design principles	ISO/IEC JTC1
ISO/IEC 11889-3:2009	Information technology -- Trusted Platform Module -- Part 3: Structures	ISO/IEC JTC1
ISO/IEC 11889-4:2009	Information technology -- Trusted Platform Module -- Part 4: Commands	ISO/IEC JTC1
TPM 2.0	Trusted Platform Module Library Part 1: Architecture	TCG TPM

续表

标准号	标准名称	组织
TPM 2.0	Trusted Platform Module Library Part 2: Structures	TCG TPM
TPM 2.0	Trusted Platform Module Library Part 3: Commands	TCG TPM
TPM 2.0	Trusted Platform Module Library Part 4: Supporting Routines	TCG TPM
TPM 1.2	TPM Main Specification Part 1: Design Principles	TCG TPM
TPM 1.2	TPM Main Specification Part 2: Structures of the TPM	TCG TPM
TPM 1.2	TPM Main Specification Part 3: Commands	TCG TPM
TPM 1.1	TCPA Main Specification Version 1.1b	TCG TPM
TSS 2.0	TSS TAB and Resource Manager Specification	TCG Software Stack
TSS 2.0	TSS Feature API Specification	TCG Software Stack
TSS 2.0	TSS System Level API and TPM Command Transmission Interface Specification	TCG Software Stack
TPPIS 1.3	TCG Physical Presence Interface Specification	TCG PC Client
TFGT 1.0	TCG FIPS 140-2 Guidance for TPM 2.0	TCG PC Client
I2C-TPM 2.0	TCG TPM I2C Interface Specification	TCG PC Client
D-RTM 1.0	D-RTM Architecture Specification	TCG PC Client
TIS 1.3	PC Client Specific TPM Interface Specification	TCG PC Client
PCPPT 1.0	PC Client Protection Profile for TPM 2.0	TCG PC Client
PCSPFPS 1.0	PC Client Specific Platform Firmware Profile Specification	TCG PC Client
PTP 1.3	TCG PC Client Platform TPM Profile Specification	TCG PC Client
TEPS 2.0	TCG EFI Protocol Specification	TCG PC Client
TAS 1.2	TCG ACPI Specification	TCG PC Client
GSS 1.0	Generic Server Specification	TCG Server
MRA 1.0	TPM 2.0 Mobile Reference Architecture	TCG Mobile
MCP 1.0	TPM 2.0 Mobile Common Profile	TCG Mobile
MCRBI 1.0	TPM 2.0 Mobile Command Response Buffer Interface	TCG Mobile
ECPT 1.0	TCG EK Credential Profile for TPM	TCG Infrastructure
TKPI 1.0	TPM Keys for Platform Identity for TPM 1.2	TCG Infrastructure
CPS 1.2	TCG Credential Profiles Specification	TCG Infrastructure
CPACE 1.0	A CMC Profile for AIK Certificate Enrollment	TCG Infrastructure
TAIS 1.5	TNC Architecture for Interoperability Specification	TCG TNC

续表

标准号	标准名称	组织
RFC 5792	PA-TNC: A Posture Attribute (PA) Protocol Compatible with Trusted Network Connect (TNC)	IETF
RFC 5793	PB-TNC: A Posture Broker (PB) Protocol Compatible with Trusted Network Connect (TNC)	IETF
RFC 6876	A Posture Transport Protocol over TLS (PT-TLS)	IETF
RFC 7171	PT-EAP: Posture Transport (PT) Protocol for Extensible Authentication Protocol (EAP) Tunnel Methods	IETF

从表3-3可以看出，TCG已经建立起比较完整的可信计算技术规范标准体系。包括TPM功能与实现规范，TSS功能与实现规范，针对PC、服务器和移动手机平台的 TCG规范。在基础设施技术方面，制定出身份证书、网络认证协议、完整性收集和完整性服务等规范。在可信网络方面，制定出可信网络连接的协议和接口规范。从 TCG 的技术标准体系涵盖的范围可以看出，TCG 技术标准已经渗透到 IT 技术的每一个层面。

3.6.2 中国可信计算工作组 TCMU 及标准

随着我国信息化的进一步深入发展，信息安全问题越来越重要，密码的作用也就越来越突出。充分发挥好密码在信息安全中的核心保障作用，推动商用密码深入发展和更广泛应用，支持我国可信计算产业的健康发展，从国家层面构建可信计算密码应用技术体系至关重要。2006年11月，经国家密码管理局批准成立了可信计算密码专项组。该工作组致力于开展可信计算密码应用体系，相关密码标准和规范的制定及推动可信计算产业化发展，并在2007年12月发布了《可信计算密码支撑平台功能与接口规范》。该规范提出了自主可信的TCM安全芯片标准。此后，联想、同方、长城、方正等民族企业推出了基于TCM的可信计算机，产品包括台式计算机、笔记本电脑和服务器，主要用户包括政府、金融、公共事业、教育、邮电、制造、中小企业等。

随着可信计算产业的发展和更多的企业加入，在有关政府部门的认可和支持下，可信计算密码专项组在2008年12月正式更名为中国可信计算工作组（China TCM Union，TCMU）。中国可信计算工作组带领产业发展中国自主创新的可信计算，其主要任务是研究和制定可信计算密码应用技术体系及相关密码技术标准规范，推动可信计算技术与产品的标准化、工程化和产业化，指导可信计算应用示范工程建设。

目前，中国可信计算工作组包括联想集团、国民技术股份有限公司、同方股份有限公司、中国科学院软件研究所、北京兆日技术有限责任公司、瑞达信息安全产业股份有限公司、卫士通信息产业股份有限公司、无锡江南信息安全工程技术中心、长春吉大正元信息技术股份有限公司、方正科技集团股份有限公司、中国人民解放军国防科技大学计算机学院、中国长城计算机深圳股份有限公司、北京同方微电子有限公司、北京多思科技工业园股份有限公司、浪潮集团有限公司、北京中天一维科技有限公司、广东南方信息安全产业基地有限公司、北信源自动化技术有限公司、清大安科技术有限公司、南京百敖软件有限公司、北京电子科技学院在内的二十多家成员单位。成员覆盖国内芯片、计算机、网络接入、系统/应用软件、CA证书等领域的信息安全骨干企业，已形成一个初具规模的产业链。此外，TCM将成为中国信息安全的核心引擎，担当我国网络空间的身份证、保险箱和病毒免疫系统等角色，为我国的数据和系统构筑一个全方位、立体化的安全防御体系。表3-4列出了我国的可信计算相关标准和规范。

表 3-4　我国可信计算标准和规范

标准号	标准名称	组织
GB/T 30847.1-2014	系统与软件工程 可信计算平台可信性度量 第 1 部分：概述	中国国家标准化管理委员会
GB/T 30847.2-2014	系统与软件工程 可信计算平台可信性度量 第 2 部分：信任链	中国国家标准化管理委员会
GB/T 29827-2013	信息安全技术 可信计算规范 可信平台主板功能接口	中国国家标准化管理委员会
GB/T 29828-2013	信息安全技术 可信计算规范 可信连接架构	中国国家标准化管理委员会
GB/T 29829-2013	信息安全技术 可信计算密码支撑平台功能与接口规范	中国国家标准化管理委员会
GM/T0002-2012	SM4 分组密码算法	国家密码管理局
GM/T0004-2012	SM3 密码杂凑算法	国家密码管理局
GM/T0008-2012	安全芯片密码检测准则	国家密码管理局
GM/T0009-2012	SM2 密码算法使用规范	国家密码管理局
GM/T0010-2012	SM2 密码算法加密签名消息语法规范	国家密码管理局
GM/T0011-2012	可信计算 可信密码支撑平台功能与接口规范	国家密码管理局
GM/T0012-2012	可信计算 可信密码模块接口规范	国家密码管理局
GM/T0013-2012	可信计算 可信密码模块符合性检测规范	国家密码管理局

3.7 小结

本章从可信计算的定义，可信计算在国内外的发展，可信计算的体系结构和可信计算的标准及组织等方面对可信计算进行了介绍，为后面各章的内容奠定基础。

第4章 可信度量技术

可信度量是可信计算的核心技术，可信计算平台通过可信度量技术对运行在计算平台上的软硬件提供可信度量保护。在可信计算中，可信度量技术负责度量计算平台的可信状态，包括计算平台里面每一个组件、每一个硬件及软件的可信状态，从而能真实地反应出整个计算平台的可信安全状态。本章首先从可信度量的定义、任务、原理和类型进行概述；其次，介绍了可信度量的模型；然后，从完整性度量的计算、更新、存储、报告和验证5方面对可信度量机制进行具体介绍；最后，介绍了可信度量的相关技术，包括IMA、PRIMA和DynIMA可信度量技术。

本章目标

了解可信度量的概念；明确可信度量的模型；掌握可信度量的机制和相关技术。

4.1 可信度量概述

一、定义

可信度量（Trustworthiness Measurement，TM）是可信计算首先要解决的问题。通过对可信的定量描述，能对可信产生更加准确的认识。度量是指根据预定的规则，采用可行的多种技术手段对某实体对象相关属性进行测试、收集、分析和计算的持续性定量化和与标准值匹配的过程。因此，度量是衡量对象的一种手段，是对实体属性的一种量化表示。而可信度量就是对各分类实体的可信性进行综合表征，给出可信度的一种手段。可信度量作为可信计算的核心技术，用于测量计算平台预期描述和平台实际行为的符合程度，揭示了平台运行可信的条件。因此，可信度量是指由度量代理在预定的度量策略支持下，采用适当的算法通过不同的度量因子对实体对象进行以可信性为主的表征过程。其中，度量代理负责制定度量机制与策略，采用特定算法对被度量实体进行可信性评判，因此又称为度量模块或可信引擎。要实现对可信性进行度量，必须为度量制定合适的度量策略。度量因子包括度量实体对象在加载、运行、卸载时的时间点，实体对象的类型，如代码、内核和上层应用等，以及实体对象的粒度，如文件、信息流、系统调用、堆栈和参变量等。

二、任务

根据可信度量的定义，可信度量的主要任务包括确定预期断言、制定度量策略和进行可信评判。其中，确定预期断言是对实体所期望的状态、功能、行为和结果进行恰当的表述。期望断言描述可有多种形式，它决定了可信标准的准确性程度，可以由被多方认可的机构或实体长期观测经验得到。例如，在IMA（Integrity Measurement Architecture）可信度量技术中，预期断言是内核预加载信任链上各实体的度量列表，以及存储在预定义的TPM平台配置寄存器（Platform Configuration Register，PCR）中的启动过程哈希值。制定度量策略是指综合考虑度量影响因素，制定可行的度量方法对实体进行可信性判定，是度量实施的核心。在实施上，需要定义一组策略与准则，将度量技术应用到度量对象上，并得到一组度量值。IMA的度量策略采用SHA1算法。进行可信评判是根据所评判对象对可信性需求程度的不同，采用合适的评判量化手段对获得的可信支持数据与预期进行匹配，给出可信度。IMA的可信评判采用标准的可信/不可信二值判断逻辑。

三、原理

可信计算中的可信度量基本原理是基于完整性度量评估计算平台的可信。完整性是可信的一个基本属性，虽然不完全等同于可信，但最符合可信的定义——实体的行为总是以预期的方式，朝着预期的目标，也最容易进行度量和验证，因此可信计算使用完整性作为信任的基本属性。在可信计算平台中，完整性度量是由前一个执行部件采用特定的哈希算法对下一个被调用的执行部件的关键信息进行哈希运算来完成。度量得到的哈希信息称为完整性度量值，计算平台是否可信的依据在于每个执行部件的完整性度量值和对应的完整性参照值是否相同。

四、类型

根据度量的时机不同，可将可信度量分为静态完整性度量和动态完整性度量。静态完整性度量是指在被度量对象装载到计算平台内存时进行完整性度量。静态度量的客体是在平台启动过程中加载至平台的执行部件，包括系统硬件、固件（如PMON、UEFI等）和软件（如OS启动/引导部件、操作系统内核和应用程序）等。例如，IMA是文件完整性度量模型和实现，属于静态完整性度量。动态完整性度量是指对驻留在内存的被度量对象进行周期性的完整性度量。动态度量的客体是在平台中运行的应用程序，内容涉及程序代码、运算数据和库文件等。静态度量是一个顺序固定的单一链式过程，其度量内容不随平台的运行而改变；动态度量的过程具有多样性和无序性的特点，其度量内容加载和执行的时间与空间均不固定。

根据度量主体的不同，可将完整性度量分为平台内度量和平台间度量。平台内度量由平台自身实施并加以验证。平台间度量由本平台提交完整性报告，再由对方平台实施完整性验证。平台内度量是整个度量体系的基础，平台间度量在此基础上增加了完整性报告与验证步骤。

根据度量的对象不同，可将完整性度量分为基于程序指令的完整性度量与基于信息流的完整性度量。其中，基于程序指令的完整性度量对象是可执行程序的二进制指令，如基于系统行为的计算平台可信证明模型（BTAM）的度量对象是可执行程序的二进制指令，属于基于程序指令的完整性度量，这种类型的完整性度量方法强调软件代码本身的完整性。基于信息流的完整性度量对象是对数据流的访问请求，如PRIMA的信息流完整性度量模型度量信息在主体、客体之间的访问情况。在PRIMA中，首先为主体和客体划分不同的完整性等级，并制定访问策略。当主体访问客体时，PRIMA度量信息流中主体、客体的完整性等级，并判断当前访问请求是否符合访问策略。

根据是否泄露隐私信息来分类，可以将完整性度量划分为基于二进制的完整性度量和基于属性的完整性度量。其中，基于二进制的完整性度量是指在完整性度量及平台状态证明的过程中，验证者能够依据平台状态证明的证据推测被验证者的平台配置，如所使用的硬件类型、操作系统及应用软件等。这种类型的度量以计算被度量对象的安全哈希值为特征。被度量对象的安全哈希值作为度量日志存入 SML（Stored Measurement Log）中，SML及PCR平台配置寄存器构成平台状态证明的证据。验证者能够根据SML 推测对方计算平台的软硬件配置。如果验证者是计算平台的所有者，这一特征并不会导致不良后果，否则将会泄露被验证者的隐私信息。基于属性的完整性度量是指验证者无法获知被验证者的上述隐私信息。在这种类型的度量中，属性仅描述被度量对象的安全性质和要求，隐藏了计算平台的隐私信息。例如，在基于属性的远程证明研究中，提出了基于属性的完整性度量方法。

根据验证者身份不同，可以将完整性度量划分为基于主机的完整性度量和基于网络的完整性度量。其中，基于主机的完整性度量是指验证者是计算平台的所有者，验证者检查自己计算平台的完整性。早期的完整性度量研究以基于主机的完整性度量为主，完整性度量与平台状态证明在相同计算平台上进行，这种完整性度量方法没有计算平台隐私信息保密的要求，主要适用于计算平台的所有者检验自己的计算平台的完整可信性。然而在开放的互联网信息系统环境里，平台状态证明的验证者往往不是计算平台的所有者，完整性度量与平台状态证明过程中的隐私信息保密越来越受到人们的关注，基于网络的完整性度量随之出现。基于网络的完整性度量是指验证者与被验证者是不同的主体，如服务器在向客户提供服务之前，检验客户计算平台的完整性。

4.2 可信度量模型

目前，可信的度量模型主要有基于概率统计的可信模型，基于模糊数学的可信模型，基于主观逻辑、证据理论的可信模型和基于软件行为学的可信模型等。在基于软件行为学的可信模型中，主体的可信性是主体行为的一种统计特性，而且是指行为的历史记录反映主体行为是否违规、越权及超过范围等方面的统计特性。主体的可信性可以定义为其行为的预期性，软件的行为可信性可以划分级别，可以传递，而且在传递过程中会有损失。我国学者采用谓词逻辑来描述可信度量，并将可信平台抽象成由度量对象、度量代理和决策体组成的模型，即TMM（Trusted Measurement Model）可信度量模型，如图4-1所示。

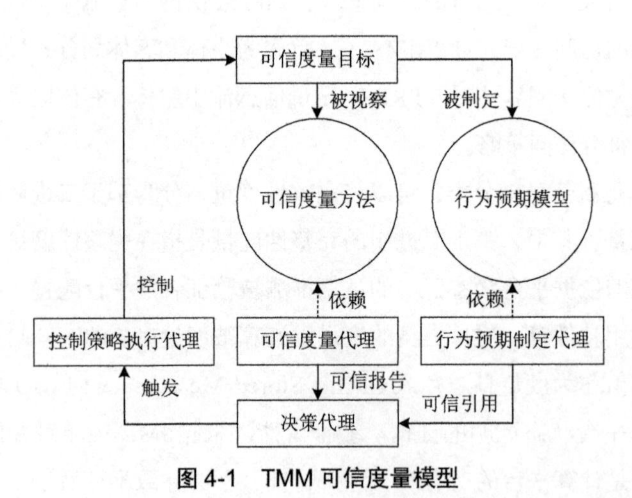

图 4-1 TMM 可信度量模型

从图4-1可以看出，在度量目标被度量前，行为预期制定代理根据所具有的行为预期模型，以度量目标为输入，对该目标建立行为预期，并将结果存储于知识库中。可信度量代理根据所具有的可信度量方法，可能包括动态或静态的方法，以度量目标为输入，对该目标的行为进行度量，并将结果以日志的形式存储于可信根中。可信度量代理和行为预期制定代理将预期度量结果传递给决策代理。决策代理根据可信模型中给出的规则进行评判。如果度量结果违反了可信策略则说明度量目标出现异常，从而触发控制策略执行代理来控制度量目标。控制策略执行代理根据预先制定好的策略，对度量目标进行控制。控制策略执行代理可以作为一个可选部件。虽然在TMM模型中，控制策略执行代理作为一个可选部件；但是，如果缺少了控制的环节，就无法形成一个闭环的信息流，降低了系统的实用性。在图4-1中，TMM可信度量模型包括了从采样、报告、决策到控制的所有环节，形成了一个闭环的信息流。该模型以可信度量为核心，通过覆盖可信计算场景的整个生命周期，描述了在不同阶段中度量技术扮演的角色。此外，该模型突出以可信度量方法和行为预期模型为核心，并强调可追踪性和可控制性。对计算平台的控制是可信度量的目的，所以如何实现对实体的追踪，以及如何有效控制不可信的网络终端，也是可信度量重点研究的内容。

4.3 可信度量机制

根据可信度量的原理，可信计算平台的可信度量主要表现为平台的完整性度量。完整性度量机制主要包括完整性度量计算、完整性度量更新、完整性度量存储、完整性度量报告和完整性度量验证5部分。其中，完整性度量计算是指对平台完整性相关的特征进行哈希值计算。完整性度量更新是指通过迭代运算的方式扩展更新指定PCR平台配置寄存器已有的哈希值。完整性度量存储包括存储完整性度量事件的日志信息和存储完整性度量哈希值，其中，完整性度量哈希值的存储基于PCR平台配置寄存器。完整性度量报告是指提供完整性度量存储的内容，此过程的关键是能够提供可信的值和可信的完整性度量事件日志信息。完整性度量验证是指对完整性度量报告的数据，按完整性度量的过程执行验证计算，得出当前完整性度量报告所反映的平台状态可信与否的结论。下面将主要从完整性度量的5个部分即完整性度量的计算、更新、存储、报告和验证来介绍基于完整性度量的可信度量机制。

4.3.1 完整性度量计算

完整性度量的计算是通过哈希密码算法执行哈希运算的过程，即把可以表征被度量者（如固件、硬件驱动、系统软件、应用软件和相应的配置等）特性的任意长度的输入数据，又叫作预映射，通过哈希密码算法，变化成固定长度的输出。该输出就是哈希值，即完整性度量值。在TCG的可信计算标准中，完整性度量计算哈希值要求使用TPM可信平台模块内部的SHA1算法，该算法符合单向性、抗碰撞性的安全哈希计算要求，SHA1计算在TPM可信平台模块内部通过会话的方式实现，其计算流程如图4-2所示。

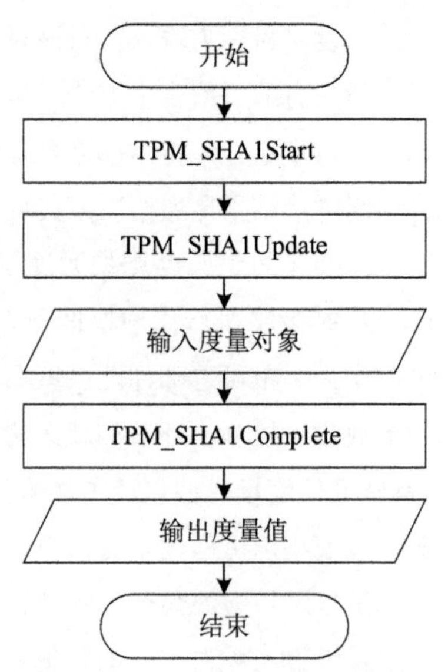

图 4-2　TCG 完整性度量计算流程

从图4-2可以看出，首先使用TPM_SHA1Start()接口函数开始一个SHA1计算会话，即开始一个计算SHA哈希摘要的过程。TPM在SHA1计算会话执行期间，会独占TPM资源，TPM将不允许其他任何类型的过程运行。这时在TPM中只有SHA1计算会话处于激活状态，SHA1计算会话独占TPM资源的目的，是为了保存SHA1计算会话上下文命令之间的中间结果，而该保存操作需要相对较大的暂存空间。如果允许其他计算过程同时执行，将由于其它命令也需要暂存空间而引发冲突。如果紧接着调用的不是TPM_SHA1Update()，则由TPM_SHA1Start()建立的会话过程将失效。接着，调用TPM_SHA1Update()函数，会话将输入完整的数据块，数据块的大小在平台中定义。在TPM_SHA1Start()接口函数调用的过程中以参数形式返回，这样TPM_SHA1Update()函数调用过程将参考该参数完成数据的输入。最后，调用TPM_SHA1Complete()函数执行SHA1计算，得出哈希值并返回结果，并结束本次的SHA1计算会话过程。如果TPM_SHA1Complete()没有收到数据来计算哈希值，将以空的暂存区计算SHA1哈希值。SHA1计算对运算的数据比特需要进行分组，以64字节为一个分组。SHA1会话顺利完成并中止后，由TPM_SHA1Complete()的返回参数得到最终运算的结果。结束SHA1计算会话也可通过调用执行TPM_SHA1CompleteExtend()来实现。通过调用TPM_SHA1CompleteExtend()接口函数实现结束SHA1计算会话，能将计算所得哈希值以扩展机制保存在PCR平台配置寄存器中。与TPM_SHA1Complete()相同的是，TPM_SHA1CompleteExtend()也通过把部分的或完整的数据块合并到一个现存的SHAl计算会话，得到SHAl计算结果，但与TPM_SHA1Complete()不同的是，TPM_SHA1CompleteExtend()会进一步调用PCR更新接口函数TPM_Extend，对指定的PCR平台配置寄存器进行扩展操作，再次SHA1计算生成哈希值，将其保存到PCR平台配置寄存器中，然后终止该计算会话。但如果出现接口函数返回错误，如TPM_BAD_LOCALITY的情况，SHA1会话会被强制结束。

在我国的自主可信计算标准中，完整性度量计算哈希值要求使用TCM可信密码模块内部的SM3算法，它和SHA1散列算法的特性一样，可以把任意长度的输入转化为固定长度的输出，且无法通过哈希值来推测出数据的原始值。SM3消息分组长度为512bit，哈希值长度为256bit。SM3计算在可信密码模块内部同样通过会话的方式实现，其计算流程如图4-3所示。

从图4-3中可以看出，首先调用Tspi_Context_Connect()接口函数与TCM建立连接，再调用Tspi_Context_CreateObject()接口函数创建SMK存储主密钥和用来给PCR值进行签名的密钥，以及用来进行散列运算的散列对象。然后调用Tspi_Key_LoadKey()接口函数把这些密钥加载到TCM中。这些准备工作完成后可以调用Tspi_Hash_UpdateHashValue()接口函数对数据文件进行SM3散列运算，该函数的参数有hHash、ulDataLength、rgbData。其中，hHash参数为散列对象句柄，rgbData是将要进行散列运算的数据，ulDataLength为rgbData的数据长度。最后，通过接口函数Tspi_HashGetValue()获取输入数据的哈希值并完成完整性度量的运算过程。Tspi_HashGetValue()函数的参数是hHash、pulHashValueLength和prgbHashValue。其中，prgbHashValue是所要获取的哈希值，为一个32字节的字符串。

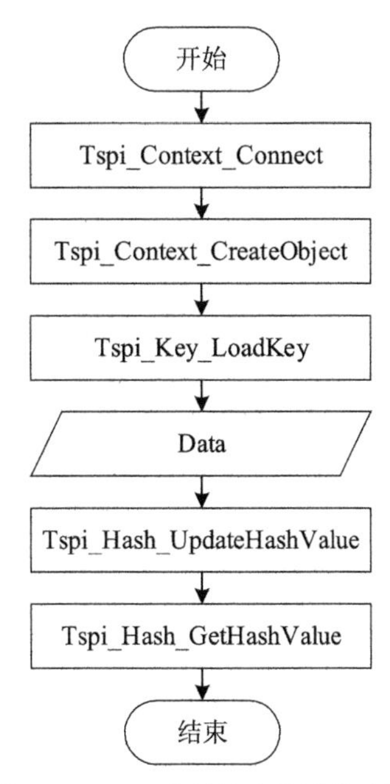

图 4-3　TCM 完整性度量计算流程

4.3.2　完整性度量更新

在可信计算平台中，可能会有大量的完整性度量，一个完整性度量的新哈希值不允许简单地覆盖现有的哈希值。因为这样难以鉴别完整性度量的度量来源，而且攻击者可能擦除或替换一个正确的哈希值。如果完整性度量值个别地存储，更新值也要个别地存储，那么就难以定位存储空间的大小。因此通过扩展的方法来更新哈希值，这样，作为可信度量存储载体的PCR平台配置寄存器就是在寄存器中支持无限的度量数量。具体完整性度量更新的公式（4-1）如下。

$$\text{新度量值} = Hash\text{（旧度量值} \| \text{度量值）} \tag{4-1}$$

在以上更新公式（4-1）中，新的完整性度量值（即新的哈希值）产生过程中对两部分进行了哈希计算，一个是旧的完整性度量值（即旧的哈希值），另一个是所增加的新数据。这样更新度量值的顺序是不可交换的，如度量从A到B，并不等于从B到A的度量。哈希值的这种单向特性意味着对于攻击者要确定输入给PCR平台配置寄存器的度量值在计算上不可行，此后更新度量值若没有前一个度量值作为基础将不能进行。或者在重启之后，如果所有提供给PCR平台配置寄存器的信息缺失，后续的更新度量值也不能进行。另外，在使用一个PCR平台配置寄存器过程中，对于TCG 平台规范明确规定忽略的事件，度量值可以不用更新。如果PCR平台配置寄存器已经度量过最少一个某种类型的事件，那么该类事件也可以忽略。这样就可以避免频繁记录某些重复的状态。

4.3.3 完整性度量存储

更新后的度量值是衡量计算环境的建立过程是否可信的依据，因此需要实时地存储更新的值。完整性度量的存储就是把完整性度量的结果存储到相应的PCR平台配置寄存器中，并记录事件日志的过程。因此，完整性度量的存储包括度量值和度量过程信息（即度量事件日志）的保存。其中，完整性度量值保存的是完整性度量的结果，其保存方式是将更新后的新的完整性度量值以扩展机制存储在可信安全芯片的特定寄存器中。在TPM和TCM标准中，存储完整性度量值的寄存器为PCR平台配置寄存器。完整性度量事件的日志数据保存的是完整性度量的对象和度量过程等信息，这些信息保存在指定的事件对象数据存储区。所谓事件实际就是完整性度量的对象信息。例如，度量BIOS就是一个事件。每次度量的对象，通过不同的事件来标识。对不同对象度量的顺序，就通过不同事件的序列来确定。这是完整性度量理论的重要组成部分。可信度量存储体系的结构体分布如图4-4所示。

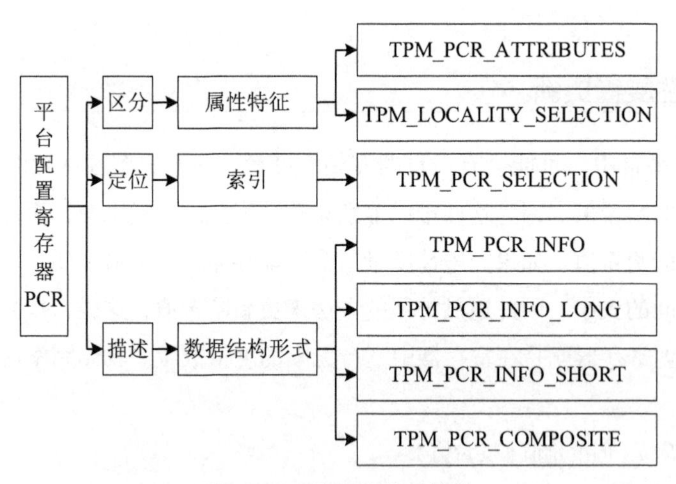

图 4-4　可信存储体系结构

从图4-4可以看出，为了区分、定位和描述不同的PCR，需要定义PCR属性特征、选择索引和数据结构形式。首先，为将某个平台配置寄存器PCR与其他的平台配置寄存器PCR进行区分，在所有的平台配置寄存器PCR中设定了一定的属性特征，如自身特性和位置点属性。通过不同的属性特征，定义出不同的平台配置寄存器PCR，进而定义出不同版本的平台。例如，PCR的自身特性通过静态的TPM_PCR_ATTRIBUTES{pcrReset, pcrResetLocal, pcrExtendLocal}结构体进行描述。其中，参数pcrReset表示PCR寄存器能否使用PCR重置接

口函数的功能清空。参数pcrResetLocal和pcrExtendLocal分别表示能够重置PCR的位置点及能够更新PCR的位置点。如果pcrReset参数值为FALSE，则PCR默认值应为0x00..00，并且只在平台初始化时重置，不能通过PCR重置接口函数功能清空。如果pcrReset参数值为TRUE，则PCR默认值应该是0xFF..FF，可以在平台初始化时重置，只能通过PCR重置接口函数功能清空。通过PCR的位置点属性，应用平台配置封装数据的时候，可以指定解封装数据时的平台配置。这样数据创建者的平台配置不必为了封装数据而切换到数据使用者的平台配置。位置点属性是通过TPM_LOCALITY_SELECTION结构体来描述，它是一个字节型的标识。如果标识的值为TPM_LOC_ONE，则表示只有位置点Locality1能够执行相关操作。如果标识的值为TPM_LOC_ONE||TPM_LOC_TWO，则表示位置点Locality1或Locality2能够执行相关操作。其默认值为0x1F，表示位置点Locality0到Locality4都被选中。

其次，可信度量值要存储到哪一个 PCR，需要进行定位，即指出当前使用或将要使用的是哪些PCR。TPM_PCR_SELECTION{sizeOfSelect, pcrSelect}结构体提供了一个标准的方法来指定一个或数个PCR寄存器。其中，参数sizeOfSelect标识平台中PCR 的数量。对于TPM 1.2 标准，TPM有24个PCR，则该值应该为 3。如果一个TPM支持48个PCR，则sizeOfSelect参数值为6。参数pcrSelect标志用来指示一个PCR是否被激活。如果标志为空值，则表示所选择的PCR 没有可用的。这样使用者就具备了能够指定一系列空PCR的能力。PCR选择是以8为模数的，pcrSelect参数所指定的寄存器就是以8为最小尺度。pcrSelect参数是一个邻接的比特位图，显示了哪些PCR被选中。每个字节表示8个PCR，如byte0表示PCR 0-7，byte1表示PCR8-15等。对于每个字节，每个单独的比特对应一个PCR。实际操作中可以通过在一个字节中定位一个单独的比特来选中一个单独的PCR，并且所有的pcrSelect参数字节都是这样操作。定位操作举例：如果TPM支持48个PCR，并要选择PCR0和PCR47，sizeOfSelect参数值应该为6，并且pcrSelect参数只有两个比特被设置为1，其他字节应该为 0；当对应的比特被设置为1时，则表示相应的PCR 被选中；如果是0，则表示相应的PCR 没有被选中。例如：要选择PCR0，pcrSelect参数值应该为00000001；要选择 PCR7，pcrSelect参数值应该为10000000；要选择PCR7和0，pcrSelect参数值应该为10000001。

最后是可信度量存储的数据结构形式。因为可信度量过程在PCR寄存器存储的数值还有许多方面的应用，如完整性报告、绑定密钥、封装数据等，所以必须定义一些数据结构来描述存储在平台配置寄存器PCR中的数值及相关的属性信息。具体数据结构包含一般结构形式TPM_PCR_INFO、长信息结构形式TPM_PCR_INFO_LONG、短信息结构形式TPM_PCR_INFO_SHORT和混合式结构形式TPM_PCR_COMPOSITE。TPM_PCR_INFO{pcrSelection, digestAtRelease, digestAtCreation}结构包括一系列PCR关于绑定密钥或封装数据方面的信息，是最一般的结构形式。其中，参数pcrSelection表示数据或者密钥所要绑定的PCR。参数

digestAtRelease用于开启封装的数据或使用一个绑定PCR的密钥时，记录PCR的索引和要校验的PCR值两者的哈希值。参数digestAtCreation在执行封装的过程，记录PCR值的复合哈希值。TPM_PCR_INFO_LONG{tag, localityAtCreation, localityAtRelease, creationPCRSelection, releasePCRSelection, digestAtCreation, digestAtRelease}结构也包括一系列PCR关于绑定密钥或者封装数据方面的信息。但用TPM_PCR_INFO_LONG结构表示的信息，在使用PCR索引创建数据块时，对于如何适当定义配置非常必要。其中，参数tag是一个字符参量，表示当前结构体为PM_TAG_PCR_INFO_LONG。参数localityAtCreation和localityAtRelease用于创建数据块时位置点的修正及相关封装数据或使用绑定到某些PCR的密钥时需要的位置点修正。参数creationPCRSelection及releasePCRSelection分别表示创建数据块时激活了哪些PCR及数据或密钥绑定了哪些PCR。参数digestAtCreation和digestAtRelease分别记录了创建数据块时，PCR值的复合哈希值及开启封装的数据或使用一个绑定PCR的密钥时，PCR的索引和要校验的PCR值两者的哈希值。短信息结构形式TPM_PCR_INFO_SHORT{pcrSelection, digestAtRelease, localityAtRelease}在唯一信息是版本配置时，结构定义一个版本的摘要。它没有一个标志来保证结构简短。当TPM_PCR_INFO_SHORT结构定位在没有识别的TPM_PCR_INFO_SHORT结构时，应用软件和TPM需要计算结构的值。其中，参数pcrSelection指定digestAtRelease对应的是哪一个PCR。参数digestAtRelease在开启授权数据时，记录PCR索引和待校验的PCR值两者的哈希值。参数localityAtRelease记录版本信息的位置点属性。混合式结构形式TPM_PCR_COMPOSITE{select, pcrValue[], valueSize}在需要封装一个实体的时候，提供要使用的PCR寄存器值和索引。通常在引用PCR值的时候都会采用该种结构类型的存储格式，以方便进一步的数据封装等操作的使用。其中，参数select表示哪个PCR值是被激活的。参数pcrValue[]是一系列的PCR值，按照select参数的设定，形成排列顺序并连接成单一的模块。参数valueSize表示pcrValue[]模块区域的大小。

在完整性度量值的保存中，TPM和TCM标准的可信安全模块的完整性度量值存储寄存器为平台配置寄存器（Platform Configuration Register，PCR）。在TCG的TPM 1.2版本的标准中，要求TPM至少支持24个PCR。其中，PCR[0]用于保存CRTM、BIOS的度量值及与启动相关的其他主板上的只读存储区域的度量值。PCR[1]用于保存主板上的平台配置信息，包括主板硬件组件的信息及其配置信息。PCR [2]用于保存ROM中代码的度量值。PCR[3]用于保存ROM配置信息和数据的度量值。PCR[4]用于保存IPL代码的度量值。PCR[5]用于保存IPL配置信息和数据的度量值。PCR[6]用于保存与状态转换和唤醒事件相关的事件的度量值。PCR[7]暂时保留，以后使用。其他的PCR用途由操作系统和应用程序定义使用。

在保存完整性度量值的同时，度量存储机制要求将度量过程的信息保存在平台度量日志中，包括度量者信息、被度量者信息、原PCR值、度量值、新PCR值和完成时间等有关信息。平台度量日志位于可信安全芯片外部，通过TCS（TCG Core Services）事件日志服务管理提供给应用程序使用。TCS事件日志服务负责维持事件日志，记录TPM扩展PCR的事件，向挑战者提供访问相关扩展PCR的信息。TCS事件日志服务维持一个称作事件日志的事件日志数据库。因为服务器或其他软件能够检测到日志是否被篡改，所以事件日志的读取不需要特别保护。TCS可以自由分配事件日志的存储，也可以维持一些额外的数据结构以便更快地随机访问事件日志。这些日志是由一系列事件组成的，这些事件日志的格式为TSS_PCR_EVENT类型的数据结构。TSS_PCR_EVENT{versionInfo, ulPcrIndex, eventType, ulPcrValueLength, rgbPcrValue, ulEventLength, rgbEvent}结构体的功能是标志不同事件的日志类型。TSS_PCR_EVENT结构体和其相关的PCR需要特定的组件来管理，因为它是与平台相关的而不是与应用相关。应用和服务提供者应该只是保留这些结构的副本。TCS必须提供存储、管理和报告TSS_PCR_EVENT结构体与其相关PCR索引的功能。其中，参数versionInfo表示TSP设定的版本数据。参数ulPcrIndex表示事件日志所属的PCR索引，它一般由TSP设置。参数eventType表示事件日志类型的标志。参数ulPcrValueLength是rgbPcrValue参数的字节长度。其中，rgbPcrValue参数是指向由应用层度量值更新接口函数使用的内存；ulEventLength参数则是rgbEvent参数的字节长度，rgbEvent参数指向事件日志信息数据。

根据以上说明，在完整性度量存储的操作中，需要将完整性度量值的存储和完整性度量事件日志存储这两项任务都完成。完整性度量值的存储就是扩展更新指定的平台配置寄存器的值，事件日志的存储就是将其保存在事件日志对象数据存储区。完整性度量存储的操作流程如图4-5所示。

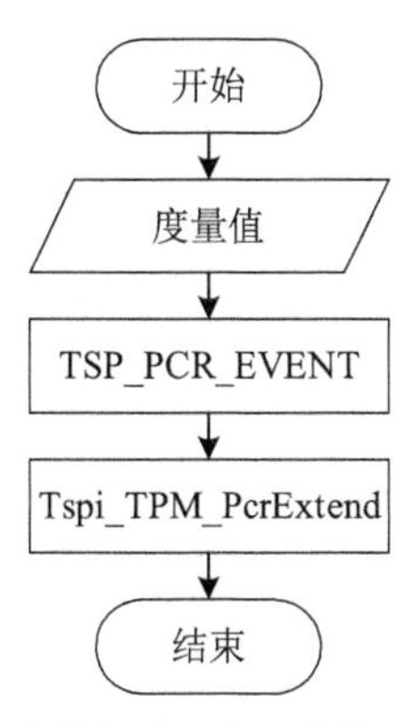

图4-5　完整性度量值更新与存储流程

从图4-5可以看出，整个过程主要是通过调用TSP层的函数Tspi_TPM_PcrExtend()来完成，该函数对一个平台配置寄存器的值进行扩展操作，并且写事件日志。在图4-5中，首先设置TSP_PCR_EVENT结构体参数为非空，表示写入一个事件日志。然后，调用PCR的更新接口函数Tspi_TPM_PcrExtend(hTPM, ulPcrIndex, ulPcrDataLength, pbPcrData, pPcrEvent, pulPcrValueLength，prgbPcrValue)对PCR进行扩展更新。其中，参数hTPM是TPM对象的句柄。参数ulPcrIndex是待扩展的PCR的索引。ulPcrDataLength是参数pbPcrData的长度。pbPcrData是对PCR进行扩展操作的数据，一般是完整性度量计算产生的度量值。pPcrEvent是写事件日志所提供的包含事件信息，pPcrEvent是一个TSM_PCR_EVENT数据结构，该结构表示的是单个PCR扩展事件的信息，包含版本号、PCR索引、事件类型、事件信息等成员。如果此参数为NULL，则不会写事件日志。pulPcrValueLength是参数prgbPcrValue

的长度，一般为32个字节。prgbPcrValue是扩展操作完成后作为输出返回的PCR数据，即是最终的PCR值。最后，得到PCR扩展后的值pbPcrValue，它也是一个长度为32个字节的BYTE（无符号字符型）字符串。Tspi_TPM_PcrExtend()函数的内部结构如图4-6所示。

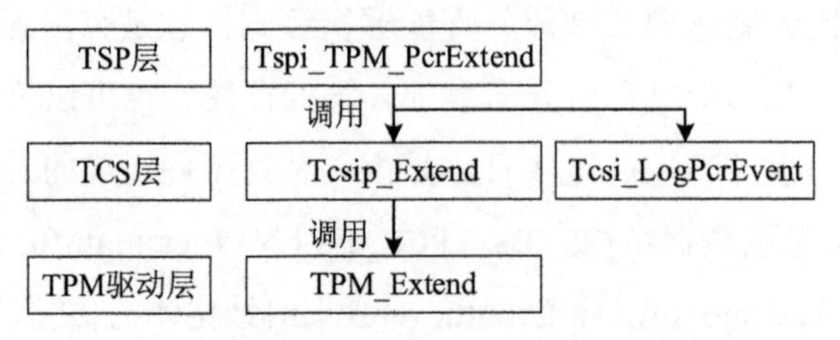

图 4-6　Tspi_TPM_PcrExtend() 函数的内部结构

从图4-6可以看出，在 Tspi_TPM_PcrExtend()函数内部，它一方面通过TSP层向下调用事件日志管理模块的Tcsi_LogPcrEvent()接口函数写入一个事件日志。Tcsi_LogPcrEvent()属于TCS层的事件管理函数，调用Tcsi_LogPcrEvent()用以实现在指定PCR对应的度量日志数据存储区的末尾区域保存当前完整性度量事件的日志信息。另一方面，它向下调用 TCS 服务层接口函数 Tcsip_Extend()，Tcsip_Extend()属于TCS层的TPM参数块引擎接口函数中的TPM托管命令，调用Tcsip_Extend()用以引起对某个指定的PCR值的更新修改。Tcsip_Extend()内部再调用TPM 内部接口函数TPM_Extend()，最后由TPM_Extend(Tag, Paramsize, ordinal, pcr Num, in Digest, out Digest)负责将一个新的完整性度量值以扩展机制保存入一个指定的PCR中，完成对新的完整性度量值的扩展存储。其中，参数Tag表示该接口函数是无须授权的。参数Paramsize记录所有参数的字节大小。参数ordinal表示其属性是该接口函数的执行不需要授权、没有所有者、使用对称密码算法、使（不激活）无效的时候执行、非使能时执行。参数pcrNum指定一个需要更新的PCR。参数inDigest表示需要增加的事件数据，为哈希值。TPM_Extend()接口函数成功运行之后，以outDigest参数的形式返回接口函数所扩展之后的PCR值。TPM_Extend接口函数的实现流程如图4-7所示。

图 4-7　TPM_Extend 接口函数实现流程

从图4-7可以看出，TCM_Extend()对指定PCR的值进行更新，并且不增加原有存储空间位数。按照公式（4-1）的方式，对PCR中存储的信息进行更新，可以无限次地存储完整性度量哈希值，因为更新计算后的结果仍旧为256位的值，并覆盖存储在当前的PCR内。其具体实现流程如下。

（1）验证指定要被更新的 PCR 是否是 TCM 内一个有效的 PCR，并根据指定的 PCR 索引值读出 PCR 寄存器的内容。

（2）验证负责对指定 PCR 执行更新操作的 Locality 是否可用，不可用则返回错误信息。

（3）将所读出的内容与输入哈希值进行连接。

（4）进行如下摘要运算操作：Hash(PCROldValue||inDigest)。其中，inDigest 是 TPM_DIGEST 型的输入参数，表示要被存入此 PCR 的一个新度量数据的摘要。

（5）将新的度量值存入指定的 PCR 中。

使用哈希算法进行完整性度量值计算，使用迭代的存储方式对完整性度量值进行存储，不仅存储了度量结果，而且存储了度量执行的顺序，这样既保证了度量内容的完整性，又能够保证度量顺序的完整性。此外，通过扩展方式实现平台完整性存储功能，节约了可信安全芯片内有限的空间。完整性度量存储是完整性报告功能实现的前提。

4.3.4 完整性度量报告

完整性度量报告是计算平台可信证明得以实现的重要依托。完整性度量报告是指计算平台向验证实体提供完整性度量存储的内容，包括平台配置寄存器 PCR值和事件日志。此过程的关键是能够提供可信的度量值和可信的完整性度量事件日志信息。验证者可以是远程计算平台也可以是本地的某一个组件甚至某个应用程序。验证者向可信平台发送完整性报告请求，可信安全芯片收到请求后获取PCR的值并对PCR进行签名，随后将包含PCR值、签名及证书的报告发送给验证者。在可信度量机制中，完整性度量值存储在PCR平台配置寄存器中。完整性度量值的获取通过PCR平台配置寄存器的读取来实现。报告完整性度量值时，PCR平台配置寄存器的读取有两种。一种是直接读取，它能够提供指定PCR平台配置寄存器未加密的当前状态值。另一种是使用签名算法通过平台身份密钥对PCR平台配置寄存器中完整性度量值信息进行签名之后再读取，其流程如下。

（1）计算平台启动后，外部实体向平台发送完整性度量报告的请求。

（2）可信密码模块收集 PCR 平台配置寄存器的值，使用平台身份密钥（PIK）对 PCR 平台配置寄存器的值进行签名。

（3）计算平台将 PCR 平台配置寄存器的值，PIK 对 PCR 值的签名和 PIK 证书发送给验证者。

图4-8显示了度量值读取流程。

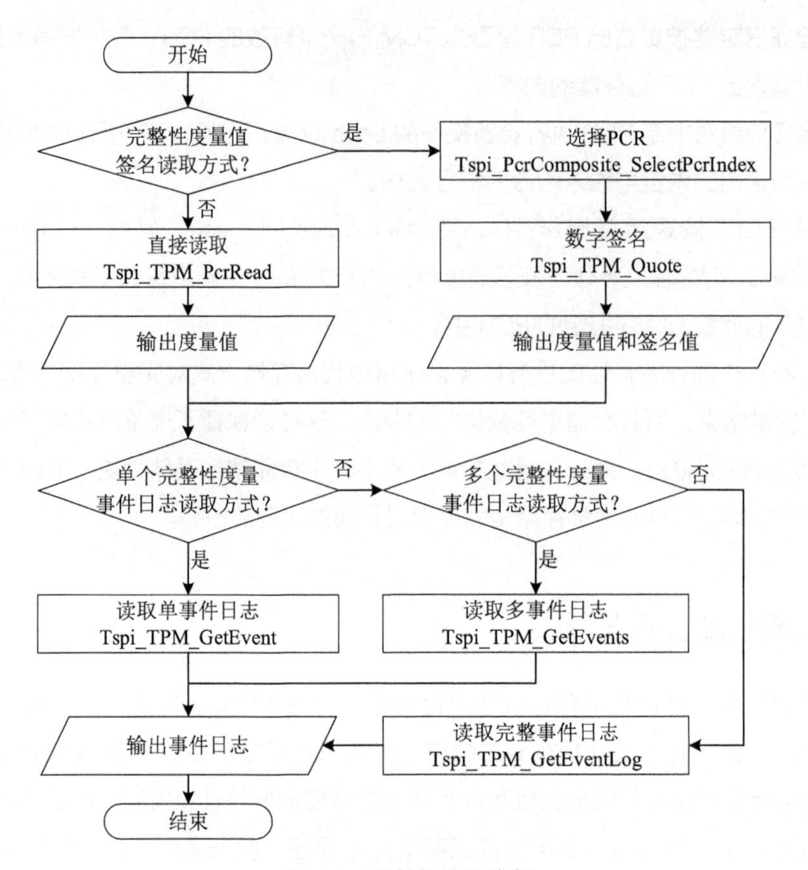

图 4-8　度量值读取流程

从图4-8可以看出，要获取完整性度量值信息，首先选择采用哪种读取方式。如果采用直接读取方式，则通过调用Tspi_TPM_PcrRead(hTPM, ulPcrIndex, pulPcrvalueLength, prgbPcrValue)接口函数实现读取指定索引号的PCR值。其中，参数hTPM为TPM对象句柄。ulPcrIndex为要读取的那个PCR的索引号。pulPcrvalueLength为prgbPcrValue的字节长度，一般为32个字节。prgbPcrValue为所读取的PCR的值，同样是一个BYTE类型的字符串。Tspi_TPM_PcrRead()属于TSP层的接口函数，它的内部实现结构如图4-9所示。

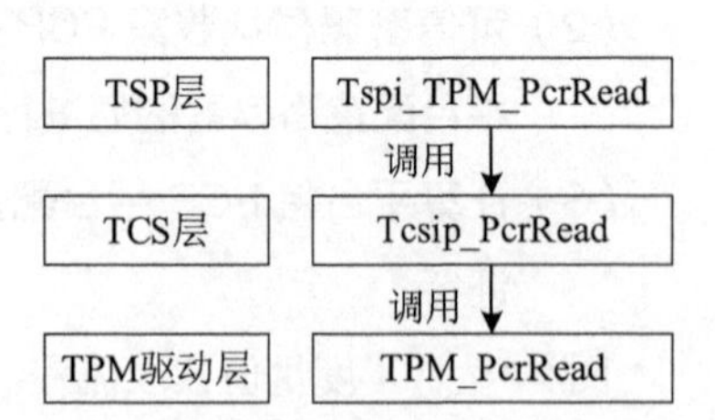

图 4-9　Tspi_TPM_PcrRead() 函数的内部结构

从图4-9可以看出，Tspi_TPM_PcrRead()通过向下调用Tcsip_PcrRead()函数实现。Tcsip_PcrRead()属于TCS层TPM参数块引擎的服务接口函数，用于提供指定PCR存储值的非加密报告。Tcsip_PcrRead()向下调用TPM的TPM_PcrRead()接口函数，并由 TPM 接口函数TPM_PcrRead()读取所指定的PCR值，最终一层层往上返回给用户。TPM_PcrRead()是TPM内部函数，属于TPM内部函数中的完整性征集、报告类型的函数，该类函数用于处理直接访问PCR的那些命令，TPM_PcrRead()负责直接访问某个指定的PCR并读取出该PCR非加密的当前值。TPM_PcrRead()操作一次只能读取一个PCR值。在TPM_PcrRead(Tag, Paramsize, ordinal, pcrIndex, outDigest)接口函数中，参数Tag表示函数无须授权。参数Paramsize记录所有参数的字节大小。ordinal参数体现的具体属性有接口函数执行不需要授权、当没有所有者的情况下执行接口函数、使用对称密码算法。pcrIndex为自身特定的输入参数，表示所要读取的是哪一个PCR的当前值。TPM_PcrRead()接口函数成功运行之后，以outDigest参数的形式返回当前指定的PCR内容，它是一个20字节的哈希值。

当采用签名读取方式时，需要调用Tspi_TPM_Quote(hTPM, hIdentKey, hPcrComposite, pValidationData)接口函数来实现。Tspi_TPM_Quote()函数首先获取系统的完整性度量值信息，然后使用一个签名密钥对指定的PCR值进行签名，并返回签名值信息，以便用户进行签名验证。其中，hTPM参数是TPM对象句柄。hIdentKey是用于签名的密钥对象，一般是PIK。hPcrComposite参数是PCR对象句柄，指定要获得哪些PCR的值。pValidationData参数是一个TSS_VALIDATION的结构体，该结构体包含一个输入缓冲区和两个输出缓冲区，其中输入缓冲区提供对PCR值进行签名时用到的抗重放攻击随机数，这部分数据存放到其成员rgbExtenalData中。输出缓冲区包含两部分数据，一部分是对PCR哈希值的签名数据，存放到其成员rgbValidationData中；另一部分是被签名的PCR的值，由数据结构TCM_PCR_COMPOSITE表示，存放在其成员rgbData中。由于接口函数Tspi_TPM_Quote()只对指定的PCR组合对象TSP_HPCRS进行签名，因此在此之前还要调用Tspi_PcrComposite_SelectPcrIndex()接口函数选择要进行Quote操作的PCR，并把PCR更新后的值赋给它。调用完成后将返回被签名的PCR值和签名值。

和Tspi_TPM_PcrRead()函数一样，Tspi_TPM_Quote()也是TSP层的函数，它也是通过向下调用TCS层的Tcsip_Quote()函数及TPM驱动层函数TPM_Quote()来实现，如图4-10所示。TPM_Quote()功能可以一次性读取若干个PCR的信息，并且提供对PCR信息摘要的数字签名。这一功能的实现需要使用计算平台认证密钥PIK来对所读取的PCR值及外部提供的一个随机数进行签名。其中，随机数的作用是防重放攻击。

在图4-10中，TPM_Quote()接口函数操作提供的是对PCR值的加密报告。TPM_Quote()操作需要装入密钥。TPM_Quote()用一个密钥去签名一个表明所选PCR当前值的数据和外部数据（可能是挑战者提供的一个随机数）。这里称为外部数据是因为TPM_Quote()的一个重要功能是提供对任意数据的数字签名，这种签名在签名时间戳中

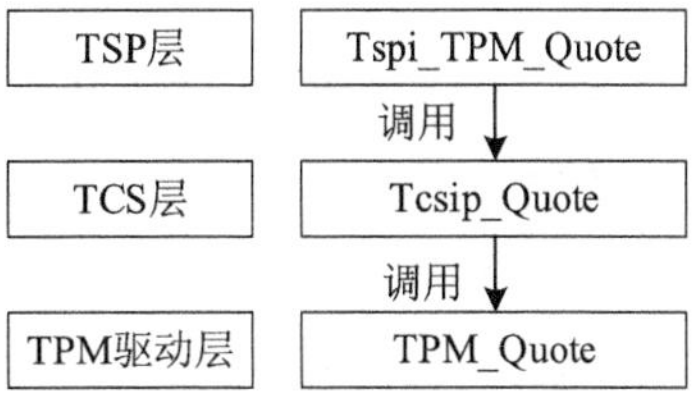

TSP层	Tspi_TPM_Quote
	↓ 调用
TCS层	Tcsip_Quote
	↓ 调用
TPM驱动层	TPM_Quote

图 4-10　Tspi_TPM_Quote() 函数的内部结构

包含了计算平台的PCR值。TPM_Quote()接口函数的实现流程如图4-11所示。

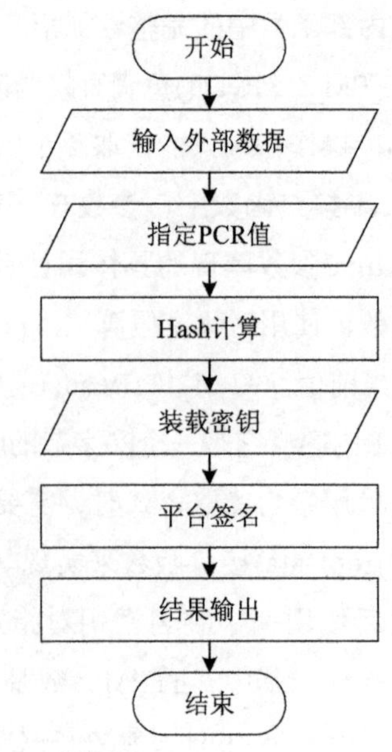

图 4-11　TPM_Quote() 接口函数的实现流程

根据图4-11，TPM_Quote()接口函数首先确认密钥已经装载到计算平台，并拥有密钥的使用权。然后，对指定的PCR值做哈希运算，得出的结果与外部数据结合。对包含这两者的数据再做哈希运算，用装载的密钥对此结果做签名。最后，返回签名结果。在TPM_Quote(tag, Paramsize, ordina, keyHandle, externalData, target PCR, authHandle, authLastNonceEven, nonceOdd, authHandle, continueAuthSession, privAuth, sig, pcrData, nonceEven)接口函数中，参数tag表示它是拥有一个授权句柄的授权接口函数。Paramsize参数记录所有参数的字节大小。ordinal参数表示它的属性是接口函数支持一个单一的授权会话，但接口函数的执行不需要授权，执行时PCR使用受到限制，加密操作方面是不对称的操作。此外，TPM_Quote()接口函数定义了一个keyHandle参数，这是一个可以签名PCR值的已装载密钥的句柄标识，用来指示TPM访问的密钥区域。而externalData参数是160比特外部数据，通常是服务器提供的，用于防止重放攻击的随机数。targetPCR参数指定需要报告的PCR。authHandle参数是一个用于keyHandle参数中句柄授权的授权会话句柄。authLastNonceEven参数是TPM先前产生的、用以保护输入的事件随机数。nonceOdd参数则是系统关联authHandle产生的随机数。continueAuthSession参数为授权会话句柄是否延续使用的标识。privAuth参数是对输入和keyHandle的授权会话摘要。接口函数成功运行之后，用sig参数返回其签名的数据块，同时返回pcrData参数，其中包含了与输入参数targetPCR相同的索引，以及相应的当前PCR值。此外，为了保护输出，包含有由TPM新产生的偶数随机数nonceEven参数。

TPM_Quote()和TPM_PcrRead()均有读取PCR值的功能，但是它们的不同之处在于TPM_PcrRead()是一次读取一个PCR值，而TPM_Quote()则可以实现一次读取多个PCR值。这两项功能的不同体现了计算平台完整性报告的实现方法多元化。当需要向外界报告多个计算平台部件完整性的时候，就需要用到TPM_Quote()来实现，使得功能设计上更有针对性。此外，在TCG Software Stack（TSS）1.2中，除了支持原有的以TPM_Quote()为底层调用基础的读取方式外，还支持函数TPM_Quote2()，TPM_Quote2()函数是负责提供PCR值的加密报告，同时它需要装载一个密钥，用这个密钥对表明所选PCR当前值的数据和外部数据执行签名操作，此外部数据可能是由外部挑战者提供的随机数等。TPM_Quote2()与TPM_Quote()的区别在于TPM_Quote2()使用TPM_PCR_INFO_SHORT保存与PCR有关的信息，TPM_PCR_INFO_SHORT为需求者提供了包括位置数据在内的更加完整的能体现当前平台配置状况的信息。此外，TPM Quote2()和TPM_Quote()都能实现一次读取若干个PCR值这一功能，但是区别在于TCM_Quote2()不仅读取指定PCR的值，还将其哈希值与其他平台相关信息封装，给外界提供了一个更加完整、全面的当前平台状态，完善了平台完整性报告功能。

根据4.3.2小节，在对PCR进行扩展更新操作的时候还会伴随有事件日志的记录，事件日志包含度量对象、PCR索引号、被扩展的PCR值及一个事件信息，该事件信息给出了整个度量过程的细节，是完整性校验必不可少的部分。完整性度量日志中保存了计算平台启动后所有的完整性度量记录，该度量记录的完整性由PCR保证。当一个外部实体需要确认当前的平台配置时，可以查询当前的完整性度量日志。TCS会维持一个事件日志相关数据的排列，并能识别事件日志属于哪一个PCR和这些事件发生的顺序。事件日志不需要被TPM保护起来，它可以存储在外部。对于事件日志的获取根据所需要的条件不同，可以分为3种不同的方式。第1种方式是根据特定的PCR和事件序号来获取事件日志，即能够读取某一个PCR的某一部分事件日志记录。第2种方式是根据具体某一特定的PCR来获取事件日志，即能够读取属于某一个PCR的事件日志记录。第3种方式是整体获取，即读取全部的事件日志。3种方式分别由不同的事件日志操作接口函数实现。如果是根据PCR和事件序号获取某个指定PCR的单个完整性度量事件日志，则通过TSP层的Tspi_TPM_GetEvent(hTPM, ulPcrIndex, ulEventNumber, pPcrEvent) 接口函数实现。Tspi_TPM_GetEvent()接口函数需要指定PCR的索引号和所求事件的索引号。Tspi_TPM_GetEvent()接口函数根据一个给定的PCR索引和事件序号提供一个对应的PCR事件日志。其中，hTPM参数记录的是TPM对象的句柄。ulPcrIndex参数为要获取事件日志的PCR的索引号，表示哪一个PCR会接受到命令接口的请求。ulEventNumber参数则为指定的事件序号，是事件序号相关信息，表示操作涉及的事件。pPcrEvent参数为返回的事件信息，表示接收的PCR事件数据。

在Tspi_TPM_GetEvent()实现的过程中，Tspi_TPM_GetEvent()接口函数内部会向下调用Tcsi_GetPcrEvent()函数，Tcsi_GetPcrEvent()属于TCS层的事件管理接口函数。Tcsi_GetPcrEvent()接口函数用于在事件日志写入之后重新获得事件日志。Tcsi_GetPcrEvent()接口函数的操作重新取回先前事件日志写入接口函数操作写入的事件日志，其返回的数据格式应该与前者记录一致。该接口函数的操作通过PCR索引和事件序号来找回事件日志实体。对于每个PCR，第一个事件日志则标记序号0，下一个则是1。所以试图访问超过事件日志末端的日志条目则会返回错误。另外，Tcsi_GetPcrEvent()接口函数为事件日志分派内存并返回指向该事件日志的指针。调用者可以通过调用系统功能（Free Memory）来释放内存。Tcsi_

GetPcrEvent(hContext, PcrIndex, pNumber, ppEvent)接口函数的参数中，除了特定参数上下文的句柄hContext 参数外，它还需要指定具体PCR索引的参数 PcrIndex，以及表示事件序号的pNumber参数，其中事件序号是对应每个PCR，从0单调递增。最后它以ppEvent参数返回读取到的事件日志。

如果是根据PCR获取某个指定PCR的多个连续的完整性度量事件日志，则通过TSP层的Tspi_TPM_GetEvents(hTPM, ulPcrIndex, ulStartNumber, pulEventNumber, prgPcrEvents)接口函数实现。Tspi_TPM_GetEvents()接口函数的功能是对一个给定的索引，提供一系列的PCR事件日志。其中，hTPM参数记录TPM对象句柄。ulPcrIndex参数为要获取事件日志的PCR的索引号，表示哪一个PCR会接受到接口函数的请求。ulStartNumber参数记录了要请求的第一个事件日志的索引，为指定的起始事件序号。因为一共有许多个连续的事件信息，新事件一般在旧事件日志的末端，所以必须指定起始序号。pulEventNumber参数为所指定的及实际返回的事件的个数，作为输入参数与输出参数两用，输入时表示涉及的序号，输出时则是返回的事件日志数据结构中的序号。prgPcrEvents参数则是返回的指针，为返回的事件信息，指向一系列PCR 事件日志数据。

在Tspi_TPM_GetEvents()实现过程中，调用Tcsi_GetPcrEventsByPcr(hContext, PcrIndex, FirstEvent, pEventCount)接口函数。它是 TCS 事件日志管理接口函数，功能是返回绑定到一个单独PCR上的事件日志。调用者可以通过事件计数来限制返回序列的大小。调用者也可以通过FirstEvent来标识返回事件日志中的第一个事件日志记录。这些控制允许调用者一步步找回事件日志，或者找回部分需要的日志。序列中的元素大小是可变的，事件日志类型结构只是定义了当前事件日志的大小及相对应的寄存器。这些数据结构没有细致的安全需求，所以上层软件应该确保它在传输过程中不被篡改。如果事件日志被保留在一个TCG保护的区域，那么在非保护区需要通过非TPM保护的调用代码来完成一个复制工作。在Tcsi_GetPcrEventsByPcr(hContext, PcrIndex, FirstEvent, pEventCount)接口函数的参数中，参数hContext标识特定上下文句柄。PcrIndex参数用于指出需要返回的事件日志是绑定在哪一个PCR上。FirstEvent参数指定了要返回的第一个事件日志的序号，配合表示返回事件日志数目的 pEventCount参数，该接口函数可以指定某一个PCR事件日志队列中的某一部分。Tcsi_GetPcrEventsByPcr()接口函数返回一个指向部分PCR事件日志的指针，这是反映一系列绑定到一个单独PCR的事件序列，并以事件序号FirstEvent开始。PCR事件日志的第一个事件索引为FirstEvent=0。部分PCR事件日志的大小取决于绑定到PCR的事件数量，以及事件计数EventCount的输入值：（1）如果设置为-1或EventCount大于实际事件日志的数量，则部分PCR事件日志将由相关 PCR和序号大于FirstEvent的所有事件日志组成。这种情况接口函数将设置EventCount为实际大小。（2）如果EventCount小于实际事件日志的数量，则接口函数将返回从事件序号FirstEvent开始到该EventCount数量的事件日志。这种情况返回的EventCount与输入的EventCount一致。（3）如果FirstEvent所指向的事件序号对于指定的 PCR并不存在，则Tcsi_GetPcrEventsByPcr()接口函数将返回错误，并执行失败。

如果是根据PCR获取某个指定PCR的多个连续的完整性度量事件日志，则通过TSP层的Tspi_TPM_GetEventLog(hTPM, prgPcrEvents, pulEventNumber) 接口函数实现。Tspi_TPM_GetEventLog()接口函数提供整个事件日志，并分派了一个内存模块用于请求事件日志数据。其中，hTPM参数记录TPM对象句柄。prgPcrEvents参数为返回的事件的个数，返回指向一系列PCR事件日志数据的指针。pulEventNumber参数为返回的所有PCR事件信息，是返回的事件日志数据结构中的序号。

Tspi_TPM_GetEventLog()接口函数也是通过调用TCS层的Tcsi_GetPcrEventLog()接口函数实现。Tcsi_GetPcrEventLog()接口函数返回从TPM初始化以来的所有事件日志。返回的事件日志是 TSS_PCR_EVENT结构的有序序列，顺序为所有绑定到 PCR0的事件日志（这些事件日志又是以到达的先后顺序排列），所有绑定PCR1的事件日志（这些事件日志又是以到达的先后顺序排列）等依次递增。Tcsi_GetPcrEventLog()接口函数返回给调用者完整的事件日志。如果事件日志为空，Tcsi_GetPcrEventLog()接口函数将返回成功信息及把EventCount参数设置为0。返回的事件日志必须由指向所有事件日志的指针组成，并且按照下列顺序：所有绑定到PCR0的事件日志，从PCR0 事件中的事件序号0开始递增。所有绑定到PCR1的事件日志，从PCR1事件中的事件序号0开始递增。所有绑定到PCR *N*-1的事件日志，从PCR *N*-1事件中的事件序号0开始递增，其中*N*表示一个特定TPM平台所支持的PCR个数。

Tspi_TPM_GetEvent()、Tspi_TPM_GetEvents()和Tspi_TPM_GetEventLog()函数都返回一个TSP_PCR_EVENT的结构体，该结构体表示的是单个PCR扩展事件的信息。它包括TSP版本号（versionInfo）、该事件所属的PCR索引（ulPcrIndex）、事件类型标记（eventType）、扩展到TPM的值（rgbPcrValue）及PCR事件信息（rgbEvent）等。

最后是将上述完整性报告发送给验证者，即输出完整性度量值和事件日志。对于本地的验证者，可以直接对完整性报告调用C语言中的文件操作函数fwrite以二进制文本的形式存储在本地硬盘上，验证者只要用函数fread读取文件内容进行验证即可。对于远端的验证者，可以通过SOCKET套接字编程，采用TCP或UDP协议，基于C/S模式把完整性报告以字节流的形式通过send或sendto函数传送给验证者，验证者通过recv或recvfrom函数接收字节流后进行验证。

4.3.5 完整性度量验证

完整性度量还包括一个验证过程，完整性度量验证是指对完整性度量报告的数据，按完整性度量的过程执行验证计算，得出当前完整性度量报告所反映的平台状态可信与否的结论。完整性报告的校验过程实际就是完整性度量过程的再现，接收方通过验证签名有效性及校验完整性度量值来判断该平台的可信性，即主要包括签名验证和完整性校验。验证者验证平台完整性的流程如下。

（1）验证者得到平台发送的 PCR 值、PIK 对 PCR 值的签名和 PIK 证书。

（2）验证者验证 PIK 证书。

（3）验证者验证 PCR 值的签名。

（4）验证者对 PCR 的值与平台的完整性基准值进行比较。如果相同，则表明当前平台处于可信状态。

签名验证通过后，以日志为依据按执行部件顺序重新计算PCR值，与接收的PCR值比较，从而确定计算平台或部件是否能通过验证。完整性度量的验证流程如图4-12所示。

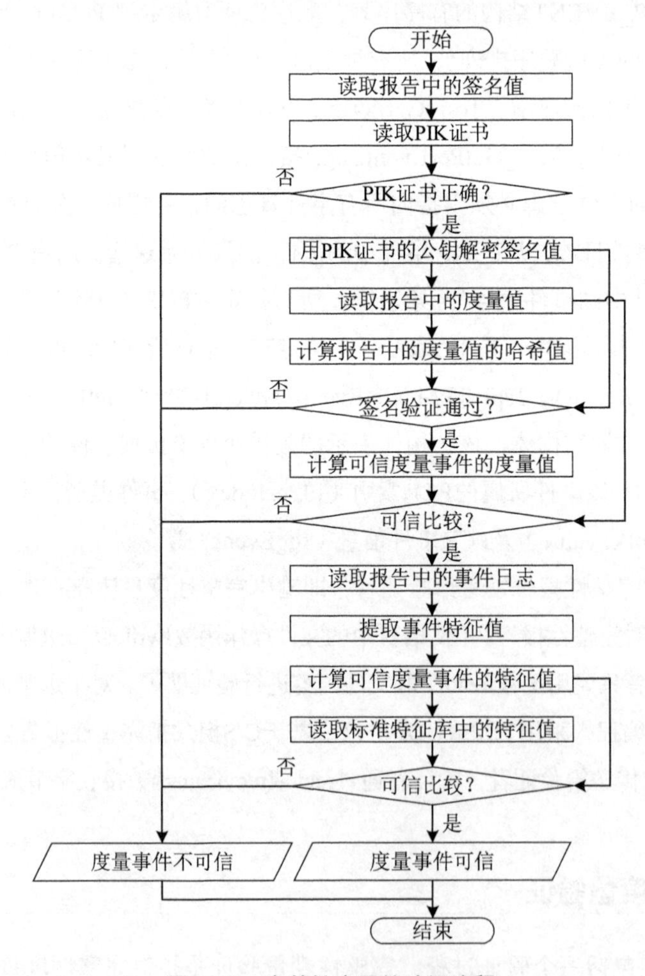

图 4-12　完整性度量的验证流程

在图4-12中，验证签名之后，首先从签名中提取出PCR值的哈希值。根据事件日志计算出一个PCR值，对该值进行摘要运算，得到另外一个哈希值。比较两个哈希值，如果值一样则表示事件日志在传输过程中没有被篡改，并且计算平台是按照事件日志的记录顺序来更新PCR值。然后，根据事件日志提取出度量对象特征值，与标准特征库相比较。因为事件日志中的度量对象特征值已经预先存储到标准特征库中，如果事件被修改过，则比对的结果不匹配。

4.4 可信度量技术

4.4.1 IMA 可信度量技术

IMA是IBM开发的一个著名的完整性度量架构，它在TCG可信度量原理的基础上扩展了完整性度量的内容，将系统中的可执行文件、动态加载器、内核模块及动态库纳入度量对象，从而实现对应用程序的完整性度量。IMA由度量机制、完整性挑战机制和完整性验证机制组成，其中度量机制决定度量内容、度量时机，以及怎样安全地维护度量值。完整性挑战机制允许合法的挑战方检索计算平台的度量列表（Measurement List,ML）和有序聚合（TPM Aggregate），并且验证其完备性和可信性。完整性验证机制用于验证度量列表是否完备、未被篡改。IMA的可信度量原理如图4-13所示。

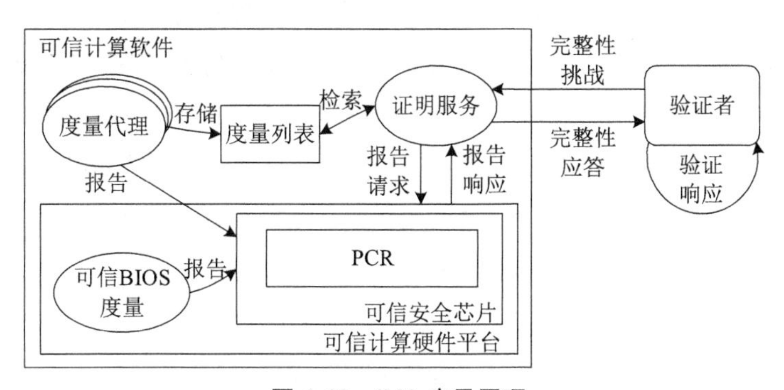

图 4-13　IMA 度量原理

在图4-13中，IMA的度量机制依靠TPM的PCR完成。由于TPM的PCR寄存器只支持重置与扩展，因此恶意代码无法进行任意的篡改。而在执行恶意操作前，系统已经将恶意代码的度量值写入到PCR中，因此恶意代码无法绕过度量机制。此外，IMA体系架构使用存储在操作系统内核中的ML度量列表来保存完整性度量值，即待验证计算平台的操作系统在其内核空间维护一张ML度量列表。ML的每一表项都对应于某特定软件的完整性哈希值，其中既包括操作系统启动管理器、内核模块等系统内核空间软件栈的完整性哈希值，又包括用户空间运行的应用层软件的完整性哈希值。因此，IMA在可信启动结束后（即控制权已转到操作系统层），继续对待验证计算平台实施完整性度量，使用ML记录此后系统运行的全部应用程序的完整性哈希值，从而将完整性状态度量过程扩展到应用软件层。由于ML不具备PCR的防篡改特性，为保障其可靠性，度量所得的完整性哈希值在被添加到ML表项的同时还会被扩展到TPM的某特定PCR中。扩展操作在特定PCR中构建全部ML表项的有序聚合（TPM Aggregate），用于验证ML列表本身的完整性。此外，IMA的完整性挑战机制允许验证方检索计算平台的ML和TPM Aggregate，并且验证其完备性和可信度。ML和TPM Aggregate通过TPM和密码技术保证传输的ML和TPM Aggregate数据是机密和完整的，因此能够阻止重放攻击、篡改攻击和假面攻击等。验证者通过完整性挑战机制获得平台的TPM Aggregate和ML后，可以实施很多策略来验证平台的信息是否可信。如通过与可信的度量值进行比较，或多度量值评估等。新的程序版本、未知程序、修改后的恶意程序都会产生未知度量值，未知度量值会被验证者发现，从而判断该计算平台不可信。

IMA完整性度量架构是一种静态的可信度量技术。IMA在OS（操作系统,包括驱动程序等）和应用软件组件（包括动态链接库文件）加载到内存之前进行一次性完整性度量。这个度量框架的特点是简单，易于实现，完整性度量的性能开销低。IBM在Linux系统上采用Linux安全模块（Linux Secure Module，LSM）机制实现IMA。它在操作系统内核的数据结构中放置钩子（Hook）函数，通过钩子函数获取代码、链接库和脚本文件等，进而对其进行完整性度量。此外，BTAM是一个基于IMA的可信证明模型。冯登国在IMA基础上将度量对象分为可执行文件镜像、组件动态链接库、系统动态链接库、系统内核模块4个类别，加载或更新（如升级、打补丁等）库文件时进行完整性度量。IMA完整性度量技术通过度量、检测和保护程序指令的完整性，保证程序指令按照预期、可控的方式在计算平台上运行，软件完整性的依据是程序指令在完整状态下的哈希值。然而，计算平台的部分代码（如操作系统的系统调用、服务器进程）常驻在内存中，IMA仅在加载磁盘文件时进行完整性度量，必然会造成完整性度量的真空，遗留安全隐患，即IMA存在没有对运行中的可信属性进行度量，易造成TOC-TOU问题导致泄露隐私。其次，IMA是在计算平台调用中插入度量点，会产生大量冗余，并且由于对所有载入系统的程序均进行度量，会造成度量范围过大和低效率。此外，IMA没有采用分类度量，对于非结构化数据无法度量。为了保障计算平台的软件可信运行，不仅需要从静态方面对计算平台进行可信度量，而且需要从动态方面对计算平台进行可信度量。

4.4.2 PRIMA 可信度量技术

针对IMA静态加载时的度量不能准确反应运行时的动态可变行为，且需要全部度量对象已知，导致效率较低等问题，PRIMA（Policy-Reduced Integrity Measurement Architecture）对IMA进行了扩展，提出了一个策略减弱的完整性度量架构，解决在 IMA 结构中存在的加载时间度量问题和过多度量问题。PRIMA定义主客体的完整性等级，度量进程间信息流主客体完整性等级，依据访问控制策略来判定信息流动，其信息流情况如图4-14所示。

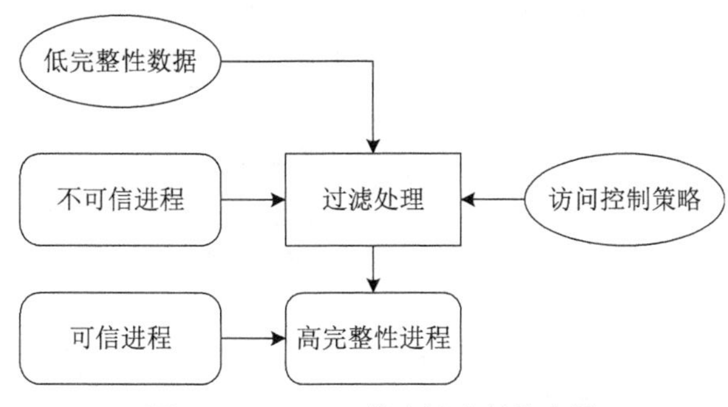

图 4-14 PRIMA 信息流完整性度量

从图4-14可以看出，PRIMA结合强制访问控制策略和过滤处理，严格控制进程间的交互，过滤低完整性数据，使得高完整性数据能够始终保持高完整性。PRIMA在Linux系统上通过LSM模块和SELinux策略，结合CW-1ite完整性模型实现了原型系统。在平台启动时，首先度量强制访问控制策略和可信的主体集，通过这些度量，验证方能够构建一个信息流图。然后，根据信息流图，度量所需要依赖的代码。最后，度量加载代码与加载主体之间的映射，从而验证方能够验证该主体执行了预期的代码。

PRIMA将IMA的静态二进制度量扩展为信息流完整性度量，且不需要度量与目标应用无关的进程和不可信主体的代码，因此度量效率大大提高。PRIMA的信息流动态度量依赖于特定的策略区分各种主体，以及没有对不可信主体进行度量，因此其可用性受到一定的影响。

4.4.3 DynIMA 可信度量技术

可信计算支持加载时完整性度量技术，但无法阻止和检测运行时的各种漏洞利用攻击，如堆与栈缓冲区溢出攻击。为此，DynIMA结合加载时度量与动态跟踪进行动态完整性度量与验证，缩短静态加载时度量与动态运行时度量的差距，并可以解决ROP（Return-Oriented Programming）攻击，其基本架构和工作流程如图4-15所示。

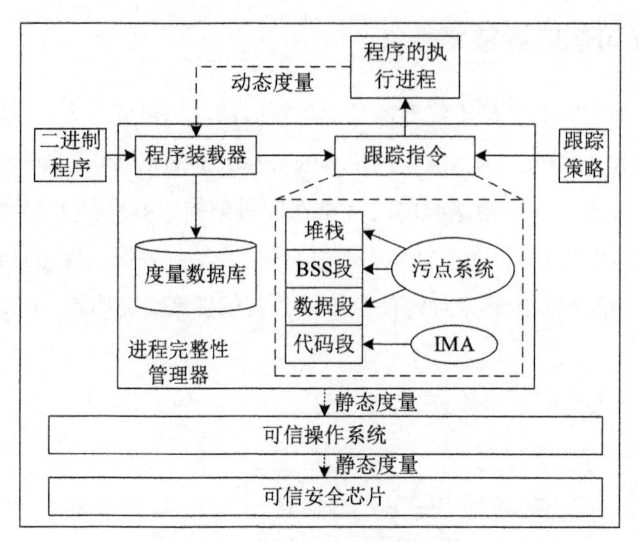

图 4-15　DynIMA 度量原理

从图4-15可以看出，DynIMA首先通过预期断言对所有的二进制程序，利用跟踪事件提前进行定义，并存储在跟踪策略模块中。其次，建立度量策略，如图4-15的虚线框所示，程序装载时，装载器采用IMA方式度量程序的静态二进制代码，同时相应地追踪测量组件重写代码以包含跟踪代码。程序执行时跟踪代码将所获得的数据存储在数据段中，并持续动态地进行数据更新。进程完整性管理器（Process Integrity Manager，PIM）利用跟踪代码执行完整性相关的运行时检查和监视，跟踪测量采用污点跟踪技术。

4.5 小结

随着可信计算的飞速发展，可信度量已成为可信计算科学范畴内的重要问题和研究热点，包括可信度量的模型、机制与技术。由于可信度量涉及一个完整的计算机系统的各个层次及平台间信任关系，因此需要建立有效的度量模型，并完成从度量计算、更新、存储、报告到验证的可信性全面度量过程。此外，可信度量计算的研究已从TCG的静态完整性度量扩展到动态的涵盖访问控制与信息流的可信性度量。

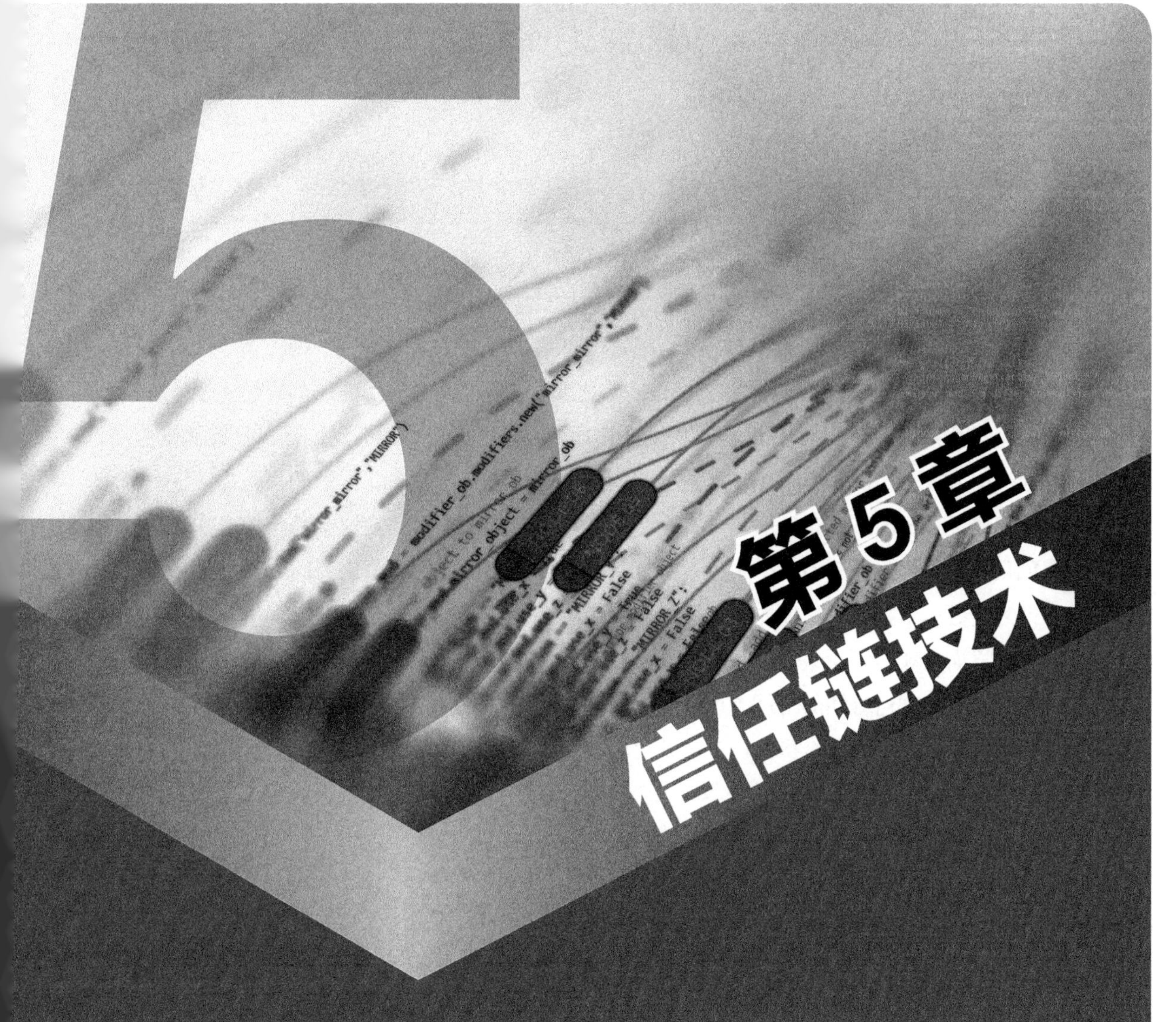

第 5 章 信任链技术

在可信计算平台中，由一个确定可信的执行部件开始，通过可信度量技术对平台组件进行一级度量一级，一级信任一级传递，这种递归传递的度量路径称为信任链。信任链是可信计算平台的关键技术之一。可信计算平台通过信任链技术，把信任关系从信任根扩展到整个计算机系统，以确保可信计算平台的可信安全。本章从信任链定义出发，介绍了信任根、信任度量和信任链传递概念。然后分析了信任链传递的无干扰理论和组合安全理论，以及基于这两个理论的信任链传递模型。在此基础上，具体介绍了信任链技术，包括 TCG 信任链技术和 TPCM 信任链技术。

本章目标

了解信任链技术的研究背景；明确信任链、信任根的概念；了解信任链传递原理；掌握信任链理论模型；掌握TCG、TPCM信任链技术。

5.1 信任链概述

5.1.1 信任链定义

在可信计算中，信任链是指以可信根作为度量的起点，一级度量一级，一级信任一级，将可信传递到可信计算平台的操作系统、应用程序，并最终把这种信任扩展到整个计算机系统甚至整个网络系统。信任链是从信息安全领域借鉴而来的一种机制，是可信计算的核心。它通过引入硬件上的安全芯片，从最原始的物理安全角度，建立一个信任根，再建立一条信任链。信任传递的基础是证明。当一个组件能够证明另一个组件是值得信赖的，那么信任关系就从一个组件传递到另一个组件。另外一个组件能够被信任，是因为前一个已经被信任的组件为它做出了担保。信任的边界由此从一个组件扩展到另外一个组件。可信计算平台的一个关键方面是能够记录组件之间的信任关系，因此信任根成为实现这种信任传递的核心，是我们已经承认其信赖性的组件，即该组件是值得我们信赖的。从技术的角度看，这些组件的设计理念及实现方式已经得到广泛的认可。从社会层面看，这些组件得到了法律的承认，有公开的标准规范，有权威的授权等。一个可信计算平台的信任链建立可以通过交互协议来进行描述，其信任链建立模型如图5-1所示。

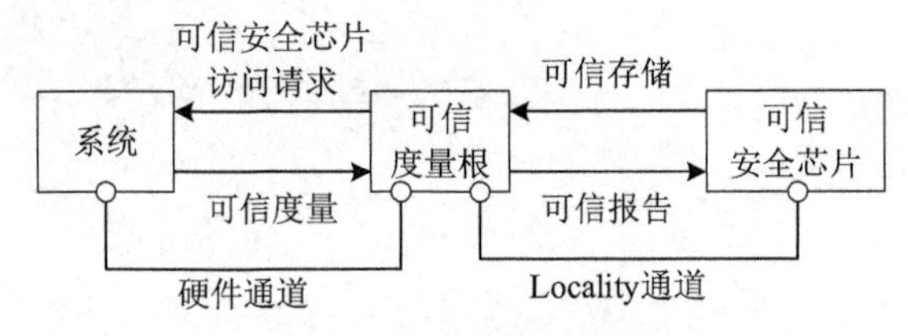

图 5-1 信任链建立模型

从图5-1可以看出，信任链建立的对象实体包括可信安全芯片（如TPM、TCM）、可信度量根（RTM）、由硬件和软件所组成的系统（System）。它们通过协议交互建立信任链：（1）可信度量根通过硬件通道度量系统的完整性，并记录系统的行为特征；（2）可信度量根通过Locality通道访问可信安全芯片，并将（1）得到的完整性信息扩展至可信度量根的PCR平台配置寄存器；（3）可信度量根将控制权交给系统，系统开始运行。以上步骤是可重复的，在信任链运行期间，可信安全芯片、可信度量根和系统之间都是存在交互的，这种交互影响可信计算平台的运行状态在不断地变迁着，信任链建立的形式化描述如下所示。

```
Booting(M)≡log M.pb_loc;
extend M.PCR(s), M.pb_loc, M.locality;
p=read M.pb_loc;
call p;
log M.bl_loc;
```

```
extend m.PCR(s), M.bl_loc, M.locality;
call b;
log M.osk_loc;
exend M.PCR(s), M.osk_loc, M.locality;
o=read M.osk_loc;
call o;
```

其中，M表示可信计算平台，它由图5-1所示的可信安全芯片、可信度量根和系统组成。log表示可信度量根建立日志记录，extend表示将内存数据M.*_loc的完整性度量值通过可信计算平台M的通道（M.locality）扩展到PCR寄存器中，read表示读取代码，call表示执行代码。根据信任链建立模型，信任链主要由信任根、信任度量和信任传递组成。下面对它们分别进行介绍。

5.1.2 信任根

信任根是可信计算平台的信任基点，是信任链的核心，还是整个可信计算平台完整性的测量基础，必须保证其自身的高安全性和高性能。TCG规定了3种信任根，分别是可信度量根（Root of Trust for Measurement，RTM）、可信存储根（Root of Trust for Storage，RTS）和可信报告根（Root of Trust for Report，RTR）。其中，RTS和RTR存储在不可篡改的可信安全芯片（如TPM、TCM）中，RTM是建立可信链的重要部件，它是不需要度量的初始化可信部件，由该部件度量计算环境中的其他部件，开始建立信任链，实现信任在各计算模块之间的传递。RTM又可分为静态信任根SRTM和动态信任根DRTM。TCG定义的SRTM是指核心可信度量根（Core Root of Trust for Measurement，CRTM），它存储在基本输入输出系统（Basic Input and Output System，BIOS）中，也就是BIOS最初被执行的一段代码。SRTM用于构建从平台的硬件可信根开始运行至应用程序的信任链系统。TCG规定BIOS中的CRTM和可信安全芯片中的RTR和RTS共同构成了TCG中的可信构建模块（Trusted Build Block，TBB）。DRTM是新型处理器的特权指令，其可在平台启动后的任意时刻被执行。当执行其特权指令时，处理器和相关程序建立一个隔离的安全执行环境。由于特权指令可在任意时刻被触发，因此其被称为DRTM。

5.1.3 信任度量

信任度量是指度量计算平台中的相关代码及配置信息的可信性。在构建信任链时，产生可信计算平台不同阶段的关键数据或代码的完整性基准值，并将其存放至可信根的安全环境内。如果可信计算平台或用户更改了其中的关键代码或数据，其完整性基准值也会被重新运算。在进行可信性认证时，对关键数据或代码采用与之前相同的运算，然后比较两次运算的结果。如果结果一致，则认为该关键数据或代码是可信的，并将控制权传递给它；反之，则由用户根据具体情况进行后续处理。因此，信任度量过程分为完整性基准值的建立和完整性认证两个方面。其中，完整性基准值的建立是指在建立信任链的过程中，首先需要产生各个阶段关键文件或软件的完整性认证基准值，用于以后在可信认证中作为一个认证基准，然后把这些基准值存储到信任根的安全存储区域中。如果以后用户或系统通过授权更改了某些关键文件或软件信息，需要对这些改动的关键文件或软件调用信任根提供的密码功能重新计算其完整性基准值。这样以后每次进入可信计算平台时，就可以实施可信计算平台的完整性认证，以达到可信计算平台的可信认证。完整性认证是指有了完整性基准值，系统就可以实施完整性认证。完整性认证就是通过对实体实施认证计算，这种计算和生成完整性基准值的方法一致，然后把结果值与基准值进行比较，来达到认证的过程。如果认证失败，即两次得到的结果不一致，说明被认证的实体对象被修改过，而且这种修改没有得到授权，因为得到授权的修改会重新计算完整性基准值。失败则通知用户，由用户根据具体情况进行相应的处理。如果认证成功，说明被认证实体完好，没有被篡改，因此认为该实体可信，可以实施控制权的交接，实现信任的安全传递。有关信任度量的详细内容可参见第4章。

5.1.4 信任链传递

在可信计算中，从一个初始的信任根出发，在计算平台环境的每一次转换时，这种信任状态可以通过传递的方式保持下去不被破坏，那么计算平台上的计算环境始终是可信的，在可信计算环境下的各种操作也不会破坏平台的可信，平台本身的完整性得到保证，计算平台安全自然也得到了保证，这就是信任链的传递机制。信任链传递的核心思想是先度量，再认证，最后跳转，因此通过一级度量一级，一级认证一级，达到一级信任一级的过程，最终把这种信任扩展到整个可信计算平台上。可信传递的过程不同于传统的引导过程，可信传递是采用完整性度量及认证的方式验证下一个实体，并利用受保护的方式进行引导。其中，所有的执行数据、代码和配置信息等都必须被度量之后才可以执行或使用。可信计算平台信任链传递的形式化描述如下。

设S为可信计算平台，S平台由各个组件组成，一个组件可能由更小的组件组成，最小规模的组件可以是一个进程，用a_1，a_2，…，a_n表示，即$S=\{a_1, a_2, \cdots, a_n\}$。则：

$$hash(a_i, a_{i+1})=expect(a_{i+1})=>a_i\text{—}>a_{i+1} \quad (5\text{-}1)$$

如果由组件a_i通过哈希运算获得的a_{i+1}哈希值与预期值$expect(a_{i+1})$相等，则组件a_i信任组件a_{i+1}，信任关系将由a_i传递至a_{i+1}，系统控制权也转移到a_{i+1}。其中$hash(a_i, a_{i+1})$表示组件a_i对组件a_{i+1}进行哈希运算的结果，$expect(a_{i+1})$表示组件a_{i+1}的完整性预期值。

5.2 信任链传递理论及模型

完整的可信计算平台可信传递过程要从可信根开始，控制权顺序由可信的BIOS传递到可信Boot、再到可信的OS Loader，接着从可信的OS Loader传递到可信的操作系统，最后从可信的操作系统传递到可信的应用。因此，需要建立信任链传递的层次理论模型，确保信任逐层传递。在此过程中，信任传递从可信根到操作系统具有单一性和顺序性，只要保证了信任根的物理安全、信任传递过程中的时间隔离性和空间隔离性，建立信任链的层次理论模型则相对容易。而在信任从操作系统传递到应用的过程中，信任的传递不仅涉及对应用程序的可信动态度量，而且必须考虑主体在客体应用程序上的行为是否能危害计算平台的安全，降低计算平台环境的可信度。其中的任何一个方面不能保证，信任链都不能传递或传递过程中会出现损失。本节分析涉及信任传递和损耗的无干扰理论和可组合安全理论。

5.2.1 无干扰理论及其信任链传递模型

本节介绍无干扰理论及基于无干扰理论的信任链传递模型。

一、信息流的无干扰理论

1982年，Goguen首次提出信息流的无干扰思想。1990年，Wittbold提出了基于无干扰思想的信息流模型。1992年，Rushby提出了采用状态机的无干扰理论模型，并给出系统关于传递和非传递无干扰策略安全的定义。Rushby的无干扰理论模型描述如下。

- 定义 1。系统 M 为 4 元组：$M = (S, A, O, D)$。其中，S 为状态集，表示为 $(s_0, s_1,\cdots, s_n)$。其初始状态为 $s_0 \in S$。如果从初始状态 s_0 开始，经过动作序列 α 后到达另一个状态 s，则称 s 是系统的可达状态。A 为动作集，是指系统 M 自身发出的控制动作及输入性质的动作，用 $a_1, a_2, \cdots, a_n$ 表示动作集中的元素，用 $\alpha, \beta, \cdots$ 表示动作序列，$\alpha \in A^*$。O 为输出集，D 为安全域集。安全域中的主体向系统 M 发出操作动作与系统 M 进行交互，并能够观察到相应结果。安全域的划分可以限制系统中的信息流动。基于 M 的 4 元组定义以下函数。
- 定义 2。单步状态转换函数 $step$: $S\times A$—>S，$step(s, a)$ 表示系统发生了内部操作 a 之后的状态。
- 定义 3。输出函数 $output$: $S\times A$—>O，表示从某个系统状态发生操作 a 带来的结果。
- 定义 4。系统运行函数 run: $S\times A^*$—>S，其中 A^* 表示 A 的闭包，$run(s, \alpha)$ 表示系统从状态 s 经过操作序列 α 后获得的状态。该函数满足 $run(s, \emptyset)=s$ 且 $\mathrm{run}(s, a\circ\alpha)=run(step(s, a), \alpha)$。

- 定义5。系统操作与域关系函数 $dom: A \text{—>} D$，表示系统每个执行操作所属的隔离域。
- 定义6。定义 ~ 为安全域 D 上的关系，表示安全域间的干扰关系。例如，$u,v \in D$，则 $u \sim v$ 表示信息可以从 u 域流向 v 域。
- 定义7。辅助函数 $purge: A^* \times D \rightarrow A^*$，对于 $\alpha \in A$，$v \in D$，$purge(\alpha, v)$ 表示从动作序列 α 中删除所有从不干扰域 v 的域所发出的动作后的动作序列，表示如下：

$$purge(\Lambda,v)=\Lambda \tag{5-2}$$

$$purge(a\circ\alpha,v)=\begin{cases} a\circ purge(\alpha,v), & dom(a)\sim v \\ purge(\alpha,v), & \text{其他} \end{cases} \tag{5-3}$$

则系统 M 对策略 ~ 的安全条件是：

$$output(run(s_0,\alpha), a)=output(run(s_0, purge(\alpha, dom(a))), a) \tag{5-4}$$

因此，Rushby的无干扰理论模型是指如果一个安全域 u 发出的动作不影响安全域 v 的输出，则域 u 对域 v 是无干扰的。

二、基于无干扰理论的信任链传递模型

根据可信计算组织TCG 对于可信的行为学定义，可信的判定问题本质上可以归结为实体的真实行为与实体的预期行为之间的无干扰分析问题，因此无干扰理论成为信任链中信任传递分析的重要理论之一。2008年，沈昌祥院士和赵佳等学者提出了基于传递无干扰理论的可信链模型（Non-interference based Trusted Chain Model，NTCM），并给出了包含进程集合、动作集合、状态集合和输出结果集合的系统 $M=(P, A, S, O, R_{i\in[1,2]}, F_{j\in[1,6]})$。其中，$P$ 为系统 M 的进程集合，用 $(p_1, p_2, \cdots, p_n)$ 表示。A 为系统的动作集合，表示为 $(a_1, a_2, \cdots, a_n)$，α 为 A 中的一个动作序列，$\alpha \in A^*$。S 为系统的状态集合，用 $(s_0, s_1, \cdots, s_n)$ 表示。O 为系统的输出结果集合。R_1 为进程集合 P 上的关系，用≈表示。例如，当 $p_i \approx p_j$ 时，表示进程 p_i 的执行会对进程 p_j 的执行产生影响。当 $p_i \not\approx p_j$ 时，表示进程 p_i 的执行对进程 p_j 的执行不会产生影响。R_2 为进程集合 P 上的一个关于系统状态的观察关系，$\underset{=}{p}$ 用表示。例如，$s_i \underset{=}{p} s_j$ 表示从进程 p 的角度观察，系统状态 s_i 和 s_j 是等价的。F_1 为函数 $step: S \times A \text{—>} S$，表示系统运行一个动作后的状态变迁。

此外，张兴和陈幼雷等学者在2009年提出了基于进程的无干扰可信模型（Non-Interference Trusted Model，NITM），利用传递无干扰研究进程动态运行时的可信性。张兴和黄强等学者指出信息流在组成信任链系统的各个安全域之间传递的时候必须是受限的，并提出一种基于非传递无干扰模型的信任链安全性分析方法（Intransitive Noninterference Trusted Chain Model，INTCM）。秦晰和常朝稳等学者提出一种容忍非信任组件的可信终端模型（Tolerating Untrusted Components，TUC），通过域间无干扰给出了可信终端应满足的充分条件，尝试解决可信系统中应用非可信组件的问题。表5-1列出了基于无干扰理论的信任链传递模型。

表 5-1 无干扰理论的信任链传递模型

信任链模型	描述
NTCM 模型	（1）系统 M 从可信根开始运行 （2）系统 M 中的进程满足单步隔离性和输出隔离性 （3）系统 M 满足可信传递性质
NITM 模型	（1）进程 p 满足单步隔离性和输出隔离性 （2）进程满足可信验证，验证函数 $verify(p,q)=ture$
INTCM 模型	（1）视图隔离系统 M 满足输出一致性，弱单步一致性和局部干扰性 （2）系统域间满足非传递无干扰
TUC 模型	（1）可信域 D_T 是运行可信的 （2）$(N_{IO} \subset N_T) \wedge (N_{IO} \not\subset N_N)$ （3）$N_T \cap \mathrm{write}(D_N) = \emptyset$

从表5-1可以看出，NTCM模型以Rushby无干扰模型中的输出隔离性质和单步隔离性质为基础，描述了可信进程、可信状态和可信传递性质，将Rushby无干扰模型的域映射到进程。NITM模型强调了进程间切换时可信验证的重要性，通过Rushby的状态机模型对操作完整性和系统完整性传递进行了严格定义。与NTCM 模型在本质上是相同的，都是从传递无干扰的角度给出了系统M运行可信的条件。基于传递无干扰的信任链理论在实际使用中是受限的，INTCM 模型给出了信任链非传递无干扰的条件，更加清楚地体现了TCG 信任链只能逐层传递，而不能跨层传递的思想。

5.2.2 可组合安全理论及其信任链传递模型

组合安全是针对信息安全机密性的一个主要科学问题。对于组合系统，即使单个组件是安全的，组合之后的系统也会出现不满足既定的端到端安全属性的情况。因此，在分析组合系统安全性时需要研究其可组合安全性理论。在可信计算中，信任链是多个进程组成的组合系统，因此其在单个进程满足安全属性的情况下，多个进程组合而成的信任链复合系统是否仍然满足给定的安全属性需要基于组合安全理论开展研究，使可信链达到可组合安全性质。要获得一个组合安全系统的构成需要对组合算子进行扩展，以便将两个系统通过并行方式进行语义操作，并同步内部互补动作。例如，可以使用并行算子和限制算子来实现安全进程代数中组合算子的功能。徐明迪和张焕国等学者根据从低安全级进程的观察中得不到任何高安全级的信息提出了可组合的强互模拟不可推断模型（Strong Bisimulation Non Deducibility on Composition，SBNDC）。Wittbold和Johnson等根据低安全级进程无法从视图中推断出高安全级进程的运行策略提出了一种基于策略不可推断模型（Non Deducibility on Strategies，NDS）的可组合安全。

NDS和SBNDC都是无干扰理论的扩展和延伸，属于模型检验方法。Datta和Garg等从安全协议的角度对SRTM和DRTM 的正确性进行证明，并提出基于协议组合逻辑和线性时序逻辑的形式化框架（Logic of Secure System，LS2），用于对可信系统的架构层和实现层进行建模和分析。LS2包括标准的进程演算原语和强制性构造语句，对可信系统的描述更加接近实际系统。通过LS2系统进行建模，从严格时序约束和谓词约束的角度对SRTM和DRTM协议参与者应满足的条件进行限定，通过定理证明的方式给出了几种攻击下SRTM 和DRTM依然保持正确性属性的条件。与NDS和SBNDC模型相比，LS2模型更侧重系统的严格时序性建模，但缺乏对信息流安全属性的定义。表5-2显示了组合安全理论下的信任链传递模型比较。

表 5-2　组合安全理论下的信任链传递模型

信任链模型	描述
NDS 模型	对于任意长度为 n 的低安全级视图 λ 与高安全级进程长度为 n 的策略保持一致
SBNDC 模型	基于迹语义的组合安全属性： $E/Act_H \approx_T ((E \mid II)\backslash H)/Act_H$ 基于互模拟语义的组合安全属性： $E/Act_H \approx_B (E \mid II)\backslash Act_H$ 信任链组合系统 E 的 Act_H 集合中的元素对偶和 S_y 集合满足双射关系： $E \xrightarrow{\mu} E', E' \xrightarrow{h} E'' \Rightarrow E'\backslash Act_H \approx_B E''\backslash Act_H$
SRTM LS2 模型	$\mathrm{Reset}(m, t_R, X)$ $\exists \mathrm{TPM}(m).\mathrm{Read}(\mathrm{TPM}(m), t_{Re}, m.\mathrm{PCR}(s), \mathrm{seq}(0, BL, OS))$ $\mathrm{Call}(\mathrm{X}, t_{BL}, BL(m))$ $\forall t \forall Y.(t_R < t < t_{Re}) \supset \neg \mathrm{Reset}(t, m, Y)$
DRTM LS2 模型	$[Verifier(m)]_V^{t_b, t_e}$ $\exists J, t_X, t_E, t_N, t_L, t_C, n.$ $\wedge\ (t_L < t_C < t_E < t_X < t_e)$ $\wedge\ (t_b < t_N < t_E)$ $\wedge\ (\mathrm{New}(V, n)\ @\ t_N$ $\wedge\ (\mathrm{LateLaunch}(m, J)\ @\ t_L)$ $\wedge\ (\neg \mathrm{LateLaunch}(m) \mathrm{on}\ (t_L, t_X])$ $\wedge\ (\neg \mathrm{Reset}(m)\ \mathrm{on}\ (t_L, t_X])$ $\wedge\ (\mathrm{Jump}(J, P(m))\ @\ t_C)$ $\wedge\ (\neg \mathrm{Jump}(J)\ \mathrm{on}\ (t_L, t_C))$ $\wedge\ (\mathrm{Eval}(J, f)\ @\ t_E)$ $\wedge\ (\mathrm{Extend}(J, m.\ dpcr.\ k, EOL)\ @\ t_X)$ $\wedge\ (\neg \mathrm{Eval}(J, f)\ \mathrm{on}\ (t_C, t_E))$ $\wedge\ (\neg \mathrm{Eval}(J, f)\ \mathrm{on}\ (t_E, t_X))$ $\wedge\ (\mathrm{IsLocked}(m.dpcr.k, J)\ \mathrm{on}\ (t_L, t_X])$

在信任链组合系统中，其安全属性和系统都是迹集合。当且仅当系统是属性的一个细化时，属性对于系统是可保持的。NDS和SBNDC模型从安全语义的角度给出了低安全级进程不会推断出高安全级进程行为的充要条件。信任链组合系统还包含了点积、串行和反馈等动作，这些为信任链复合系统的安全属性研究提供了一个新的视角。在信任链系统的定理证明类方法方面，相比模型检验方法，基于定理证明的可信计算安全机制分析还处于起步阶段，对现有可信计算技术实际运用中的一些具体问题，包括信任链远程证明协议、直接匿名证明（Direct Anonymous Attestation，DAA）协议等，尚未出现令人信服的研究成果。马卓给出了对DAA协议、可信虚拟平台等较为复杂的分析对象的形式化描述方法与安全属性定义，但是其还不够完善，对定理证明类方法在可信计算领域的运用还有待探讨。

5.3 信任链技术

5.3.1 TCG 信任链技术

一、TCG 信任链

计算机的整个启动过程分成BIOS、主引导记录、启动管理器、操作系统和应用4个阶段。其中，BIOS是计算机启动最先执行的一段程序代码。它首先是进行加电自检（Power On Self-Test，POST），POST检测计算机系统中一些关键设备（如内存和显卡设备等）是否存在及其能否正常工作。然后，对计算机系统中安装的一些标准硬件设备（如硬盘、CD-ROM、串口、并口和USB等）进行初始化和配置，包括为设备分配中断、DMA通道和I/O端口等资源。最后，BIOS把控制权转交给下一阶段的启动程序。BIOS将按照启动顺序，把控制权转交给排在第一位的存储设备。即根据用户指定的引导顺序从光盘、硬盘或是可移动设备中读取启动设备的主引导记录（Main Boot Record，MBR）。计算机读取主引导记录MBR的机器码之后，把控制权转交给事先安装的启动管理器（Boot Loader），由用户选择启动哪一个操作系统。根据用户所选的操作系统（Operation System，OS），启动管理器将OS内核和initrd镜像加载进入内存中，进而将控制权转交给OS内核。最后，由OS的内核加载并安装各种设备驱动和服务，并响应用户的操作启动执行各种应用程序。以上这些阶段组成了计算机启动序列。在可信计算平台中，TCG利用计算机启动序列来构建可信计算平台的信任链。其中，因为BIOS是计算启动最先执行的代码，所以它的可信执行是可信计算的基础。图5-2显示了TCG的信任链。

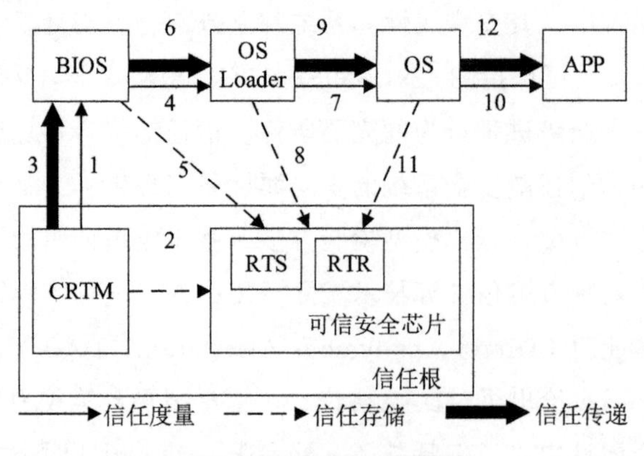

图 5-2　TCG 的信任链

在图5-2中，TCG的信任链是以可信安全芯片为核心，以CRTM为起点，其中CRTM 可以看成是引导BIOS的程序，是一段简单可控的代码模块，认为其绝对可信。当系统加电启动时，CRTM引导BIOS并验证BIOS的完整性，如果BIOS代码段完整没有被篡改，就说明BIOS与最初的状态一致，因此认为其是安全的，则把CPU控制权交给BIOS代码。BIOS运行其代码，进行计算机硬件的初始化。当BIOS运行即将结束且需要递交CPU控制权时，它要验证OS Loader的完整性，确保其没有被篡改过，是安全的，验证通过之后再把CPU 控制权交给OS Loader代码。类似地，再到OS，最后到应用程序。这样以一级验证一级，一级信任一级的方式，实现了信任链的传递，最终形成一个可信的运行环境，从根本上保证了计算机系统的可信安全。以上执行过程环环相扣，如同一根链条一样形成了TCG的信任链。

在TCG的信任链中，CRTM是可信计算平台加电后最先启动的部分，由其发起信任状态的传递，是整个信任链的起点。因为不会再有其他组件来验证CRTM的可信性，因此它被系统默认为是绝对可信的。在TCG可信计算平台中，CRTM并不明确，目前大多数PC可信平台的实际实现是以BIOS的Boot Block或整个BIOS作为CRTM。

在TCG信任链的执行过程中，信任度量的序列反应了计算机系统的启动序列，度量值反应了计算机系统的可信状态，并将度量值安全存储。TCG采用了哈希函数进行信任度量，并采用SHA1算法。为实现度量值的安全存储，TCG采用TPM可信安全模块作为信任根，并将信任度量值存储在TPM的平台配置寄存器（PCR）中，如表5-3所示。

表 5-3　TPM 的 PCR 寄存器

寄存器	存储内容
PCR_0	BIOS 代码
PCR_1	硬件配置信息
PCR_2	ROM BIOS 代码

续表

寄存器	存储内容
PCR_3	ROM 配置信息
PCR_4	IPL 代码
PCR_5	IPL 配置信息
PCR_6	状态迁移
PCR_7	厂商使用
PCR_8	OS 静态度量
PCR_9	OS 静态度量
PCR_{10}	OS 静态度量
PCR_{11}	OS 静态度量
PCR_{12}	OS 静态度量
PCR_{13}	OS 静态度量
PCR_{14}	OS 静态度量
PCR_{15}	OS 静态度量
PCR_{16}	调试使用
PCR_{17}	OS 静态度量
PCR_{18}	OS 静态度量
PCR_{19}	OS 静态度量
PCR_{20}	OS 静态度量
PCR_{21}	OS 静态度量
PCR_{22}	OS 静态度量
PCR_{23}	应用程序使用

为了使存储到PCR中的信任度量值能够反应计算机系统的信任链启动序列，TCG采用迭代方法计算哈希函数的度量值，其计算公式如下：

$$New\ PCR_i = H(Old\ PCR_i \parallel New\ Value) \tag{5-5}$$

在公式中，||表示连接符。可以看出其将PCR的已有值与新值相连，再进行哈希运算求哈希值，并以此作为新的信任度量值存储到PCR中。根据哈希函数的特性，当$A \neq B$，则$H(A) \neq H(B)$，且$H(A \parallel B) \neq H(B \parallel A)$。因此，通过迭代操作，PCR中存储的信任度量值不仅反应当前度量阶段的信任状态，而且能够反应系统信任链的启动序列，确保整个信任链的完整性。即当前系统的信任链发生改变将引起存储到PCR的度量值的改变。因此，在TCG信任链技术中，首先把系统启动过程需要度量的部件的信任值计算出来，并作为预期值存储。当系

统实际启动时，TCG信任链技术就会把当前度量的实际信任值计算出来，并与预期的信任值进行比较。如果两者一致，则说明被度量部件没有被篡改，数据是完整可信的。如果不一致，则说明被度量的部件已经被篡改，数据是不完整和不可信的。这样，基于TCG信任链技术就可以在系统的启动和运行过程中检查并发现系统资源的数据完整性是否得到保障，从而确保系统资源的可信性。此外，除了TCG信任链的信任度量值，TCG还结合日志技术对信任链执行过程的事件进行日志记录。即记录每个部件被度量的内容，度量序列及异常事件等内容。由于记录的日志与PCR内容相关联，任何篡改日志的行为都将被检测和发现。这样可以进一步增强计算机系统的可信安全。

二、TCG 信任链安全问题

TCG信任链技术存在一些不足。首先，信任链的信任度量采用完整性度量方式，完整性仅仅是安全性和可靠性的一部分，不完全等同于可信性。此外，完整性度量是一种静态度量技术，它可以保证度量对象加载时的可信性，不能确保度量对象在执行时的可信性。因此需要基于程序行为的动态信任度量。由于程序行为自身的复杂性，对其进行信任度量非常困难，因此需要通过可信度量理论的发展去改进现有TCG信任链度量的局限性。吴昊和毋国庆对程序行为进行形式化描述，并在此基础上提出一种基于软件行为的动态完整性度量方法。其次，TCG的信任链采用二值化信任值进行度量，没有考虑在信任链传递过程中产生的信任损失。根据信任理论，TCG信任传递路径越长，引起的信任损失就越大。因此，需要对TCG的信任链传递损耗进行分析与改进，并有效管理和维护TCG信任链。最后，在TCG的信任链中，CRTM是一个软件模块，在实现中位于BIOS中。但是，目前普遍采用的BIOS都是电可擦写只读存储器（Electrically-Erasable Programmable Read Only Memory，EEPROM），用户和恶意代码可以通过厂商提供的接口修改BIOS的内容。如果BIOS中的CRTM被修改，则整个信任传递的根就是不可信的，那么整个信任链的建立在实际意义上已经失败。所以，针对现有可信计算平台的启动引导技术问题，我国通过自主研发的可信平台控制模块（Trusted Platform Control Module，TPCM），提出了一种更加安全、高效的信任度量方法。该方法提供了从开机到操作系统内核加载前的可信引导架构。

5.3.2 TPCM 信任链技术

针对现有TCG信任链技术存在的问题，我国通过自主研发出可信平台控制模块（Trusted Platform Control Module，TPCM）。TPCM设计了独立于CPU的供电子系统，因此TPCM可以作为主设备先于CPU启动。由于TPCM先于CPU启动，其中的主动度量模块可以作为度量的起点，从而建立以TPCM为起点的信任链。此外，将核心度量根CRTM设计在TPCM内部，其安全性和可信性保障可以由TPCM提供。因此，基于TPCM提出了一种更加安全、高效的信任链方案。该方案以TPCM为信任根提供了从开机到操作系统内核加载前的可信引导流程，包括可信工作环境流程、异常处理工作流程和非可信工作环境流程，并建立相应的信任链，如图5-3所示。

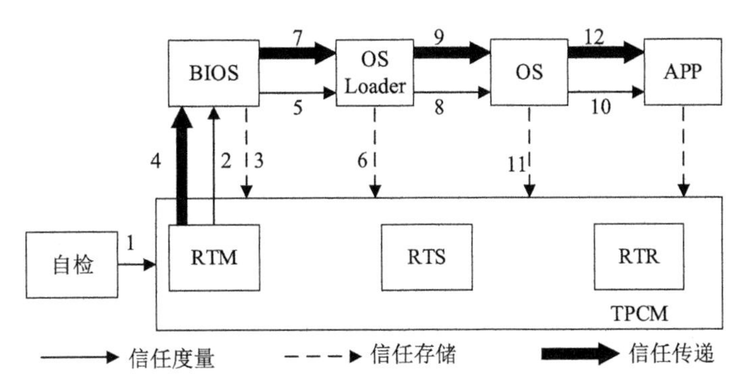

图 5-3　基于 TPCM 的信任链

在图5-3所示的TPCM信任链中，计算机首先为TPCM与BIOS芯片供电，当TPCM与BIOS芯片上电时，TPCM首先执行自身状态检查，并判断是否处于禁用。如果TPCM处于功能禁用状态，则TPCM向主板平台发出功能禁用状态信号，不进行度量操作，这时计算机进入非可信工作模式。如果TPCM处于功能使能状态，则以TPCM内部的可信度量根RTM为起点，对BIOS中的度量代码EMM（Extension Measurement Modules，扩展度量模块）进行完整性计算并存储度量结果。其中，度量操作采用我国自主的杂凑算法SM3，度量结果存储在TPCM内部。TPCM将上述度量结果与TPCM内部存储的标准参考值进行比较。如果匹配，则表明以TPCM内部可信根为起点，以BIOS中EMM为终点的信任链建立成功。此时，TPCM向电源控制器发出主板平台上电信号。主板平台上电后恢复到传统工作模式，CPU启动并执行BIOS代码，TPCM向EMM发出信任链传递信号，把信任链传递给EMM。如果BIOS度量不成功，则平台受控启动，TPCM进入失败处理流程，由预定管理策略或由平台管理员现场操作，选择进入非可信工作模式。

与TCG信任链技术不同的是，在TPCM信任链建立过程中，TPCM作为主动设备，对BIOS芯片进行完整性度量。当度量通过后，TPCM和BIOS芯片恢复到传统工作模式，通过LPC总线与南桥控制器通信，TPCM当作南桥控制器的从设备。当BIOS中的EMM接收到TPCM发出的信任链传递信号后，将由EMM进行以EMM为起点，以主引导记录MBR为终点的第2步信任链建立操作。在该操作过程中，EMM将对BIOS其他部分代码和主引导记录MBR代码进行信任度量，并将度量结果存储在TPCM内部。如果主引导记录MBR信任度量成功，则主引导记录MBR中的代码将启动。这时，将由MBR对OS Loader进行信任度量，并将度量结果存储在TPCM中。如果OS Loader信任度量成功，则OS内核被加载。这时，系统进入可信工作模式。从这个信任链建立的过程可以看出，TPCM是可信计算平台的核心控制模块，是可信平台完整性度量的起点。可信平台控制模块作为平台的信任根，可以通过信任链的扩展，控制权逐步转移，提高计算平台的可信安全。

5.4 小结

信任链是保证可信计算平台软硬件系统可信启动的一个必要环节，同时也是建立可信计算平台环境的基础，并且是平台远程证明、本地代码安全执行的先决条件。因此，本章对可信计算平台信任链的定义，及其组成要素进行了具体说明。此外，对信任链的无干扰理论和可组合安全理论进行了深入探讨，并对不同模型进行了比较分析。最后，介绍了国际的TCG信任链技术和我国自主的基于TPCM的信任链技术，为构建我国自主的可信计算平台提供了信任链技术参考。

第 6 章 龙芯自主可控计算平台

从国家安全战略出发，发展自主可控计算平台是保障我国网络空间和关键领域信息系统安全的基础。近年来，结合国家科技发展计划安排，自主可控关键软硬件技术取得了重大突破，研制出了一批具有代表性的基础软硬件产品，初步具备了建立自主可控信息系统的条件和基础。在自主可控计算的核心部件 CPU 处理器方面，国内目前主要有中科龙芯、银河飞腾和申威三大系列。其中，基于 MIPS 技术架构的中科龙芯 CPU 芯片经过近 20 年的发展，基本达到了主流 X86 架构 CPU 芯片的性能，具备了构建我国自主可控计算平台的能力。本章首先介绍了自主可控计算的概念，并从国家安全的角度说明了自主可控计算的发展现状，具体介绍国产 CPU 处理器的发展和自主化情况。然后，重点分析了龙芯的自主 CPU 处理器技术。最后，基于龙芯 CPU 处理器介绍自主可控计算平台的设计，包含硬件系统和配套的软件系统。

本章目标

了解自主可控计算的概念；了解国产CPU处理器现状；了解龙芯自主CPU处理器发展；掌握龙芯自主可控计算平台技术。

6.1 自主可控计算

计算机是一种按程序自动进行信息处理的通用计算工具，它的处理对象是信息，处理结果也是信息。利用计算机解决科学运算、工程设计、过程控制、人工智能或经营管理等各种问题的方法，都是按照一定的算法进行计算的，因此基于计算机的计算是社会信息化的核心支撑。随着网络化和信息化的飞速发展及计算机在各行各业应用日益广泛深入，我国对计算机的安全性、自主可控性提出了越来越高的要求，自主可控是增强网络与信息安全的前提。目前，关键领域的计算机大多基于国外CPU芯片实现，在安全可控性方面存在较大的隐患，发展自主可控国产化计算机已成为我国计算机发展的迫切需求。

6.1.1 自主可控计算概念

目前自主可控计算还没有统一的标准定义，许多组织、科研团体和专家从不同的方面提出了自己对自主可控计算的认识和看法。科技部把自主可控计算平台定义为采用核高基重大专项支持或具有自主知识产权的国产化CPU处理器、国产化操作系统构建的国产化服务器及终端，同时结合国产化中间件、数据库共同构成的国产化安全可靠环境。这种定义主要是聚焦在计算平台主要的软硬件层面，包括CPU处理器、操作系统及数据库等。

中国工程院院士倪光南指出，自主可控的计算需要包括知识产权自主可控、技术能力自主可控和发展自主可控。在当前的国际竞争格局下，计算机中的知识产权自主可控十分重要，做不到这一点就一定会受制于人。其次，技术能力自主可控，意味着在计算机的产业化、产业链和产业生态系统等层次和方面都具备有自己的技术能力。发展自主可控是针对相关计算机技术和产业而言，我们不但要看到现在，还要着眼于今后相当长的时期，都能不受制约地发展。

卢锡城院士认为自主可控的定义包括以下3个方面。

（1）计算的软硬件在设计及制造的过程中不会被人插入未知甚至恶意的功能，而存在不安全的隐患。

（2）无论是平时或是战时，所需计算的软硬件产品都可以实现按需供应，保证供应链不受制于人。

（3）掌握其中的核心技术，计算的软硬件产品能够实现自主的技术进步并且可以根据需求变化而自主有效发展。

自主可控计算的目的是为了让网络和信息系统安全、稳定和可靠执行，是保障网络安全、信息安全的前提，从以上定义可以看出，自主可控计算从技术角度讲是有能力对计算机的方方面面进行我们想要的修改和定制，在任何时候都不受制于任何国家和团体，从计算机设计到量产的整个过程所需要的所有条件都完全可以自给自足。从知识产权角度上看，CPU处理器等核心计算芯片从指令集到架构自主设计，没有产权纠纷。

6.1.2 自主可控计算发展现状

近年来，通过我国核高基科技重大专项带动，国内自主可控计算关键技术取得了重大突破，研制出了一批具有代表性的自主可控计算产品，经过适配、测试和评估，安全性得到较好的保障，可用性得到较大的提升。在国产整机方面，以联想、曙光、浪潮等为代表的计算机设备在功能、性能上与国外同类产品相当，具备整机替代能力。

在核心计算部件CPU处理器方面，我国一方面引进x86、ARM等主流架构，期望走出引进消化、吸收再创新之路；另一方面大力发展自行设计，走真正的CPU自主可控之路。目前，形成了基于Alpha架构的申威体系、基于MIPS架构的龙芯体系、基于SPARC和ARM架构的飞腾体系等三大系列。

在操作系统层面，借鉴开源的Linux发展模式，国内已发展了红旗、中标麒麟等操作系统，并可以适配国产的申威、龙芯、飞腾等CPU处理器。国内数据库产品已经有南大通用、达梦、人大金仓等公司研发的产品，在面向大数据处理的新型数据库方面，国内产品的安全存储方面也有了很大提升，进一步缩小了与国外产品的差距。

6.2 国产 CPU 处理器

长期以来，Intel和AMD等国外公司的产品占据了我国CPU处理器的大部分市场，这严重威胁了我国网络空间和关键信息系统的安全。针对这一情况，国家必须推动对自主计算芯片的研究并加快攻破设计技术壁垒的脚步，设计拥有自主知识产权的国产CPU处理器。

6.2.1 国产 CPU 发展现状

CPU处理器是计算的核心，其自主化代表着我国自主可控计算的发展水平。指令集和架构是CPU处理中两项最重要的核心技术。根据设计制造的指令集特点不同，可以将CPU处理器分为复杂指令集计算机（Complex Instruction Set Computer，CISC）和精简指令集计算机（Reduced Instruction Set Computer，RISC）两大架构。由于CISC指令系统具有难以调试、维护等一些缺点，使计算机研制周期变长，目前普遍使用RISC。在统一的RISC标准指令集的前提下，可采用不同架构来实现CPU处理器，如Intel公司的x86架构、MIPS公司的无内部互锁流水级的微处理器（Microprocessor without Interlocked Piped Stages，MIPS）架构、以及

ARM公司的高级精简指令集制造（Advanced RISC Machines，ARM）架构，其中ARM架构属于嵌入式CPU。此外，还有SPARC、POWER PC、Alpha、IA64等架构。

近年来，国内涌现出中国科学院研究所、国防科技大学、国家高性能集成电路（上海）设计中心和苏州国芯等一批研究单位，研发龙芯（Loongson）系列、飞腾（FT）系列、申威（SW）系列和C*Core 系列等CPU处理器。下面将具体介绍这些国产主流CPU处理器。

一、龙芯处理器

龙芯处理器是中国科学院计算技术研究所自主研发的通用CPU处理器，是我国第一款高性能通用CPU处理器，采用MIPS兼容的LoongISA指令集。龙芯处理器主要包含3个系列，龙芯1号系列面向于行业应用，龙芯2号系列面向于嵌入式与工业控制，龙芯3号系列面向于服务器与桌面应用。龙芯3A系列处理器为4核处理器芯片，目前拥有龙芯3A1000、龙芯3A2000、龙芯3A3000三款处理器芯片，这三款处理器基本架构相似，封装引脚兼容。龙芯3A1000集成第一代自主研发的GS464处理器核，龙芯3A2000和3A3000集成升级的第二代GS464e处理器核。在相同频率下，龙芯3A2000的实测性能达到龙芯3A1000的3~ 4倍。龙芯3A3000在龙芯3A2000基础上进一步提升工作主频，性能达到3A2000的1.5倍以上。龙芯3A3000处理器采用28nm工艺制造，最高工作主频为1.5GHz。片内集成4个64位的四发射超标量GS464e高性能处理器核，每个处理器核包含两个定点部件，两个浮点部件及两个访存部件。龙芯3A3000处理器的接口主要包括2个DDR2/3内存接口，2个16位/4个8位HT3.0接口及多种低速IO接口。龙芯系列CPU在处理器设计上具备核心自主知识产权，拥有GS132、GS232、GS464等面向不同应用需求的处理器IP核。

二、飞腾处理器

除龙芯外，飞腾系列处理器等也是国产CPU处理器的代表。飞腾是国防科技大学计算机学院开发的银河飞腾系列高性能通用CPU，采用RISC指令集和SPARC开放架构。早期的飞腾系列处理器包括飞腾-50、FT-387SX、FT-387DX、飞腾-C67、FT-C31和飞腾-586等。2010年研制出了FT-1000、FT-1000A和FT-1500等系列处理器。其中，FT-1000高性能通用64位CPU，为多核多线程体系结构，兼容SPARC V9指令集，主频为1GHz。单芯片集成8个处理核心，每个核心可并行执行8个线程。片上集成4MB二级缓存、4个DDR3存储控制器、1个8x PCIE 2.0接口和3个直连接口，支持2 ~ 4路CPU直连构成SMP系统。此外，FT-1000 CPU还被成功应用于我国第一台千万亿次服务器天河1号。FT-1500 CPU应用于全球最快的超级计算机天河2号，以峰值计算速度每秒5.49亿亿次、持续计算速度每秒3.39亿亿次双精度浮点运算的优异性能位居榜首。这是继2010年天河1号首次夺冠之后，中国超级计算机再次夺冠。目前，天河2号已应用于天气预报、气候模拟、生物医药、工程设计与仿真分析、新材料、海洋环境研究、数字媒体和动漫设计等多个领域，开始为多家用户单位提供高性能计算服务。

三、申威处理器

申威系列处理器等也是国产CPU的代表。申威处理器由国家高性能集成电路（上海）设计中心自主研发，具体由江南计算所研制实施，最初源自于DEC的Alpha 21164，采用基于RISC的自主指令集和Alpha 架构，具有完全自主知识产权，其研制得到国家核高基专项资金支持，其产品有单核SW-1、双核SW-2、4核主频SW-410和第3代的16核的SW-1600和SW-1610等。其中，SW-1600处理器是国内首款单结点16核的高性能微处理器，集成16个RISC 64位核心，65nm制造工艺，最高工作频率为1.6GHz。SW-1600运用到我国公开面世的首台采用自主研发生产处理器的神威蓝光超级计算机上，达到每秒千万亿次浮点运算能力。SW-1600和SW-1610 突破了我国自主设计CPU频率1.5GHz的界限。申威处理器多应用在高性能桌面及国产服务器上。

四、国芯处理器

苏州国芯是我国首家从事基于Motorola 32位RISC嵌入式CPU M*Core 技术研究的单位，研发了自主知识产权的32位RISC C*Core CPU处理器，并采用IBM转移的PowerPC架构和指令技术授权，开发了完全兼容PowerPC架构的CPU IP，承担了自主知识产权高性能嵌入式CPU 的研发和产业化项目。目前已研发了C305、C306、C310、C312、CS320、C340、可定制处理器CS325D等多款嵌入式CPU处理器。以C*Core为内核的SoC芯片广泛应用于信息安全、消费电子、办公自动化、通信网络、工业控制产品、汽车控制等各类嵌入式产品中，甚至在公安、国防上也有所应用。在电容式触控SoC芯片领域应用较好的C0和C306芯片，采用了0.15μm eFlash工艺，性能相当于ARM M0处理器，其应用领域较多，尤其对8位MCU向32位MCU提升有特别帮助。

6.2.2 国产 CPU 自主化分析

一、CPU 的自主可控

CPU的设计和开发是一个系统工程，通常可以分为微结构、电路、器件、工艺这几大层面，每个层面内部都有很多细分方向。图6-1所示为CPU处理器的开发流程。

从图6-1可以看出，CPU处理器的设计生产包含前端设计、后端设计和投片生产3个阶段。在分析CPU的自主可控时，除了指令集和架构，其他几个层面对CPU的自主可控程度影响也很大，也都要关注。因此，判断CPU的自主可控程度，还需要从芯片设计生产的3个主要阶段去做进一步判断。

（1）在前端设计中，逻辑源代码是否全部自主可控。

CPU处理器的前端设计部分包括芯片的需求分析、逻辑原理设计与优化，以及最终的输出门级网表等的自主可控，要求芯片设计公司自主掌握源代码，并可以独立进行代码修改、功能升级及持续发展。

（2）在后端设计中，后端实现过程是否可控。

后端设计类似根据原理图设计PCB板，但是这需要和代工厂的工艺更紧密地结合。在后端设计过程中，需要对原有的逻辑图及时钟等进行测试、优化和改动，最后输出版图。而前端设计公司可能发现不了这些版图改动的实际功能。如果后端设计放在国外，或者使用国外代工厂，也是非常容易嵌入后门的。

（3）在投片生产中，晶元生产、封装和测试过程是否可控。

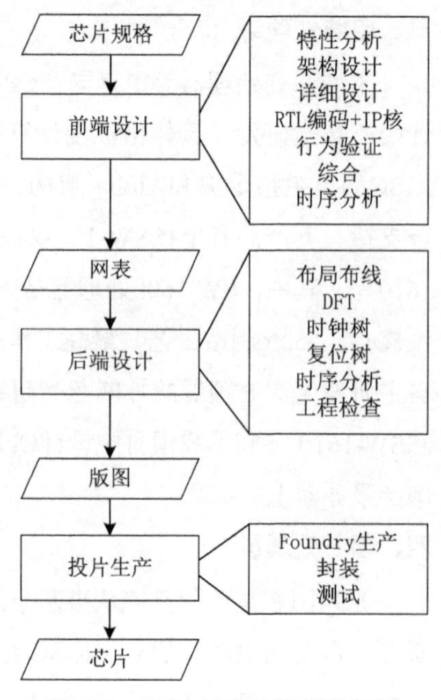

图 6-1 CPU 处理器的开发流程

如果以上3个步骤都是自主可控，在国内代工厂生产，可以认为国产化的自主可控。总之，判断一个芯片是否是自主可控、国产化的，首先前端设计是在国内完成，其次后端设计也在国内完成，最后要是结合国内的生产线生产的。自主可控3个方面的核心内涵也可作为芯片是否自主可控的评判标准，从芯片生产企业和产品两个层面来进行综合评估。在企业层方面，涉及企业的性质、资质、业务管理状况等方面。在产品层面，涉及自主知识产权、产品获得授权（包括架构、指令集、IP核等）状况、产品研发市场供应链、产品关键技术同源性分析等方面。

二、我国自主可控 CPU 的发展模式

由于CPU芯片开发周期长，成本高，现阶段我国国产CPU处理器的研制主要有以下几种发展模式。

（1）独立自主模式。

在CPU的研发过程中，坚持走完全独立自主的路线、构建自己的技术体系的独立自主模式，这方面的企业代表有龙芯、申威。这种模式的特点是：拥有自主发展权、安全可控。对于CPU处理器来说，拥有自主发展权意味着要拥有自己的指令集，能够自主地扩展指令集。例如，龙芯就在获得MIPS永久授权的同时，对其指令集进行了大量的扩展与优化，将MIPS发展成为龙芯自己的Loongson处理器。申威也在Alpha指令集的基础上，进行了相应的扩展与完善工作。独立自主地构建自己的体系，容易从软件和硬件两方面上同时实现自主可控。例如，龙芯正在以自主研发的微结构、开源社区版本的操作系统 Loongnix和软件生态为基础，努力建造自己的生态体系。由于软件和硬件都由自己搭建，因此安全性更高。同时，申

威也开发了自己构架的编译器，相较于PC的软件生态，超级计算机并不存在需要构建软件生态的考虑，因此申威的发展道路相较而言更顺利。独立自主发展模式的困难在于一方面是技术要求高，产业化难以实现。研发的企业不仅需要完成指令集的扩展、IP核的设计、编译器的开发、上层生态的构建等工作，还需要吸引一系列相关的企业结盟，形成完整的产业链与生态圈。另一方面是不利于市场化。目前，不仅在PC领域有着Wintel体系的一座大山，移动设备上更是有着AA体系的天堑，从服务器市场来看，低端市场早已被x86架构牢牢占领着，规模更大的高端服务器市场则是基本被IBM所垄断。追求独立自主的发展模式，势必难以兼容现在成型的体系构架，难于市场化经营。近两年，龙芯开始加快自己产业化的进程，2014年，中科曙光面向服务器市场推出国产龙芯3B服务器，开始在商用服务器市场加快推广。

（2）授权指令集模式。

这种模式的发展思路是购买IP核和指令集，也进行微结构设计，保障芯片安全可控，但是依附于现在已经成型的体系架构，如Wintel和AA体系，走相容其构架的软件生态的道路。这种模式的代表企业有飞腾和众志等。这类企业通常是购买获得国外指令集的授权，且授权时间一般都是5~10年，然后自主设计微结构和IP核。飞腾购买了5年的ARM指令集授权，北大众志购买了5年的x86授权。国防科技大学设计了兼容ARM V8指令集的CPU，北大众志的CPU可以直接在上面安装Windows系列的操作系统。在授权指令集模式下，存着一些受制于人的弊端，如企业无法自主地扩展或修改指令集，技术发展也只能按照外商所制定的技术路线前行；而且由于不是买断机制，获得的技术支持与数据资料也非常有限。在达到规定年限时，还需要再次协商签订合同，因此也存在着一定的风险。当然，这种发展模式也有其优势。首先是研发所需的技术门槛相对较低，时间与经济成本更是降低不少。其次是有利于市场化经营，因其兼容Wintel或AA体系，可以使用现有的发展得很成熟且丰富的软件生态系统，不存在独立自主模式下的软件生态的瓶颈。

（3）外商合作模式。

这种模式的特点在于与国外厂商合作或合资，在软件或硬件上完全依附于现有的Wintel或AA体系的模式，以市场换技术的方式与外商进行合作。这种模式的代表包括宏芯、兆芯、海思、展讯等企业。对于宏芯、兆芯这类中外合资的企业来说，这个发展模式是最容易走的。例如，兆芯不但不需要产品转型，而且能够直接获得IBM的技术支持。然而，要走完仿制、扩展甚至自主创新这个过程，需要更加漫长的时间。在此之前的产品，基本上不具有自主知识产权，因此更无法做到安全可控的要求。

6.3 龙芯自主 CPU

龙芯CPU处理器是由中国科学院计算技术研究所自主研发的具有我国自主知识产权的高

性能通用CPU芯片。继2002年研制成功龙芯1号CPU处理器芯片后，经过10多年的研发，形成了龙芯1号、2号、3号系列，实现了通用CPU处理器设计的跨越发展。

6.3.1 龙芯系列处理器简介

龙芯CPU处理器主要包括龙芯1号、2号和3号处理器3个系列。其中龙芯1号处理器于2002年8月研制成功，标志着我国在通用CPU处理器设计上实现了零的突破，打破了我国长期依赖国外CPU产品的历史，也标志着我国的安全服务器CPU处理器和通用嵌入式处理器产业化的开始。龙芯2B处理器于2003年10月面世，实现了先进的四发射超标量超流水结构，是我国第一款64位高性能通用CPU，是龙芯1号实测性能的8～10倍。龙芯2E处理器于2006年3月面世，主频达到1GHz，SPEC CPU 2000测试分值达到500分。龙芯3A处理器于2009年9月研制成功，是一款4核高性能处理器芯片，基于可伸缩互连架构实现，可以利用高速IO接口实现多个芯片的互连，组成更大规模的计算机系统。目前，龙芯CPU的3个系列并行发展，已形成系列化多款不同产品。龙芯1号系列主要面向于行业应用，龙芯2号系列主要面向于嵌入式和工控应用，龙芯3号系列主要面向于服务器与桌面应用。

6.3.2 龙芯处理器结构

龙芯3号多核处理器采用的可伸缩互连结构如图6-2所示。龙芯3号片内及多片系统均采用二维Mesh互连结构，其中每个结点由8×8的交叉开关组成，每个交叉开关连接4个处理器核及4个共享缓存，并与东（E）、南（S）、西（W）、北（N）4个方向的其他结点互连。因此，2×2的Mesh可以连接16个处理器核，4×4的Mesh可以连接64个处理器核。

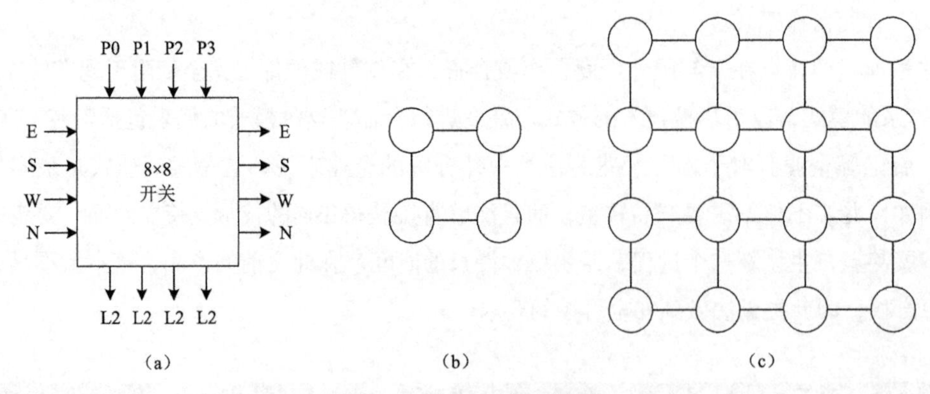

图6-2 龙芯3号系统结构

在图6-2中，（a）是龙芯3号的结点结构。（b）表示2×2的Mesh网络连接16个处理器。

（c）表示4×4的Mesh网络连接64个处理器。其中，龙芯3号的结点内部结构如图6-3所示。每个结点有两级AXI交叉开关连接处理器、共享缓存、内存控制器及IO控制器。其中第一级AXI交叉开关（称为X1 Switch，简称X1）连接处理器和共享缓存。第二级交叉开关（称为X2 Switch，简称X2）连接共享缓存和内存控制器。

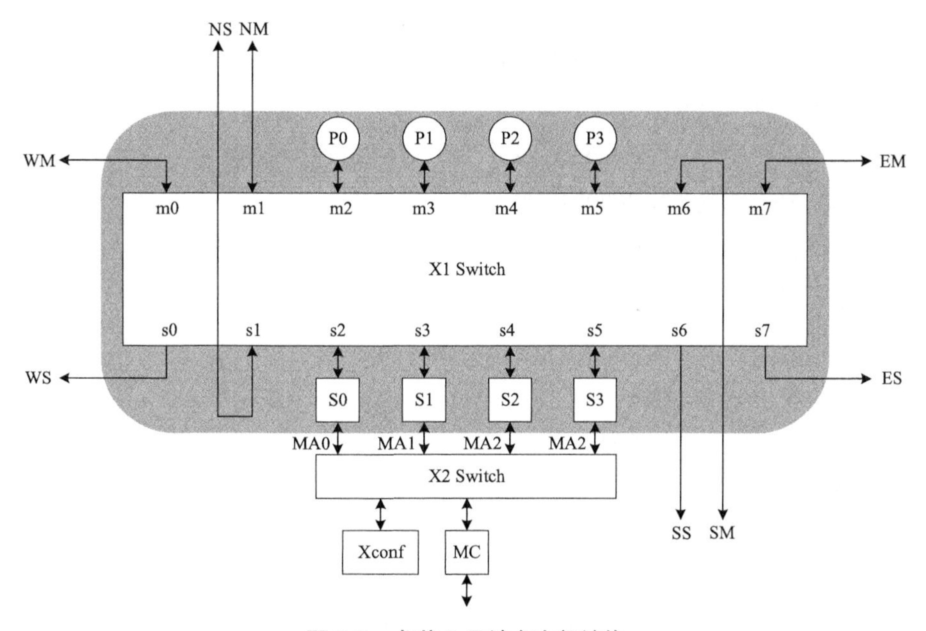

图 6-3　龙芯 3 号结点内部结构

从图6-3可以看出，在每个结点中，最多8×8的X1交叉开关通过4个主端口连接4个处理器核（图中P0、P1、P2、P3），通过4个从端口连接统一编址的4个交错共享缓存块（图中S0、S1、S2、S3），通过4对主从端口连接东、南、西、北4个方向的其他结点或I/O接口（图中EM/ES、SM/SS、WM/WS、NM/NS）。X2交叉开关通过4个主端口连接4个共享缓存，至少一个从端口连接一个内存控制器（MC），至少一个从端口连接一个交叉开关的配置模块（Xconf），用于配置本结点的X1和X2的路由规则等。还可以根据需要连接更多的内存控制器和I/O端口等。

龙芯3A是4核龙芯处理器，目前包括龙芯3A1000、龙芯3A2000和龙芯3A3000三款处理器，三款处理器引脚兼容。龙芯3A1000是龙芯3号的第一款产品，发布于2009年，采用65nm工艺，工作主频为800MHz～1GHz，片内集成4个同构的64位超标量GS464处理器核和4MB的共享二级缓存。龙芯3A2000发布于2015年，采用40nm工艺，工作主频同样为800MHz～1GHz，片内集成4个同构的64位超标量GS464e处理器核和4MB的共享三级缓存。龙芯3A3000发布于2017年，采用28nm工艺，工作主频为1.2GHz～1.5GHz，片内集成4个同构的64位超标量GS464e处理器核和8MB的共享三级缓存。

龙芯3A2000的主要技术特点如下。

- 片内集成 4 个 64 位的四发射超标量 GS464e 高性能处理器核。
- 片内集成 4MB 的分体共享三缓缓存（由 4 个体模块组成，每个体模块容量为 1MB）。
- 通过目录协议维护多核及 IO DMA 访问的高速缓存一致性。
- 片内集成 2 个 64 位带 ECC、667MHz 的 DDR2/3 控制器。
- 片内集成 2 个 HT3.0 控制器。
- 每个 HT3.0 控制器可拆分为两个 8 路的 HT 接口使用。
- 片内集成 33 位 33MHz PCI 接口。
- 片内集成 1 个 LPC、2 个 UART、1 个 SPI、16 路 GPIO 接口。

相比龙芯3A1000，龙芯3A2000的主要改进如下。

- 处理器核微结构全面升级。
- 内存控制器结构、频率全面升级。
- HT 控制器结构、频率全面升级。
- 内部互连结构全面升级。
- 外部多片互连结构全面升级。
- 支持 SPI 启动功能。
- 支持全芯片软件频率配置。
- 全芯片的性能优化提升，同主频性能提升 2~3 倍。

龙芯3A2000芯片整体架构基于两级互连实现，结构如图6-4所示。

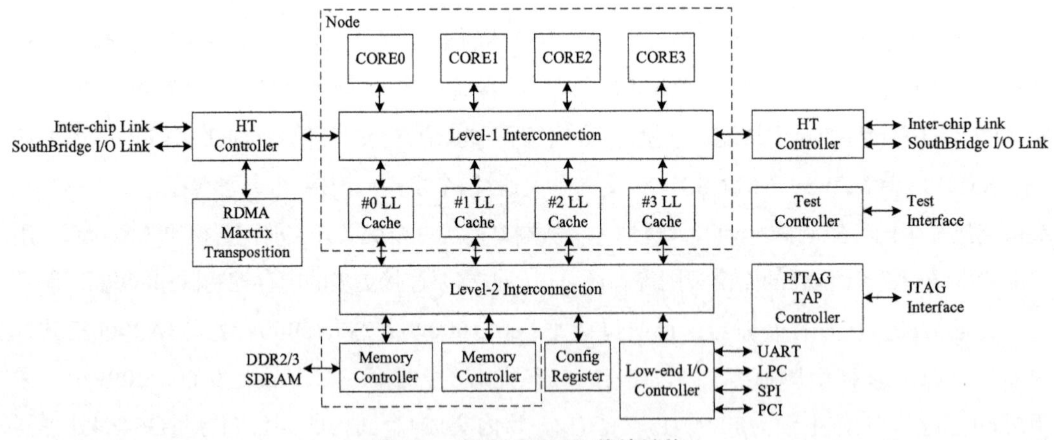

图 6-4　龙芯 3A2000 芯片结构

在图6-4中，第一级互连采用6×6交叉开关，用于连接4个GS464e处理器核（作为主设备）、4个共享缓存模块（作为从设备）及两个I/O端口（每个端口使用一个主和一个从）。一级互连开关连接的每个I/O端口连接一个16位的HT控制器，每个16位的HT端口还可以作为两个8位的HT端口使用。HT控制器通过一个DMA控制器和一级互连开关相连，DMA控制器负责IO的DMA控制并负责片间一致性的维护。第二级互连采用5 × 4的交叉开关，连接4个共享缓存模块（作为主设备），两个DDR2/3内存控制器、低速IO（包括PCI、LPC、SPI等）及芯片内部的配置寄存器模块。两级互连开关都采用读写分离的数据通道，数据通道宽度为128位，与处理器核相同的频率工作，用以提供高速的片上数据传输。

6.3.3 龙芯处理器核

龙芯处理器核同样拥有3个系列，分别为GS132、GS232、GS464。GS132及其升级版GS132e处理器核主要面向于低功耗微控制类应用；GS232及其升级版GS232e处理器核主要面向于嵌入式及工控应用；GS464及其升级版GS464e处理器核主要面向于高性能服务器与桌面应用。

龙芯3A2000处理器和龙芯3A3000处理器使用的是GS464e处理器核。龙芯GS464e处理器核是四发射64位的高性能处理器核，其基本结构如图6-5所示。

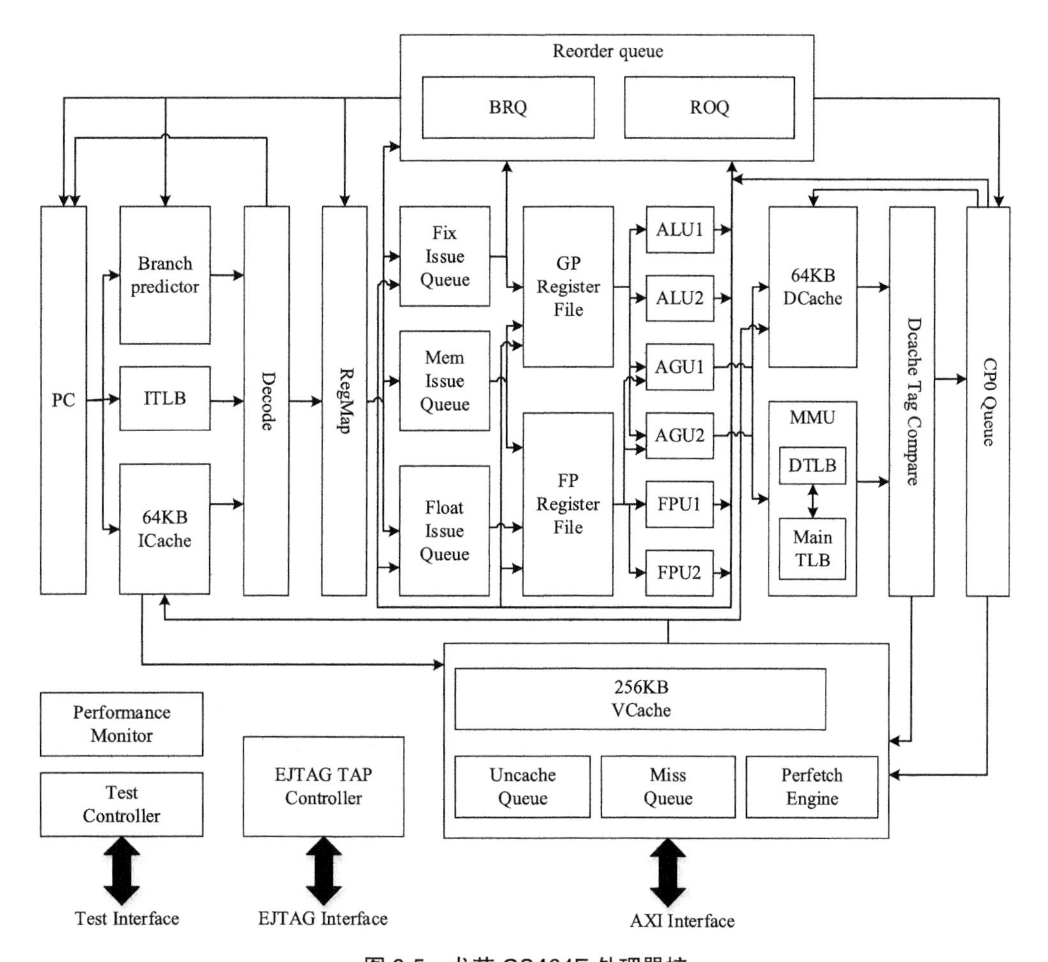

图6-5　龙芯 GS464E 处理器核

龙芯GS464e处理器的指令流水线每个时钟周期取4条指令进行译码，并同时发射到6个全流水的功能部件中。龙芯GS464e处理器核采用乱序执行技术和激进的存储系统设计来提高流水线的效率。其中，乱序执行技术包括寄存器重命名技术、动态调度技术和转移预测技术。龙芯GS464e处理器核具有以下特点。

（1）MIPS64 兼容，支持龙芯扩展指令集。

（2）四发射超标量结构，两个定点、两个浮点、两个访存部件。

（3）每个浮点部件都支持全流水 64 位 / 双 32 位浮点乘加运算。

（4）访存部件支持 128 位存储访问，虚地址为 64 位，物理地址为 48 位。

（5）支持寄存器重命名、动态调度、转移预测等乱序执行技术。

（6）64 项全相联外加 8 路组相连 1024 项，共计 1088 项 TLB，64 项指令 TLB，可变页大小。

（7）一级指令缓存和数据缓存大小各为 64KB，4 路组相联。

（8）Victim Cache 作为私有二级缓存，大小为 256KB，16 路组相联。

（9）支持非阻塞访问及推测访存等访存优化技术。

（10）支持缓存一致性协议，可支持 16 核及以上多核处理。

（11）指令缓存实现奇偶校验，数据缓存实现 ECC 校验。

（12）支持标准的 EJTAG 调试标准，方便软硬件调试。

（13）标准的 128 位 AXI 接口。

6.3.4 龙芯处理器产品

龙芯系列处理器芯片产品以32位和64位单核及多核CPU/SOC为主，主要面向国家安全、高端嵌入式、个人电脑、服务器和高性能机等应用。产品线包括龙芯1号小CPU、龙芯2号中CPU和龙芯3号大CPU三个系列。

一、龙芯 1 号

龙芯1号系列32位处理器，采用GS132或GS232处理器核，集成各种外围接口，形成面向特定应用的单片解决方案，主要应用于云终端、工业控制、数据采集、手持终端、网络安全、航空航天及消费电子等领域。2011年推出的龙芯1A和龙芯1B CPU，具有接口功能丰富、功耗低、性价比高、应用面广等特点。龙芯1A还可以作为PCI南桥使用。2013年和2014年相继推出的龙芯1C和龙芯1D，分别针对指纹生物识别和超声波计量领域定制，具有成本低、功耗低、功能丰富、性能突出的特点。2015年推出的龙芯1H芯片，针对石油钻探领域随钻测井应用设计，目标工作温度175℃。

二、龙芯 2 号

龙芯2号系列处理器，采用GS464或GS264高性能处理器核，集成各种外围接口，形成面向嵌入式计算机、工业控制、移动信息终端、汽车电子等的64位高性能低功耗SoC芯片。2008年推出的龙芯2F经过近几年的产业化推广，目前已经实现规模应用。集成度更高的龙芯2H于2013年推出，可作为独立SoC芯片，也可作为龙芯3号的桥片使用。2017年推出的龙芯2K1000双核处理器目标应用为网络安全、移动领域。

三、龙芯 3 号

龙芯3号系列处理器，片内集成多个GS464 或GS464e高性能处理器核以及必要的存储和I/O接口，面向高端嵌入式计算机、桌面计算机、服务器、高性能计算机等应用。2009年底推出四核龙芯3A，2011年推出65nm的八核龙芯3B1000，2012推出了采用32nm工艺设计的性能更高的八核龙芯3B1500，其最高主频可达1.5GHz，支持向量运算加速，最高峰值计算能力达到192GFLOPS。2015年新一代龙芯3A2000/3B2000研制成功（其中3B2000为面向服务器版本），在基本功耗与3A1000相当的情况下，综合性能提升2~4倍。2016年使用28nm工艺的龙芯3A3000/3B3000芯片流片成功，主频1.5GHz，除了频率带来的性能提升，微结构对定点流水线进行了调整，增加了共享Cache容量，芯片性能大幅提升。

6.4 龙芯自主可控计算平台

国产化自主可控CPU处理器的研制及稳定性实现关键技术，为研制更安全的国产可信自主可控计算机提供硬件技术基础。为了能使我国自主可控的CPU处理器更好地推向市场，江苏中科梦兰电子科技有限公司在江苏常熟成立，它是自主信息产业领军企业之一，是我国高性能通用龙芯CPU的产业基地和龙头企业，致力于用自主创新技术打造行业信息化整体解决方案。本节基于国产化龙芯CPU对自主研制的计算平台进行介绍，从总体的原理设计方案到每个部分的细节设计，包括高速PCB的布线、高密度高速率信号完整性及软硬件适配等方面，以保证每个部分的设计的合理和正确性，为国产自主可控计算机的发展打下坚实基础。

6.4.1 硬件系统

在硬件系统中，首先通过对龙芯CPU和南北桥组合设计情况进行分析，确定龙芯自主可控计算平台的总体架构，结合自主可控计算的技术要求和对于主模块的技术指标，确定外设部分、内存和接口等设计。其次，分析CPU、南桥、北桥、板上各个电路的上电，以及复位时序、电源和时钟的需求确定电源和时钟、复位电路的设计方案。根据具体的设计情况，对各芯片之间的总线，如HT、PCI/PCI-E、ALINK、LPC、DDR内存总线及通过这些总线扩展的接口，如网络接口、音频接口、USB、SATA等进行具体设计。由以上设计情况和对信号完整性的分析，确定本设计中的关键电路，并对电路进行仿真设计的分析，将分析结果进行说明。

6.4.1.1　系统总体结构

目前，基于龙芯CPU处理器的主模块开发可选用的芯片组有SIS系列、英伟达MCP68、AMD 690T/E/SB600和AMD RS780E/SB710等。根据6.3节对龙芯CPU处理器特征和技术设计状况及各项研究内容的分析，确定以龙芯LS3A2000为核心CPU处理器、AMD RS780E为北桥、AMD SB710为南桥芯片进行设计。其中，龙芯LS3A2000处理器用于完成运算、控制功能。龙芯LS3A2000通过HT高速总线与北桥AMD RS780E互连，南桥AMD SB710通过PCI-E高速总线与北桥互连。此外，龙芯LS3A2000通过DDR内存总线扩展2个通道内存，并提供2个UART接口，以及通过LPC总线挂接BIOS固件，其硬件系统总体结构如图6-6所示。

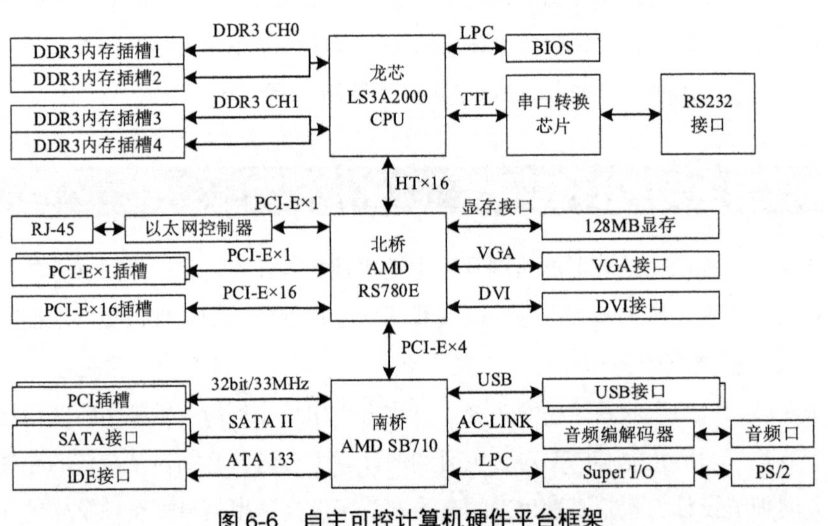

图 6-6　自主可控计算机硬件平台框架

在图6-6中，龙芯LS3A2000通过16位HT3.0总线与AMD RS780E北桥进行通信。AMD RS780E北桥芯片内部集成了ATI M72图形加速引擎，支持LVDS、TDMS、VGA、DVI和HDMI输出，并支持双屏显示。显存容量可达128MB，分辨率最大可支持2560×1600。AMD RS780E北桥芯片还具有高度灵活的PCI-E链路配置，支持1路PCI-E×16图形接口，以及6路PCI-E×1接口和1路PCI-E×4接口，便于系统进行扩展。AMD RS780E北桥通过PCI-E×1链路连接到以太网控制芯片，如Intel 82574或RTL 8111，信号通过码型转换、速率调整等处理后，转换为千兆以太网信号。南桥芯片选用与北桥配套的AMD SB710桥片，通过PCI-E×4链路与北桥进行信息交互，极大地提升了数据传输速率，减小I/O 数据的传输瓶颈。AMD

SB710南桥可实现SATA 接口、USB 接口、IDE 接口和PCI 插槽等多种关键I/O接入，并遵循ACPI 3.0电源管理标准，支持S0～S5电源管理状态，可实现系统待机、休眠等电源智能管理。硬件平台通过Super I/O芯片W83527 实现PS/2键鼠功能，以及风扇转速、主板温度等系统参数监控，信号通过LPC总线与南桥连接。AMD SB710集成了支持AC97功能的声卡，通过AC-LINK端口与音频编解码芯片ALC 888相连，提供音频采集、音频输出功能，实现6信道音频接口的功能。系统的BIOS固件和内存插槽都直接与龙芯LS3A2000处理器相连。BIOS固件中保存着基本输入输出程序、系统设置信息、开机后自检程序和系统自启动程序，系统采用8MB Flash作为系统BIOS存储，通过LPC总线与龙芯LS3A2000进行信号传输。龙芯LS3A2000处理器片内集成2个64 位400MHz 的DDR3 控制器，与4个内存插槽直接相连，存储容量最大可支持8GB内存。

6.4.1.2 关键电路

一、电源电路

计算平台的不同硬件器件对电压大小、电流大小、功耗及可容忍的抖动要求不一样，因此电源的设计是整个计算平台设计的关键。表6-1列出了硬件平台上主要器件的电源种类和需求。

表 6-1 器件电源

器件	电压
龙芯 LS3A2000	2.5V
	1.25V
	1.2V
	1.8V
	1.1V
	3.3V
	0.9V
AMD RS780E	1.1V
	3.3V
	1.2V
	1.8V
AMD SB710	1.2V
W83627HG-AW	5.0V
SLG8LP625T	3.3V
WG825741T	3.3V

续表

器件	电压
SST49LF040B-33-4C-NHE	3.3V
SP3234EEA	5.0V
PC16254-BB66BC	3.3V
Si10680ACLU144	3.3V
ALC888-VC2-GR	5.0V
	3.3V
K4N1G164QE-HC20	0.9V
	1.8V

从表6-1可以看出，龙芯自主可控计算平台上电源主要包括5.0V SB和3.3V SB待机电源，以及3.3V、1.8V、1.2V和1.1V等工作电源。系统通过ATX电源进行供电，由于各芯片所需电压较低，电源电路对ATX电源输入的电压进行转换，并经过整流和过滤，变为芯片所需的稳定电源，以保证系统长期可靠工作。系统中电压转换的方法包括DC/DC开关电源供电和低压差线性电源供电两种。其中，DC/DC开关电源供电电路主要由脉宽调制器（PWM）芯片、场效应管、电容和电感线圈组成。PWM芯片发出脉冲控制信号，通过控制两个场效应管轮流导通输出高频脉冲电压。供电电路通过电感储能，在场效应管导通时将一部分能量储存起来，在其断开时向负载释放，从而得到连续而稳定的电流。最后通过电容进行整流滤波得到纯净的直流电压。DC/DC开关电源的转换效率高，具有非常快速的大电流响应能力，可适应快速的负荷变化。在单相供电电路中，供电电路的品质好坏与电容和电感线圈的规格和场效应管的数量相关。供电电路的电流大小则与供电电路的相数成正比。低压差线性电源就是线性稳压器，通常应用在降压电路中，它具有体积小、噪音低、静态电流小的优点，所需外接元件也很少，通常只需要一两个旁路电容，但转换效率很低。

二、开机和上电复位电路

计算平台启动时首先对硬件进行上电和复位操作，计算平台对CPU、南北桥各个芯片的开机时序和上电复位顺序有严格的要求，图6-7显示了开机和上电复位电路的设计方案。

在图6-7中，当接通220 VAC电源后，系统立即输出+5.0V SBY备用电源。这时，32.768kHz晶体开始工作，向CMOS电路发送实时时钟信号。当按下电源开关时，硬件平台上的开机电路开始工作。当Super I/O接收到由电源开关发送的PWRBTN#信号后，向南桥发送低电平。南桥接收到该电平后，反馈给Super I/O芯片S3#信号，Super I/O芯片接收到S3#信号后，向ATX电源发送PSON信号，此时系统输出电源电压。当所有电压输出稳定后，延迟100～200ms，ATX电源向CPU、南桥和北桥分别发送POWER GOOD信号，说明此时系统电源已准备就绪。龙芯LS3A2000芯片接收到POWER GOOD信号后，内部的复位逻辑开始初始化芯片。PCI时钟域将会被首先初始化以保证龙芯LS3A2000中的基本配置寄存器有效，然后Core、DDR和HT时钟域相继初始化完成并根据配置引脚输出。POWER GOOD信号应至少保持一个时钟周期内有效，以保证复位逻辑能可靠采样。AMD SB710南桥芯片接收到POWER GOOD信号后，内部复位电路开始工作，分别向AMD RS780E北桥、Super I/O芯片、以太网控制芯片和几个PCI-E 插槽发送复位信号，完成芯片初始化。其中，Super I/O芯片复位时发送KB_RST#低电平给南桥，通知其已完成复位，然后南桥结束发送复位信号，并开始向PCI插槽发送复位信号。至此，系统的初始化完成。

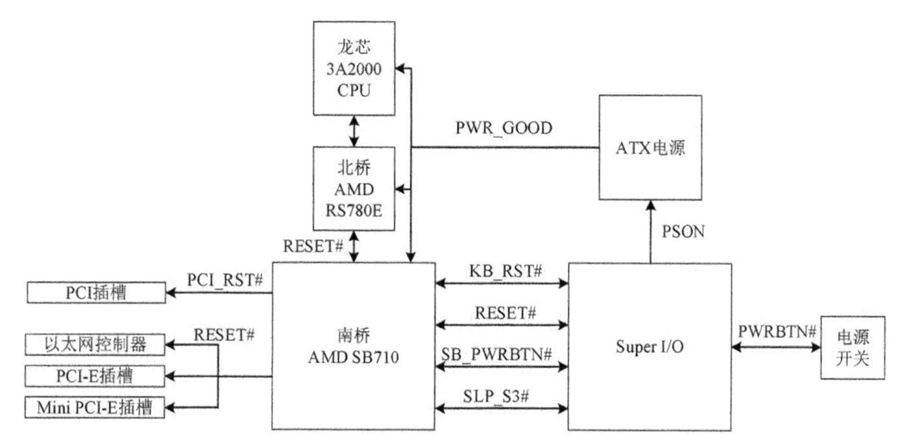

图 6-7　开机和上电复位电路原理

三、时钟电路

计算平台中的各个芯片和接口都需要时钟来提供基本工作频率，时钟的种类和数量比较繁杂，如果每个芯片和接口都提供独立的时钟源，则会增加电路面积，造成设计冗余。计算平台时钟电路将单一时钟信号倍频为多种需求量较多的时钟信号，而使用量较少的时钟信号搭配独立时钟源，其设计方案如图6-8 所示。

在图6-8中，根据桥片类型，计算平台选用SLG8LP65TTR时钟芯片。它将14.318MHz时钟信号分别倍频为14.318MHz、48MHz、100MHz和200MHz时钟信号。其中，14.318MHz时钟作为AMD SB710南桥、AMD RS780E北桥的参考时钟。48MHz时钟作为USB 2.0接口和Super I/O芯片工作时钟。100MHz时钟分别为以太网控制芯片、PCI插槽、PCI-E 插槽等接口提供工作时钟。200MHz时钟则用于龙芯LS3A2000的HT接口PLL锁相环。龙芯LS3A2000处理器需要系统时钟、内存时钟、PCI时钟及上述的HT接口时钟共四个时钟输入信号，如图6-9所示。

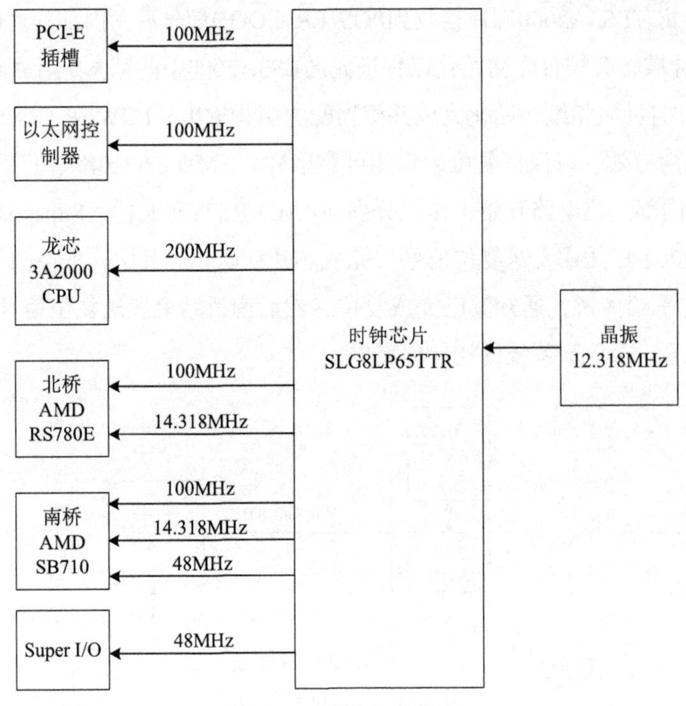

图 6-8　时钟电路原理

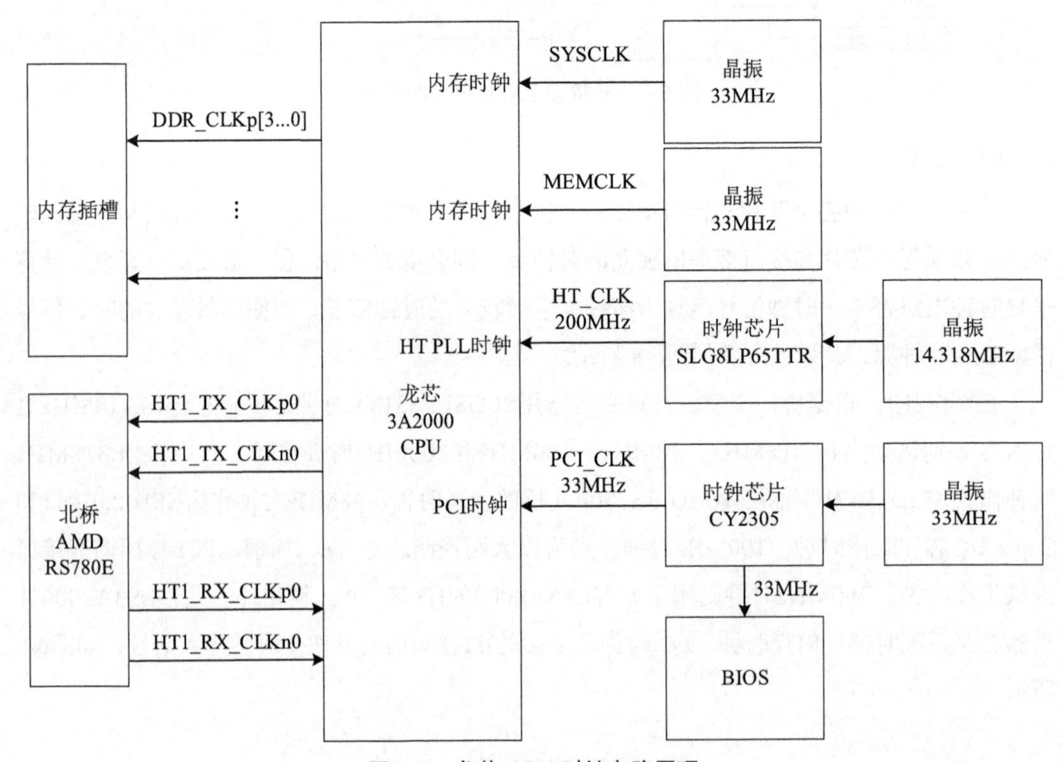

图 6-9　龙芯 CPU 时钟电路原理

在图6-9中，计算平台输入时钟用来驱动芯片内置的锁相环产生处理器的Core时钟，内存时钟作为DDR控制器的输入时钟，驱动芯片内置的锁相环产生DDR3信号所需时钟。这两个时钟信号都通过独立的33MHz时钟晶振得到。此外，龙芯LS3A2000处理器中设有倍频电路，可以将系统时钟提高，以满足系统倍频和超频工作的需要。PCI时钟用于为PCI总线提供时钟信号，它由时钟芯片CY2305得到。该芯片同时为BIOS提供时钟信号。龙芯LS3A2000处理器将输入的时钟信号经过处理变为不同频率的差分时钟信号，分别作为内存数据和HT接口数据的参考时钟。

四、总线和接口电路

（1）HT 总线接口。

龙芯LS3A2000处理器拥有组独立的16位HyperTransport（HT）总线接口，分别称为HT0和HT1。每组16位总线接口可以分别配置为两个独立的8位HyperTransport总线接口单独使用，分别称为HTx_Lo和HTx_Hi。其中，HT0主要用于龙芯LS3A2000处理器间的多片互联，HT0总线硬件支持多处理器核间Cache一致性。HT1则用于龙芯LS3A2000处理器到AMD RS780E北桥、AMD SB710南桥芯片组的连接，HT1总线接口硬件支持I/O Cache一致性。每组HT总线信号包括16对差分发送数据命令总线、16对差分数据接收命令总线、2对差分发送控制信号、2对差分接收控制信号、2对差分发送时钟信号、2对差分接收时钟信号、4个16位/低8位总线控制信号及4个高8位总线控制信号。在龙芯自主可控计算平台设计中，选用HT1总线挂接AMD RS780E北桥芯片，总线配置为16位、带宽800MHz，采用差分输入时钟，4倍倍频。图6-10显示了HT总线设计原理。

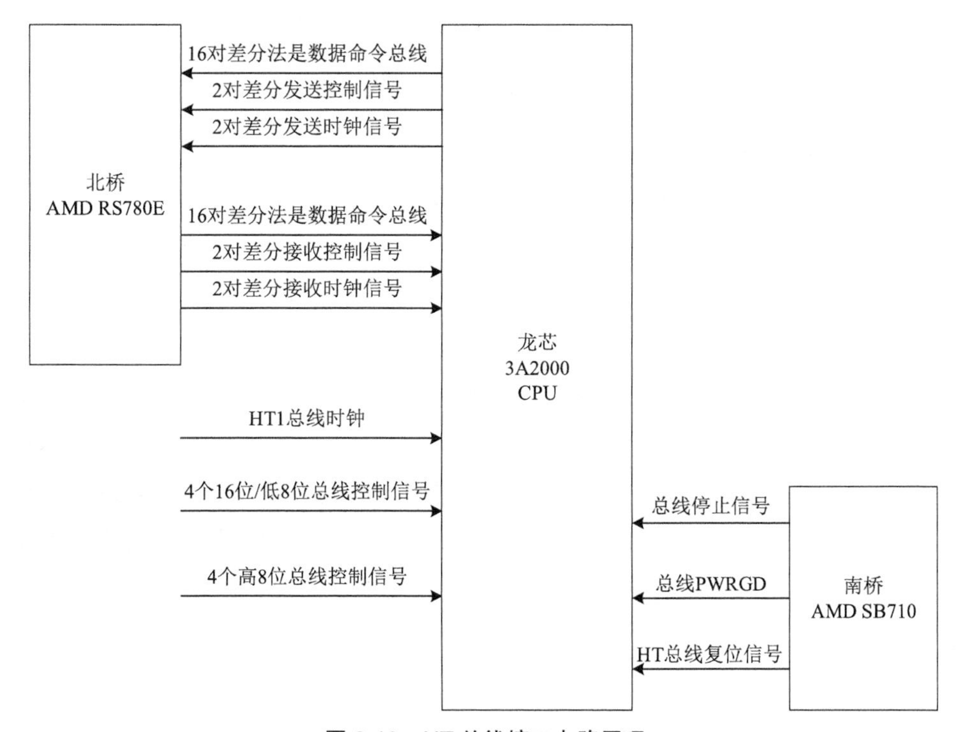

图 6-10　HT 总线接口电路原理

(2)DDR内存总线接口。

龙芯LS3A2000处理器集成了JESD79-2和JESD79-3标准的DDR2/3内存控制器，该内存控制器接口包含72位双向数据总线信号（包括ECC）、9路双向数据选通差分信号（包括ECC）、9位数据掩码信号（包括ECC）、15位地址总线信号、7位逻辑Bank和物理片选信号、6路差分时钟信号、4位时钟使能信号、3位命令总线信号、4位ODT信号、1位复位信号。龙芯LS3A2000处理器集成2个DDR2通道，每个通道支持的容量为1GB，两个通道共2GB。每个通道采用8颗16位宽的1GB内存颗粒，两个通道共16颗内存颗粒。图6-11显示了DDR内存总线接口电路的设计方案。

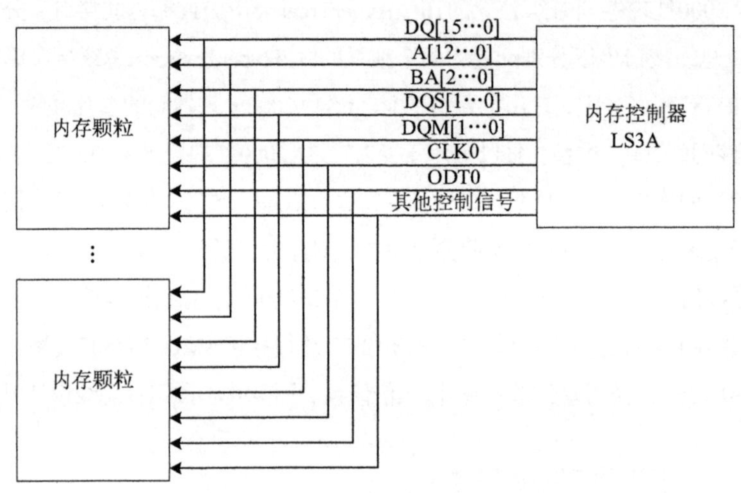

图6-11　DDR总线接口电路原理

(3)低速I/O总线接口。

龙芯LS3A2000处理器的低速I/O接口包括LPC总线、SPI总线和UART。其中，LPC总线连接启动Flash和Super I/O芯片。LPC控制器符合LPC1.1规范，支持LPC访问超时计数器，支持Memory Read和Memory Write访问类型，支持Firmware Memory Read和Firmware Memory Write访问类型（单字节），支持I/O Read和I/O Write访问类型，支持Memory访问类型地址转换，支持Serialized IRQ规范，提供17个中断源。SPI总线可连接SPI Flash（可支持启动）。SPI控制器包含双缓冲接收器，以及极性和相位可编程的串行时钟，具有全双工同步串口数据传输特性，支持到4个的变长字节传输，可在等待模式下对SPI进行控制，并支持处理器通过SPI启动。UART控制器包含16位可编程时钟计数器，支持全双工异步数据接收/发送，支持接收超时检测，支持可编程的数据格式。图6-12显示了低速I/O总线接口电路的设计方案。

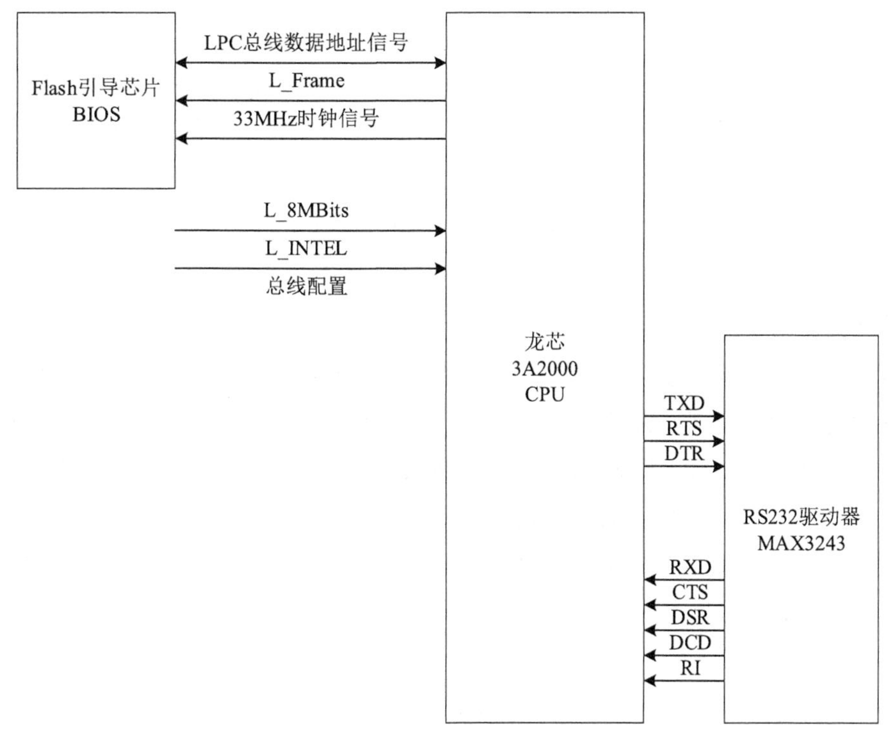

图 6-12　低速 I/O 总线接口电路原理

（4）PCI 总线接口。

龙芯自主可控计算平台的PCI总线设计主要是AMD RS780E北桥的PCI总线设置和在PCI总线上挂接外设。龙芯LS3A2000的PCI总线信号包括32位地址数据总线信号、4位命令数据ID总线信号、14位总线仲裁信号、7位接口控制信号和2位错误报告信号。其中，通过PCI总线扩展以太网接口的电路设计如图6-13所示。

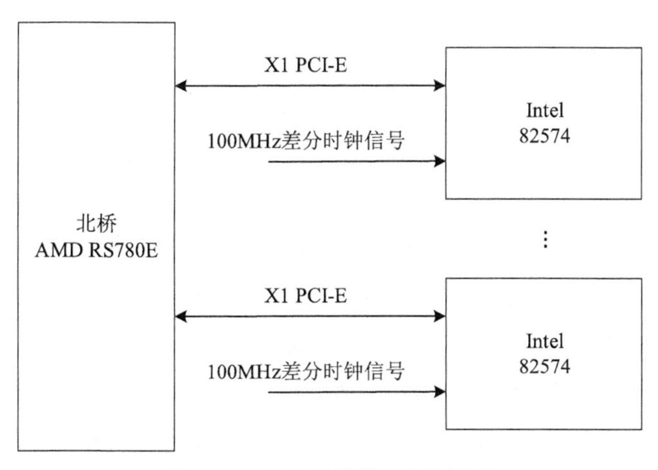

图 6-13　PCI 总线接口电路原理

6.4.1.3 信号完整性

龙芯自主可控计算平台中包含DDR3内存信号、PCI-E高速信号等多种EMI敏感信号，因此如何保障高速信号的完整性，进而保障系统工作的稳定性和可靠性至关重要。信号完整性与元器件和PCB的参数、PCB 布局，以及高速信号的布线、电源地的完整性、EMI 等因素相关。良好的PCB设计是确保系统工作稳定性的关键因素之一。龙芯自主可控计算平台通过以下设计保证信号完整性。

一、合理布局

龙芯自主可控计算平台的布局首先采用模块化设计思想，将电路划分为不同的功能模块，按照功能模块划分元器件摆放区域，并按照信号流向摆放元器件，使信号传输线最短，从而减少信号反射。其次，为保证传输线阻抗匹配的效果，数据传输线的匹配电阻、耦合电容靠近其驱动端放置。接着，电源电路靠近其供电的功能模块摆放，滤波电容按其电流流向放置于电源入口处。最后，时钟电路和复位电路尽量靠近其芯片放置，为防止电磁辐射影响，时钟电路周围不放置关键信号电路。

二、叠层设计

布线层的数量及叠层方式直接影响印制板的布线和阻抗，合理的PCB叠层设计可解决电路中的电磁干扰问题，提高电路系统的可靠性。为避免相邻信号层的高速信号产生层间串扰，龙芯自主可控计算平台设计时每个信号层都与地平面相邻，为其设置独立的参考平面层，提供单独的信号回路。由于龙芯自主可控计算平台需要多种电源，且所需电流量较大，因此采用大面积的电源平面接入方式，几种电源由两个分割的电源平面得到。同时，考虑到高速信号不宜采用分割的电源层作为参考平面，兼顾PCB制作工艺水平，龙芯自主可控计算平台层叠设计以基板为中心采取对称形式，两个电源平面位于叠层的中间。经综合计算，龙芯自主可控计算平台采用10层叠层设计，层叠顺序为信号/地/信号/地/电/电/地/信号/地/信号。

三、DDR3 内存信号布线

DDR3内存信号线分为五个信号组，分别为时钟、控制、命令、数据和数据选通信号。由于DDR3内存在时钟的上升和下降沿都可以用来进行数据的读写操作，龙芯自主可控计算平台在设计时要处理好准确的时序限制、DQ-DQS的相位管理和同步切换输出噪声等问题，因此龙芯自主可控计算平台的DDR3内存信号线设计是信号完整性设计的关键。其走线遵循以下原则：首先，由于芯片局限，无法将同一接口插槽的内存信号在相同的布线层完成走线，为取得最优的时序裕量，设计中将内存信号分成相对独立的信号组，同组信号在相同的布线层完成走线，这样可最小化信号之间偏移，减少信号线换层时给时序裕量带来的影响。其次，为获得最优的信号质量和时序裕量，各内存信号都以DDR3时钟信号为参考，进行严格的长度匹配，每个信号的长度都包括芯片内的封装长度和PCB板的板级走线长度，布线时采用蛇形线实现。接着，保证同一条信号传输线始终处于同一布线平面上，不使用过孔，以避免因过孔阻抗不匹配而引起信号边沿变化速度减缓。最后，为DDR3 内存数据提供良好而完整的参考平面。为保证其对地的耦合良好，在管脚附近放置容值为0.1μF的去耦电容。

四、高速差分信号布线

龙芯自主可控计算平台中包含HT总线、PCI-E高速差分信号、SATA数据等高速数据信号，这些信号的稳定和可靠也是影响系统质量的关键因素之一。在龙芯自主可控计算平台的高速差分信号布线设计中，首先，发送和接收端口间采用交流耦合方式实现线路连接，在传输线上串联一个容值为0.01μF的电容。其次，差分线对的两条传输线尽量等长，布线时严格保持平行走线方式，传输线尽可能短而直，以减小信号线的传输线效应，同时避免90° 拐角出现。接着，每对线的线宽和间距遵守紧耦合原则，从而确保两条差分信号线产生的磁场相互抵消，电场相互耦合，电磁辐射大幅减小。然后，差分线对间遵循3W原则，以避免差分线对间的相互串扰。设计中，每对信号差分传输线间距不小于20mil，信号差分传输线与时钟差分传输线间距不小于50mil。最后，在印制板的实际加工过程中，由于叠层之间的层压精确度大大低于同层蚀刻精度，且层压过程中造成的介质流失，会造成层间差分传输线对的差分阻抗变化，因此每链路中同传输方向的差分传输线对走在同一平面内。

五、电源退耦

实际的电源平面总是存在着阻抗，因此电源会产生波动。为了保证龙芯自主可控计算平台始终都能得到正常的电源供应，就需要对电源的阻抗进行控制，采用的有效方法是使用去耦电容。龙芯自主可控计算平台依据对去耦电容进行以下布局布线设计。

- 保证关键元器件的每个电源引脚都有一个去耦电容相连。
- 电容尽量靠近电源引脚，并直接和引脚相连。
- 尽量减小电容引线的长度并使用较宽的走线。
- 电容之间不共用过孔。
- 电容的过孔尽量靠近焊盘，且焊盘尽量大。

6.4.2 软件系统

为了更好地拥有自主知识产权，龙芯自主可控计算平台运行的软件也全部自主化，包括固件系统、操作系统、应用软件等。龙芯自主可控计算平台的固件系统采用龙芯公司的PMON和其他符合UEFI标准的国产化BIOS固件进行设计实现，操作系统采用中标麒麟桌面操作系统实现。应用软件支持Red Office桌面办公系统等。

针对操作系统，我国展开对底层硬件驱动的研究，高效实现操作系统对底层不同硬件的驱动，使系统能够实现稳定是系统软件实现的关键。目前各种国产软件出现的时间较短，其兼容性有待于进一步的试验和考证，需要在不断的实践过程中发现和解决软件缺陷和兼容性问题。设计人员针对计算机采用的国产和非国产硬件、软件进行充分的适配工作，进行了适应化改造，以使计算机运行稳定可靠。

一、BIOS 固件

（1）PMON 固件系统。

龙芯自主可控计算平台在上电或复位后执行的第一段代码就是PMON，PMON作为基本的输入输出系统（BIOS）包括硬件的初始化（如设置时钟和堆栈指针、分配存储空间等）、设备自检（如内存、串口、网卡、U盘和硬盘等）、操作系统的引导和硬件测试、程序调试等功能，提供多种加载操作系统的方式（如硬盘、U盘和FTP等），并提供对内存、串口、显示、网络、硬盘的基础测试工具。PMON系统的拓扑结构如图6-14所示。

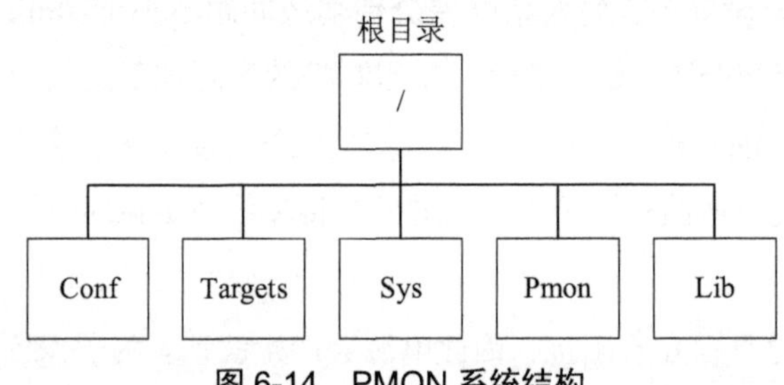

图 6-14　PMON 系统结构

在图6-14中，Conf目录下存放整个PMON系统的配置文件。Targets目录存放与板级相关的代码，该目录下的每个子目录都对应着某一个具体的开发板。当要将PMON移植到一个新的开发板时，就需要在Targets下建子目录。新建的子目录中存放与目标板相关的代码。Targets目录下主要有start.s、tgt_machdep.c和pci_machdep.c程序。其中，start.s程序是运行PMON的起始点，它是建立C语言环境前必需的汇编文件。tgt_machdep.c程序存放嵌入式目标板的相关函数。pci_machdep.c程序中的函数用于PCI空间分配。此外，Targets/Bonito/dev子目录存放开发板所需的设备驱动。Targets/Bonito/conf子目录存放建立编译环境需要的配置文件。Sys目录存放系统支持文件，它包含Arch、Dev、Kern、Net和Scsi子目录。其中，Arch子目录存放与系统处理器相关的程序。Dev子目录存放设备的驱动程序，如集成开发环境下的硬盘驱动、南北桥网卡驱动及PCI 驱动等。Kern子目录存放包含malloc、time、socket和signal在内的调用函数。Net子目录存放各种网络协议的实现文件。Scsi子目录存放计算机接口协议文件。Pmon目录存放包含支持命令、与CPU和文件系统相关代码在内的PMON通用代码，它包含Cmds、Dev和Fs子目录。其中，Cmds子目录存放shell命令文件，Dev子目录存放设备驱动，Fs子目录存放文件系统的实现文件，Lib目录存放函数库的实现代码。

根据PMON系统结构，PMON由汇编程序和C程序两部分组成。其中，汇编程序负责初始化硬件，这部分结束后的程序将搬移到内存中运行；C程序负责初始化网卡及南北桥电路。PMON开发流程如图6-15所示。

从图6-15可以看出，在第1阶段的汇编程序开发中，根据龙芯LS3A2000处理器默认的寄存器配置，CPU映射到ROM的起始地址是0x0f800000。龙芯自主可控计算平台启动后，龙芯LS3A2000处理器从地址0x0f800000处获得一条指令并执行。这里汇编程序执行一条跳转bal指令，代码如下。

```
bal uncached
nop
bal locate
nop
uncached
or uncached_memory_addr, ra
j ra
nop
```

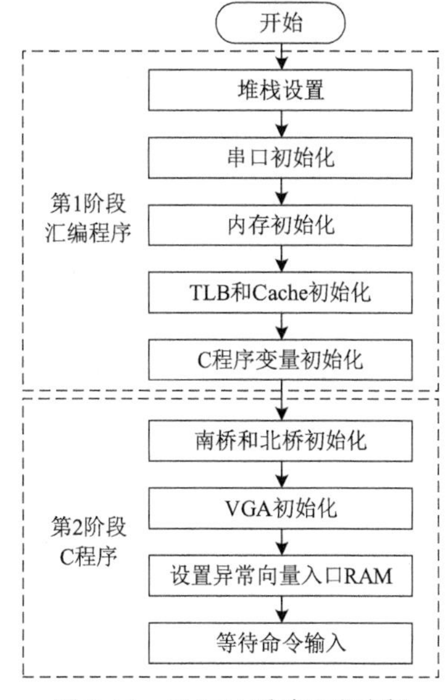

图 6-15　PMON 系统开发流程

在以上代码中，参数ra存放的是bal locate指令的地址，它与 uncached_memory_addr进行逻辑或运算，实现了cached地址到uncached地址的转换。此外，汇编程序start.s在Flash ROM中执行，需要对地址进行修改才能访问内存RAM数据段中的内容，其地址修改代码如下。

```
la s0, start
subu s0, ra, s0
and s0, 0xffff0000
```

接着，将PMON代码复制到RAM内存中执行。至此，之后的代码可用C语言实现，入口函数为initmips，其关键汇编代码如下。

```
la v0, initmips
jalr v0
nop
```

在第2阶段的C程序开发中，南桥、北桥及VGA等初始化工作通过以下关键函数完成：tgt_init()函数负责初始化南北桥和PCI。net_init()函数负责初始化网络。vga_bios_init()函数通过调用tgt_devconfig()函数间接实现显示口的初始化。hisinit()函数清除历史命令记录。envinit()函数负责初始化环境变量。ioctl()函数负责建立终端。此外，通过init()构造函数建立基本数据结构，包括文件构造函数init_diskfs、init_fs、init_netfs，命令处理构造函数init_cmd()和可执行文件类型构造函数init_exec()。最后，等待用户输入命令执行下一步流程。

PMON源码编写好后，需要进行如下环境变量设置。

```
export MKDEP = makedepend
export PATH = /usr/local/comp/mips-elf/gcc/bin/:$PATH
```

最后，通过以下命令对PMON代码进行编译。

```
#tar -zxvf pmon-src.tgz
#cd pmon/Loader.LS3A_board
#make cfg all tgt=rom
```

编译成功后，将生成gzrom.bin二进制文件。将该文件通过烧写器固化到Flash中。

（2）UEFI固件系统。

在UEFI固件系统中，EDK（EFI Development Kit）是开发EFI驱动、应用程序的软件架构平台。目前，EDK II支持x86和ARM架构CPU，尚不支持MIPS架构CPU。因此，不能直接编译出可运行在龙芯平台的UEFI固件和EFI执行文件，需要利用EDK II构建支持MIPS架构处理器的固件系统。龙芯自主可控计算平台的UEFI固件设计包括SEC模块定位、例外向量位置设置及固件系统编译构建。在SEC阶段SeeCore模块定位方面，SEC阶段SecCore模块定位的目标是使平台上电后可找到SeeCore模块并被首先执行。固件卷文件头结构如下。

```
Type def struct{
UINT8 ZeroVector[16];              //零向量
EFI_GUID FileSystemGuid;           //文件系统GUID
UINT64 FvLength;                   //长度
UINT32 Signature;                  //签名
EFI_FVB_ATTRIBUTES Attributes;     //属性
UINT16 HeaderLength;               //头结构长度
UINT16 Checksum;                   //校验和
UINT16 ExtHeaderOffset;
UINT8 Reserved[1];                 //7保留
UINT8 RevisI/On;
EFI_Fv_BLOCK_MAP_ENTRY BlockMap[];
)EFI_FIRMWARE_VOLUMELHEADER
```

其中，ZeroVector是为兼容非x86平台预留的16字节数组。用该域存储一条跳转指令，直接跳转至SecCore模块的入口地址，从而使系统加电后可从0xBFC00000地址加载到SecCore模块。龙芯SecCore引导定位需从固件镜像文件中确定SecCore模块的偏移地址Offset，把偏移地址设为绝对跳转指令的目标地址，并把该指令写入固件卷头结构体零向量的前4个字节，且保证整个固件卷的校验和正确。因此，龙芯SecCore引导定位首先从固件镜像文件读取固件卷FdFile，在FdFile中定位至为EFI_Fv_FI_LETYPE_SECURITY_CORE的固件文件位置。在固件文件中搜索SecCore的TeSection位置，定位至TeSection，计算出其距固件镜像文件起始地址的Offset值。龙芯CPU的程序指令占4个字节，通过（Offset>>2-1）计算出SeeCore首地址和SecCore起始地址的距离，并把该距离值设为绝对跳转指令bal的目标地址。然后，把指令写入固件镜像文件开始的4个字节。最后，在15和16字节填充计算的校验和，保证固件卷头结构体的总校验和正确。SEC模块定位具体代码流程如图6-16所示。

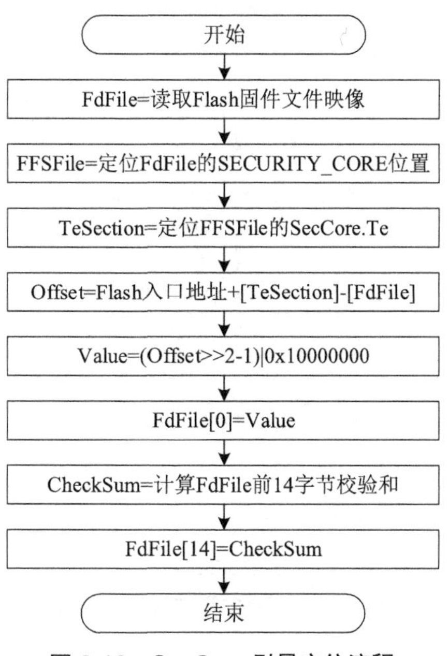

图 6-16　SecCore 引导定位流程

龙芯CPU处理器在遇到中断、系统调用等异常处理时，会从0x200或0x380位置读取异常处理函数。因此，龙芯CPU处理器的例外处理函数在固件镜像文件的位置要求严格固定，即位于固件镜像文件的0x200或0x380位置。传统的PMON固件系统，把异常处理函数作为独立的模块编译至固件文件的合适地址空间，然后在两个例外入口地址处存放跳转至例外处理模块入口的指令。由于EDK II编译方式及UEFI固件文件不能使用上述方式，因此使用PAD类型固件文件以填充方式解决龙芯UEFI固件例外向量位置的设置问题。为了不改变EDK II的核心架构，采用修改例外处理函数的编译链接脚本Ld.Script把入口地址链接到例外处理向量所在的0x200和0x380位置。同时根据EDK II编译规范，设计预编译模块，用PAD类型固件文件填充在例外处理模块与固件卷头结构之间的空隙，使编译后例外处理函数位于固件镜像文件的0x200或0x380位置。例外向量位置设置的主要流程为计算0x200和0x380位置的例外处理向量与固件文件系统的卷头结构、文件头和固件文件段头结构之间的空隙ZeroPadding，其计算公式如下：

ZeroPadding=min(0x200, 0x380)-sizeof(固件卷头)-sizeof(固件文件头)-sizeof(固件文件段头)（6-1）

在公式（6-1）中，sizeof函数用于计算变量、结构体所需空间大小。公式（6-1）用0x200和0x380的最小地址减去固件卷头结构、固件文件头结构和固件文件段头结构所占空间，计算得到需要填充的空间ZeroPadding。例外向量位置设置流程如图6-17所示。

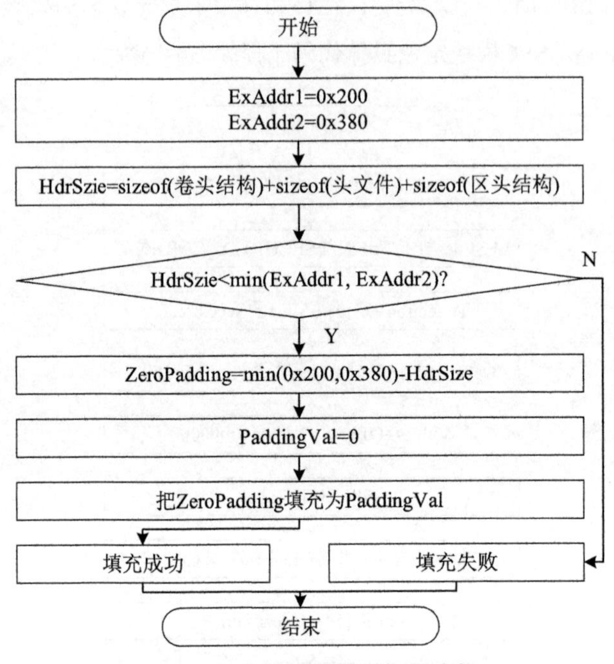

图 6-17　例外向量位置设置流程

最后，修改EDK II编译脚本BUILD.SH使得SEC模块定位和例外向量位置设置在EDK II的标准编译流程开始之前完成编译，并在Flash的描述文件中加入对生成的异常处理函数模块文件的引用。编译模块流程如图6-18所示。

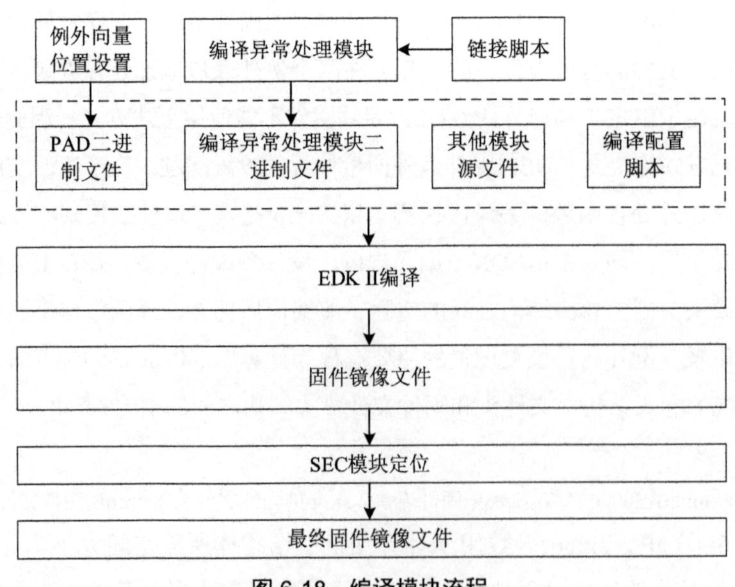

图 6-18　编译模块流程

在图6-18的编译流程中，首先编译生成SEC模块定位和例外向量位置设置模块。其中，例外向量位置设置模块计算固件文件系统和例外中断模块之间的空间并生成PAD二进制文件，然后编译处理例外向量中断模块。在PAD文件、例外向量处理模块编译完成后，用EDK II的编译工具把例外处理模块、PAD二进制文件及例外向量处理模块组织在一起编译为固件镜像文件。最后，用SEC模块定位在编译的固件镜像文件中找出EFI_FV_FILETYPE_SECURITY_CORE型的固件文件，按照SecCore模块位置设置方法进行处理，形成最终的BIOS固件镜像文件。将该文件通过烧写器固化到Flash中。龙芯自主可控计算平台启动时，UEFI固件执行包括安全保护阶段（Security，SEC）、EFI环境初始化阶段（PreEFI Initialization Environment，PEI）、驱动环境执行阶段（Driver Execution Environment，DXE）和引导设备选择阶段（Boot Device Selection，BDS），处理系统从加电、处理器初始化、硬件初始化、启动路径、系统策略、用户界面配置，直至进入OS等过程。其中，SEC阶段主要是把PEI阶段的芯片初始化、平台初始化等功能由SEC阶段的SecCore模块完成。SecCore模块的主要任务是龙芯CPU的基本初始化，Cache、TLB和主板南北桥芯片初始化，内存初始化等，之后构建C程序的执行环境。SecCore模块同时创建与平台相关的HOB信息表。DXE阶段主要执行系统初始工作，DXE环境包括DXE基本服务、DXE分发器和DXE驱动程序。DXE基本服务基于DXE架构协议服务和PEI阶段传来的HOB列表生成EFI启动服务、EFI运行时服务和DXE服务的全部组件。DXE分发器是DXE基本服务的组件，负责发现和按依赖顺序执行DXE驱动以完成设备初始化。BDS阶段由BdsDxe模块产生，在DXE阶段被加载。BDS阶段可进入图形界面进行系统管理或配置启动选项，在BDS的最后阶段，UEFI固件有选择地把控制权交给操作系统。操作系统被加载运行，进入EFI实时运行阶段。在实时运行阶段，UEFI固件除了运行时服务（Runtime Service）和运行时驱动（Runtime Driver）驻留在内存，其他内存被操作系统收回。通过以上流程，龙芯自主可控计算平台的UEFI固件系统被正常加载引导，正常启动计算机系统。

二、OS 系统

龙芯自主可控计算平台的OS系统基于开源Linux设计和实现，具体步骤包括建立交叉编译环境和内核配置与编译。

（1）建立交叉编译环境。

在进行Linux 操作系统移植之前，需要在宿主机上建立MIPS的交叉编译环境，以便能在普通PC机上编译调试运行在目标主机上的程序。前期的工作主要是为交叉编译建立必要的环境，如建立交叉编译的用户、创建编译目录环境、设置必要的环境变量。

```
TARGET=mipsel-unknown-linux-gnu
ARCH=mipselPREFIX=/usr/mipsel
SYSROOT= ${PREFIX}/sysroot
```

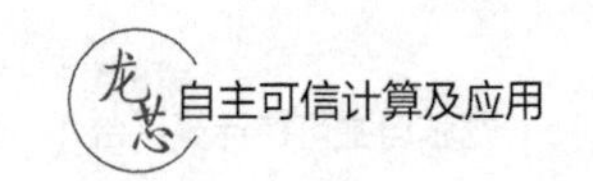


```
CROSS_COMPILE= ${TARGET}-
```

MIPS交叉编译环境的主要工具有Binutils、Gcc、Glibc等。其中，Binutils为二进制文件的处理工具，它包括了编译器（mips-linux-gcc）、汇编器（mips-linux-as）、连接器（mips-linux-ld）和一些基本的对目标文件进行操作的应用程序及运行库。此外，Binutils还包括一些辅助开发工具，如Readelf可显示Elf文件及段信息，Nm可列出程序的符号表，Strip将不必要的代码去掉以减小可执行文件，Objdump可用来显示反汇编代码等。Gcc是Gnu提供的支持多种输入高级语言与多种输出机器码的编译器，是Linux操作系统的配套编译器，支持Linux所采用的扩展C 语言。Glibc是连接和运行库，因为此链接和运行库需运行在目标主机上，所以必须用Gcc交叉编译器对其进行编译。

（2）Linux 内核配置与编译

在Linux源码中，跟龙芯体系结构相关的目录主要有/Include/asm和/arch/mips/。其中，/Include/asm包含很多与结构相关的头文件，而/arch/mips目录下又有很多子目录，如/arch/mips/mm包含若干与板卡结构相关的内存初始化函数，/arch/mips/kernel包含操作系统最初启动时需要的入口函数，/arch/mips/pci包含板卡相关的各PCI设备中断路由与中断号赋值，/arch/mips/lemote包含CPU相关及板卡相关的代码。此外，跟中断相关的代码主要在/arch/mips/pci/fixup-ev3a.c和/arch/mips/lemote/ev3a/irq.c中。与龙芯LS3A2000多核处理器启动相关的代码主要有/arch/mips/lemote/ev3a/setup.c、/arch/mips/lemote/ev3a/smp.c和/arch/mips/lemote/ev3a/pci.c。在进行Linux操作系统移植时，通常最需要修改的就是中断相关代码。在龙芯自主计算平台上进行内核移植的完整过程包括编写针对特定处理器的任务调度、中断处理等代码，编写针对特定硬件平台的引导和初始化代码，编写针对特定外设的设备驱动程序代码及交叉编译内核。其中，在编译内核时，必须根据特定平台和实际需求配置内核源代码。Linux内核源代码组织了一个配置系统，可以生成内核配置菜单，方便内核配置。Linux内核配置系统由Makefile、配置文件（config.ini）和配置工具三部分组成。其中，Makefile是根据配置的情况，构造出需要编译的源文件列表，然后分别编译，并把目标代码连接到一起，最终形成 Linux内核二进制文件。配置文件给用户提供配置选择的功能。配置工具包括配置命令解释器（对配置脚本中使用的配置命令进行解释）和配置用户界面。对于龙芯LS3A2000平台，配置内核时CPU类型选择龙芯LS3A2000。此外，根据开发的需要，可以选择支持以太网，支持 PCI 及串行通信。如果需要文件系统的支持，则要选择ext3和proc等。系统配置完成后，就可以编译内核，内核选择编译为64位内核映像。由于Linux内核默认的处理器架构是i386体系结构，如果要编译为其他的体系结构，必须修改根目录下的Makefile文件：（1）注释掉 i386，x86_64，sparc64等处理器架构；（2）添加这句：ARCH:=MIPS。修改完之后，就可以和普通内核一样进行编译。编译好的内核是压缩的内核镜像文件，在系统启动时会自动解压内核，并将内核载入到内存中。

6.5 小结

本章针对国家网络空间与信息系统安全的战略需要，分析自主可控计算的发展思路，介绍了以龙芯为代表的国产自主CPU处理器，以龙芯CPU处理器为核心的自主可控计算平台，包括基于龙芯LS3A2000处理器的硬件平台和基础支撑软件环境，为进一步研究自主可信计算提供了软硬件基础。

第 7 章 龙芯自主可信计算平台

随着龙芯 CPU 处理器的日益成熟，基于龙芯 CPU 处理器的自主可控计算机在教育、电子政务、航天航空、军事等领域得到了广泛应用。为满足我国特定应用领域的可信安全需要，保证核心信息系统的可信运行，研究信息安全保障体系的可信计算关键技术，建立自我防护、主动免疫保护框架，构建纵深防御的国产自主可信计算体系是我国目前亟待解决的问题。本章以结合自主可信计算技术，介绍一种基于龙芯国产 CPU 处理器的多层自主可信计算体系结构，该体系结构以龙芯国产 CPU 处理器为自主可信计算基础，以国产自主 TCM 可信密码模块为信任根，以可信主板为硬件平台，以可信 BIOS 为核心，通过可信软件协议栈作为纽带提供可信操作系统和各种可信应用。这一自主可控的可信体系结构具有积极防御和主动免疫的功能，可以从根本上对核心信息系统实施保护，对我国信息安全领域的研究和产业化具有重要的指导意义。

本章目标

了解自主可信计算的概念；明确自主可信计算技术；掌握龙芯自主可信计算技术；掌握龙芯自主可信计算平台设计。

7.1 自主可信计算机概述

信息安全技术的进步，特别是自主可信计算技术的发展，为解决我国核心信息系统所面临的可信安全问题提供了可能。随着我国自主可信计算技术研究的深入，我国信息安全产业产生了巨大的市场需求。近年来，我国对信息安全的关注越来越多，已将信息安全提升至国家战略层面，为应对当前严峻的信息安全形势，打造自主可控、可信安全的装备体系，建立自我防护、主动免疫保护框架及构建纵深防御的信息安全保障体系是当前的重中之重。

信息系统可信运行是保障其安全的关键，然而传统安全机制并不能有效保障其可信运行。随着可信计算成为信息安全领域重要和有效的技术手段，可信计算机技术的应用将从硬件结构上为计算平台构建可信安全免疫系统，从根本上解决目前信息系统可信运行的安全难题。因此，为确保计算机软硬件的自主性和安全性，实现整个计算机平台的自主可信，需要立足国产计算机软硬件，以具有自主知识产权的国产可信安全芯片技术为依托，发展自主可信的计算机平台。

7.1.1 自主可信计算机

国际上主流的可信计算平台是基于x86处理器与TPM可信安全芯片，符合TCG规范的软硬件系统。由于TPM可信安全芯片内一般存储与密钥相关的重要敏感信息，如果我国直接采用x86处理器与TPM安全芯片构建可信计算平台，则会有重要信息被他人掌握的风险，因此可信计算系统的国产化成为必须。自主可信计算机是指在国产CPU处理器的自主安全计算基础上，将支持国产密码体系的可信安全芯片直接嵌入到系统主板上，并在系统上运行一个高安全的可信操作系统作为信息可信处理软件系统平台，在可信操作系统上通过各种国产加密算法对系统文件数据进行处理以达到信息自主可信安全的目的。

7.1.2 自主可信计算机的特点

基于国产软硬件的自主可信计算平台与国外可信计算平台相比，具有以下特点。

（1）核心 CPU 处理器和可信安全芯片不同。其中，CPU 处理器等核心部件打破发达国家对我国的垄断，由我国自主设计实现，即核心 CPU 采用具有自主知识产权的国产 CPU 处理器。可信安全芯片借鉴国际上可信计算安全芯片的原理，采用我国自主研发的国产可信密码芯片。

（2）密码算法不同。在密码体系层面采用非对称和对称相结合的国产密码机制。其中，对称密码算法采用国产商用 SM4 算法，而不是国际上的 AES 密码算法。非对称密码算法采用国产商用 SM2 密码算法，而不是 TCG 建议的 RSA 算法。哈希密码算法采用国产商用 SM3 算法，而不是 TCG 建议的 SHA1 算法。

（3）可信根不同。国际 TCG 组织定义了可信度量根、可信存储根和可信报告根 3 个可信根，它们分别存放在 TPM 和 BIOS 中。我国自主可信计算平台只有 TCM 一个可信根，且在可信主板层面由 TCM 可信根实现先于平台启动的可信度量。

（4）对外接口不同，在可信平台控制模块层面集成主动度量模块和总线控制器。我国自主开发的 TCM 具有主动度量接口，扩展总线增加 PCI 和 PCI-E 等高速接口，具有更安全和更高效的特性。

（5）在可信软件层面构建了宿主软件系统加可信基础软件的双体系结构，操作系统采用开源 Linux 系统自主设计国产操作系统，并依托双体系结构实施对系统的主动度量，实现对系统的集中控管，有效防范合谋攻击等攻击手段。

（6）根据当前我国国产化软硬件基础，在可信的基础上开展软硬件协同设计、优化设计、可靠性设计，使我国可信计算平台不但具有安全性，而且更健壮、更高效。

7.1.3 自主可信计算机的设计目标

自主可信计算机设计的总体目标是从理论和实践上解决敏感数据存储的机密性和完整性问题，依托自主可信计算技术，以密码技术为核心，结合国产龙芯CPU处理器、TCM可信密码模块和可信安全增强操作系统，设计一款面向我国自主安全需求的自主可信计算机，实现计算机运行空间数据信息完整无篡改，信息流程可信可控的计算环境，形成高可信高可靠的安全计算机系统，为用户提供高性能、高可信、高安全的安全计算机。提升对当前信息化安全建设的国产化改造能力。该自主可信计算机在功能上需要达到以下具体设计目标。

（1）提供可信数据加密和数据封装。数据加密和数据封装可以作为安全机制的有力补充手段，对用户信息进行保护，以免造成数据的被窃与丢失。

（2）提供平台及用户身份鉴别，保证终端可信。基于可信安全模块生成计算机唯一身份标识，支持证书作为计算机用户唯一身份标识。

（3）密钥数据的安全存储。解决了密钥安全存储问题，防止密钥泄漏引起信息泄露。

（4）完整性校验。可信计算机应保护执行代码的完整性，防止攻击者篡改和漏洞利用。

（5）用户认证及授权。对操作身份进行鉴别，防止非法用户对数据进行操作。用户对敏感数据进行数据封装时，指定与该可信平台状态绑定。当用户需要对该密封后的数据进行解封时，需要平台当前的状态与封装操作时所制定的平台状态相吻合，否则不能对该数据进行解封。

7.2 龙芯自主可信计算体系结构

为了建立自主可控的国产可信计算体系，从自主可信计算出发，提出龙芯CPU自主可信计算方案。首先，国产可信计算体系结构以国产自主CPU处理器计算体系为基础，采用龙芯CPU处理器和自主可信安全芯片相结合的可信计算结构，自主可信安全芯片确定国产密码机制，包括对称、公钥和哈希密码算法、密钥管理和证书配置，并提出TCM可信密码模块。其次，在可信平台控制模块规范、可信平台主板功能接口规范和可信基础支撑软件规范3个主体标准的基础上，提出自主可信计算规范体系结构和可信计算平台方案。然后，从TCM可信密码模块出发，建立可信BIOS，并将信任传递到操作系统和应用软件，形成信息系统的信任链，保证核心信息系统的可信安全。图7-1描述了龙芯自主可信计算体系结构。

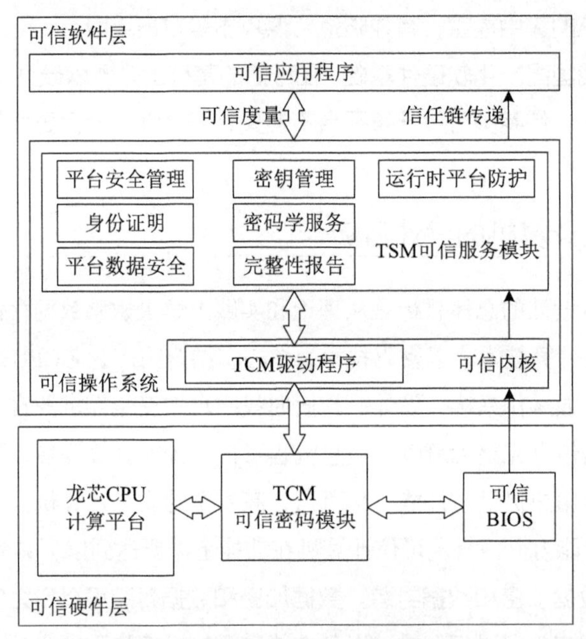

图 7-1 龙芯自主可信计算体系结构

从图7-1可以看出，自主可信计算机由可信软硬件系统组成。其中，可信硬件层由基本硬件平台设备，包括自主龙芯CPU处理器、存储器、外围输入/输出设备及TCM可信安全芯片等构成。其中，龙芯CPU处理器是整个可信计算平台的基础部件，通过具有自主知识产权的龙芯CPU处理器，确保计算上的自主可信。TCM可信安全芯片是整个可信计算平台的核心部件，拥有受硬件保护的存储空间，并为整个可信计算平台提供可信性检测、完整性度量和密码运算等功能。此外，可信BIOS固件是整个可信计算平台的关键部件，是可信平台信任传递的起源。它不仅用于初始化硬件设备，安装及引导操作系统，提供硬件设备的调试诊断等功能，还以TCM为基础，实现TCM驱动接口、TCM配置管理和可信度量等可信功能，在硬件、固件和软件之间构建信任链，实现可信计算功能。

可信操作系统层由基本的操作系统、位于操作系统内核模式的TCM可信安全芯片设备驱动（TDD）和位于用户模式的TSM可信计算软件栈组成。在操作系统可信阶段，TCM系统驱动在操作系统的内核模式下以模块形式载入，它和操作系统内核一起经过可信BIOS度量后，称为可信操作系统内核。可信操作系统内核的TCM驱动直接与TCM安全芯片进行通信，它主要完成对TCM芯片的驱动和管理等功能，并向操作系统用户模式下的TSM可信服务模块提供访问接口。通过TSM访问接口，TDD读取TSM的TDDL可信安全设备驱动库上的字节流信息发送给TCM可信安全芯片，并接收反馈信息给TDDL。

TSM可信计算软件栈是基于TCM的操作系统用户模式的可信软件模块，采用分层和面向对象的方式对TCM提供的命令和功能进行封装，并为上层应用程序提供二次开发接口，包含TCM设备驱动库（TDDL）、TCM核心服务（TCS）和TCM服务提供者（TSP）。其中，TDDL是对TCM设备驱动的封装，TSM 通过TDDL调用TCM系统驱动对TCM资源进行分配并向上层应用提供访问接口。TCM设备驱动程序工作在系统核心模式下，因核心模式需要非常高的权限，病毒和木马等很难对TCM设备驱动程序造成破坏。TCS属于系统级进程，为应用层提供系统功能调用。TSP为应用软件提供访问TCM的软件接口，其主要完成对可信计算平台的安全管理、平台身份证明、密钥管理和密码学服务，以及对可信应用程序的可信度量、数据保密安全和程序的运行时提供防护等功能。

可信应用层主要是在可信操作系统上运行的可信应用程序。该可信应用程序使用TSM可信计算软件栈提供的访问可信安全芯片功能的接口函数编写。

7.3 龙芯自主可信计算硬件

硬件层是自主可信计算机平台的基础，包括核心板和外围板上的功能模块，采用国产龙芯3A处理器体系结构，主要包括龙芯CPU计算平台和TCM可信密码模块。自主可信计算机采用标准ATX主板形式，采用10层板设计，核心器件主要包括国产自主CPU龙芯LS3A2000，2 片HY57V561620D作为SDRAM，1片AMD RS870E作为北桥，1片AMD SB710作为南桥，XDL12M 晶振提供CPU 主时钟，1片SSX44-B作为可信密码模块，其设计原理如图7-2所示。

在图7-2中，龙芯LS3A2000处理器通过Hyper Transport总线与AMD RS870E北桥连接，该芯片集成了显卡，支持VGA和DVI 输出，具有PCI-E扩展总线接口和RTL8111H以太网接口。可信安全芯片SSX44-B可信密码模块的一个重要功能就是度量代码的完整性，这需要将目标代码发送到可信安全芯片SSX44-B可信密码模块并调用可信安全芯片内部的散列函数引擎进行度量，这对传输速率也就有了一定的要求，因此，可信安全芯片SSX44-B可信密码模块作为信任根集成到主板上，通过自定义PCI-E总线接口与主板连接，自定义PCI-E总线接口在标准PCI-E总线接口的基础上增加CPU复位控制、主动度量控制、LPC和端口控制信号定义。其中，为了实现可信度量BIOS控制，设计可信度量切换电路对龙芯LS3A2000 CPU处理器进行复位控制，BIOS芯片LPC信号通过自定义PCI-E接口与可信密码模块连接，提供开机时主动读取BIOS进行完整性度量的通路。龙芯LS3A2000 CPU处理器向外主要提供了PCI、LPC和UART等通用外围总线接口。在这些总线中，PCI是同步通信的一种方式，具有接口线少、控制方式简单、通信速率较高等优点。UART属于无时钟的协议，需要提供固定的波特率，且通信率较低。相比UART和PCI总线接口，LPC虽然占据较多的总线，但其接口实现简单，更符合可信安全芯片SSX44-B可信密码模块接口扩展的要求。因此，这里采用LPC总线与可信度量切换电路连接。同时，自定义PCI-E 接口通过一路PCI-E接口与北桥AMD RS870E芯片连接，与可信安全芯片SSX44-B可信密码模块进行可信数据通信。从图7-2可以看出，自定义PCI-E接口设计端口控制信号线分别与主板网络芯片、串口芯片和USB端口控制芯片连接，实现硬件端口的可信控制。南桥芯片采用AMD SB710，它支持SATA和USB 接口。南桥AMD SB710芯片通过主板集成端口控制器与TCM可信密码模块进行交互，完成可信端口控制。可信密码模块硬件设计采用的SSX44-B芯片主要由执行处理器、存储器、I/O、密码协处理器（SM4、SM2、SM3、HMAC引擎）、随机数产生器和嵌入式操作系统、易失存储、非易失存储、PCR寄存器等部件组成。

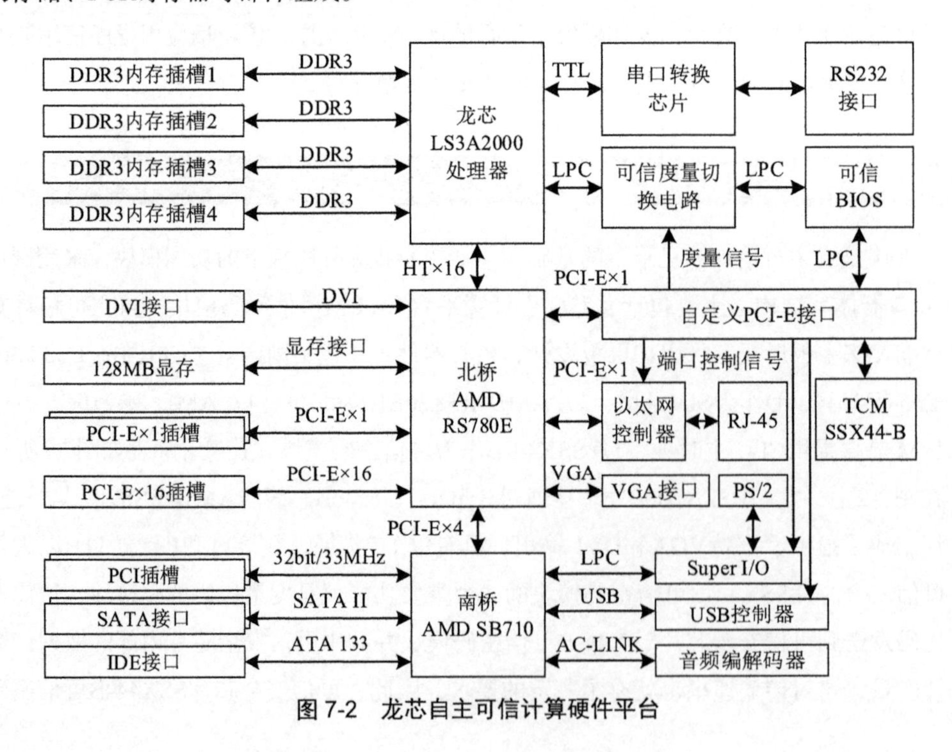

图 7-2　龙芯自主可信计算硬件平台

7.4 龙芯自主可信固件

BIOS固件是介于硬件和操作系统之间的程序实体，它处在计算机系统的最底端，负责对计算机硬件资源进行初始化及装载操作系统，提供操作系统所需的相关调用，其安全性直接决定了操作系统的安全及操作系统之上相关应用的信息安全。根据可信计算相关理论和第4章介绍的信任链技术，BIOS固件的可信成为可信计算平台的重要部分，是可信计算平台架构的可信基础，如果BIOS不可信，那么可信计算平台将失去可信的意义。因此，在自主可信计算平台中架构可信BIOS固件非常重要，需要确保BIOS固件的安全与状态可信。

可信BIOS固件包括基础功能和可信安全功能两个子系统。其中，基础功能子系统实现基本的BIOS功能，即初始化所有的硬件设备并分配资源，为操作系统准备运行环境，引导操作系统并转交控制权。可信安全功能子系统则实现安全可信的相关功能，为系统运行提供安全可信保障，主要包括对硬件设备的可信度量和对OS内核文件的可行性度量。其中，可信BIOS固件对硬件设备的可信度量是将待度量硬件设备的特征数据存储在TCM可信安全芯片内，可以通过TCM驱动的接口函数获得。可信度量时，读取硬件设备的特征数据与存在TCM中的数据进行比较。如果度量验证失败，则判断用户类型。如果是普通用户，那么报警并停止启动BIOS。如果是特权用户，那么用户可以选择继续启动并进行配置管理。对OS内核文件的可信度量，可信BIOS固件在磁盘的某一个分区中，存放有一个操作系统内核文件的列表。可信BIOS固件读取列表中的所有文件，并调用TCM可信安全芯片的密码算法接口来计算这些内核文件的哈希值，然后与存在TCM芯片存储空间里的标准值进行比对。如果相符，则内核的完整性校验成功；否则，说明内核已经损坏或被篡改，并启动恢复机制。

7.4.1 可信固件架构

统一可扩展性固件接口（Unified Extensible Firmware Interface，UEFI）采用Intel EFI规范的开放接口技术，提供操作系统启动前在所有平台上一致的、正确指定的启动服务。可信BIOS固件基于UEFI技术，通过建立可信度量根，并初始化可信安全芯片TCM可信密码模块作为信任链的可信存储根和可信报告根，然后在UEFI BIOS子模块控制权转移过程中，上一级模块对下一级执行模块进行可信度量，从而建立一条BIOS固件内的信任链，将可信BIOS更新到龙芯自主可信计算主板中，成功启动操作系统。图7-3显示了可信BIOS的总体架构。

在图7-3中，建立可信BIOS固件的信任链，首先要确立在其启动过程中的可信阶段，并将其作为信任链的可信度量根。SEC安全检测阶段是平台加电后可信BIOS进入的第一个阶段，主要进行加电自检，验证硬件信息。SEC安全检测阶段被默认为是绝对安全的，可以作为可信BIOS固件启动过程的可信度量根。确立可信度量根之后，则要从可信度量根出发，建立一条基于UEFI BIOS固件启动过程的信任链。SEC安全检测阶段会对早期的初始化代码进行验证，并使用哈希函数对PEI核心代码进行可信度量，保证其执行代码的可信。PEI阶段主要进行CPU、内存和主板的初始化工作并建立C语言的执行环境，其核心代码的安全性在SEC阶段已被可信度量，因此PEI阶段也是可信的。可信PEI阶段初始化完成后，会对DXE阶段代码及DXE阶段加载的驱动程序进行可信度量。如果DXE阶段可信，DXE阶段搭建UEFI基础服务和驱动执行环境，并检索固件卷内的所有DXE驱动进行加载，然后对BDS阶段代码和驱动程序进行可信度量，DXE阶段最后与BDS阶段共同组成控制台，管理UEFI驱动和应用程序的加载。BDS阶段执行完毕后，对TSL阶段和OS Loader进行可信度量，并进入TSL阶段。此外，OS Loader加载操作系统内核，并调用相关服务退出BIOS固件程序，将系统控制权交给操作系统，信任关系也从BIOS固件传递到操作系统。之后，便进入操作系统运行阶段。从图7-3可以看出，可信BIOS固件处在信任链的底端，其可信性直接决定整个计算平台的可信程度。可信度量所需的核心可信根是可信BIOS的一部分，在可信BIOS固件启动初期执行，是固件初始化代码中不可更改的一部分，是可信BIOS 的引导部分。

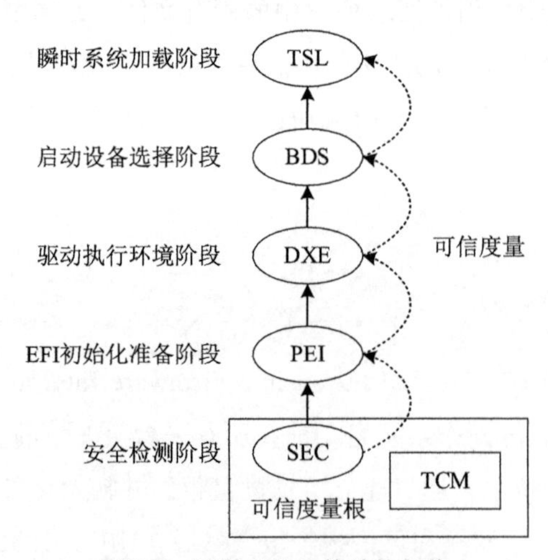

图 7-3　可信 BIOS 的总体架构

7.4.2　可信固件流程

可信BIOS固件的每个阶段在执行之前需要进行可信度量，这就形成了可信BIOS的执行流和度量流两个操作流程。其中，执行流程是每个阶段之间控制权的传递，度量流程是可信度量的过程。图7-4显示了龙芯自主可信计算平台从开机上电到操作系统运行过程中可信BIOS固件的执行流程。

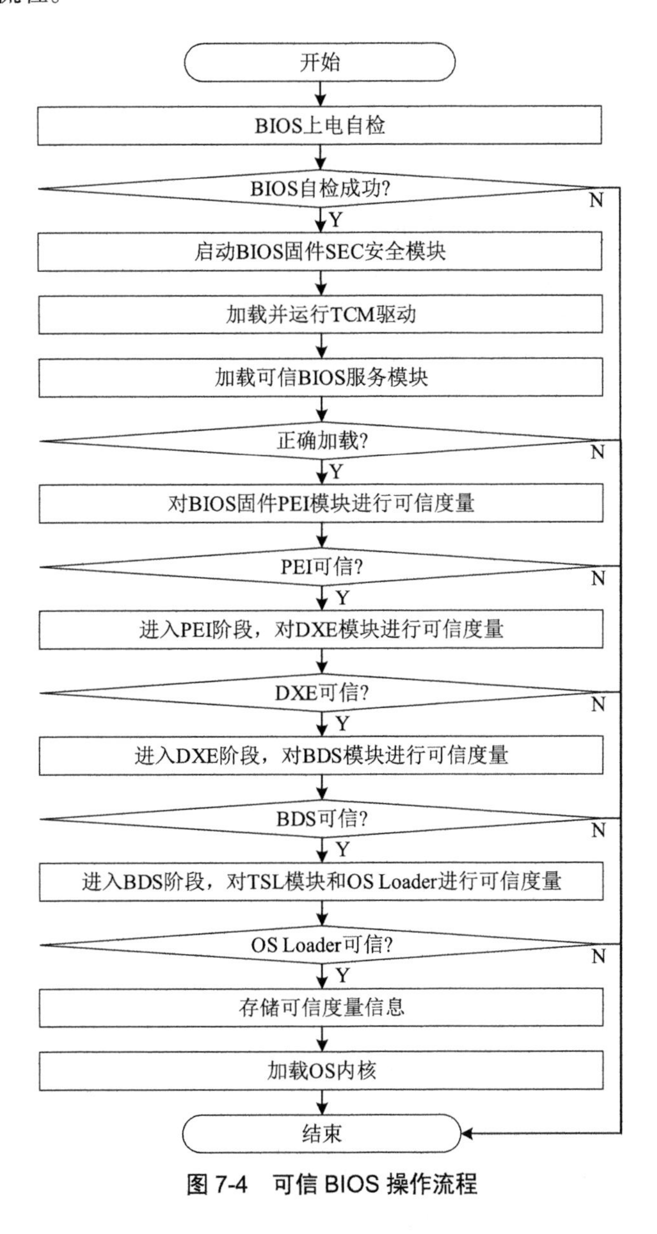

图 7-4 可信 BIOS 操作流程

在图7-4中，龙芯可信计算平台上电后，可信BIOS固件进行自检操作。完成可信BIOS固件自身检测后，启动可信BIOS固件的SEC安全检测阶段。由于SEC是UEFI BIOS固件执行的第一个阶段，默认是绝对安全，因此作为可信度量根，并结合TCM可信安全芯片共同作为可信BIOS固件的信任根。然后，加载TCM驱动和可信BIOS服务。接着，加载PEI可信度量引擎，并通过调用可信BIOS服务和TCM驱动对PEI阶段进行可信度量，记录度量事件日志，包括PCR索引号、度量值及事件信息。龙芯自主可信计算平台的可信操作系统和可信应用通过消息传递模块提供的服务，能够识别事件日志属于哪个PCR及事件发生的顺序，完成可信报告。度量事件日志通过系统的ACPI表来存储，其在ACPI中的存储结构如图7-5所示。

接着，将可信度量的哈希值结果保存到TCM可信安全芯片中对应的PCR寄存器。由于PCR寄存器数量有限，需采用拼接压缩存储方法，来更新存储一个部件序列中各个部件的度量值，以减少PCR的使用数量。拼接压缩存储公式如下：

$$PcrValueNew = SM3(PcrValueOld \| Value) \tag{7-1}$$

公式（7-1）先读取PCR中的值（PcrValueOld），然后将其与新增数据（Value）进行拼接，再使用SM3哈希算法对拼接后的结果做哈希运算，最后将运算结果（PcrValueNew）存储在PCR中。SM3哈希算法是单向性，其更新PCR的顺序无法更改。度量值存储到PCR中的过程如图7-6所示。

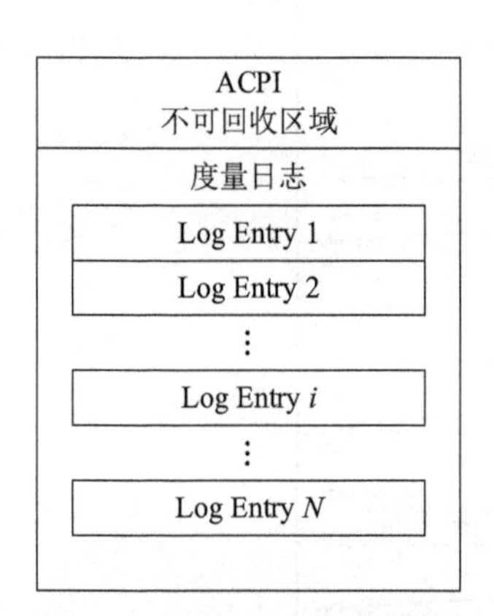

图 7-5　度量事件日志存储结构

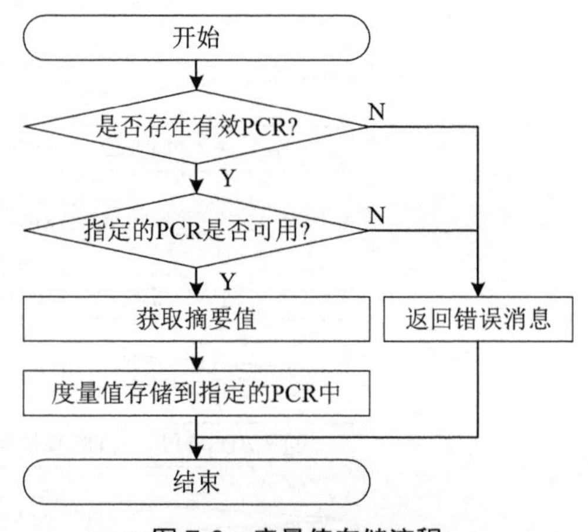

图 7-6　度量值存储流程

从图7-6可以看出，在将度量值存入PCR寄存器之前，首先检测TCM中是否存在有效的PCR寄存器。如果检测出无效PCR寄存器，则返回错误信息。因为可信平台主板功能接口规范规定每个PCR寄存器存储特定度量对象的度量值，所以在确定存在有效的PCR寄存器后，要检测是否存在特定的PCR寄存器及其是否可用。如果特定的PCR寄存器不存在或不可用，则返回错误信息。否则，根据公式（7-1）进行哈希运算，最后将运算结果存储在PCR寄存器中。

然后，PEI可信度量引擎将度量值与存放在TCM芯片安全存储区域中的预期值进行比较。如果不相同，则拒绝加载PEI阶段的代码及执行信任的传递操作。如果相同，表示

PEI可信，可信度量通过，并可以加载执行PEI阶段代码，同时SEC将信任传递给PEI。可信PEI阶段由PEI模块（PEI Module，PEIM）组成，通过PEIM分发器对PEIM逐个进行加载。DXE可信度量引擎作为PEIM在PEI阶段加载，并执行对DXE阶段主要组件（如DXE基础服务程序、DXE驱动程序和DXE调度程序）的可信度量，将度量值存储在TCM的PCR中，同时记录度量事件日志，然后将度量值与TCM中的预期值进行比较。如果相同，则表示DXE是可信的，DXE可以被加载，PEI将信任传递给DXE。否则，PEI拒绝加载DXE及信任的传递。

进入可信DXE阶段后，DXE建立UEFI基础服务和驱动执行环境，并且分发和调度驱动程序执行，DXE阶段核心模块和驱动程序模块均以FFS文件格式存储在同一个固件卷内。然后，加载BDS可信度量引擎，BDS可信度量引擎运行在DXE阶段，从DXE阶段到BDS阶段，需要通过DXE分发器调用BDS架构协议实现，BDS架构协议是DXE基础框架调用的一个特殊协议。BDS可信度量引擎将在BDS架构协议加载时对BDS阶段引导操作系统的代码进行可信度量。如果可信度量通过，则将控制权转交给BDS阶段，并加载执行BDS。BDS阶段建立控制台并提供BIOS固件的Shell环境，此阶段BIOS固件可以从外部设备加载UEFI驱动和应用程序，完成对OS Loader的可信度量。最后，BIOS固件将控制权转交给OS Loader，操作系统内核加载。当OS Loader和操作系统内核加载成功之后，操作系统就会正常启动，至此可信BIOS固件的启动和可信度量工作完成。从图7-6可以看出，BIOS固件的可信度量由下往上主要包括SEC度量PEI、PEI度量DXE及DXE度量BDS。下层先对上层要执行的代码作可信度量，度量通过后，把控制权传递给上层，开始执行流程。即一层度量一层，一层信任一层，从而把这种信任扩展到整个BIOS固件。

7.4.3 可信固件模块

为了在BIOS固件中进行可信度量、可信传递、可信存储和报告，可信BIOS固件首先需要实现可信安全芯片的硬件驱动，即对TCM可信密码模块进行支持，可信BIOS固件可以通过TCM进行可信度量。其次，通过可信BIOS服务模块提供可信计算相关的服务，并能够用于实现可信传递。然后，通过一定机制对可信BIOS执行阶段的完整性进行度量，维护BIOS固件自身的可信性。最后，提供可信度量的存储结果和报告，即利用TCM的特殊寄存器PCR和ACPI表构建信息传递模块，存储BIOS启动过程完整性度量结果，用于可信报告。因此，基于UEFI的可信BIOS固件增加了TCM驱动、可信BIOS服务、可信BIOS消息传递和可信BIOS度量等模块，如图7-7所示。

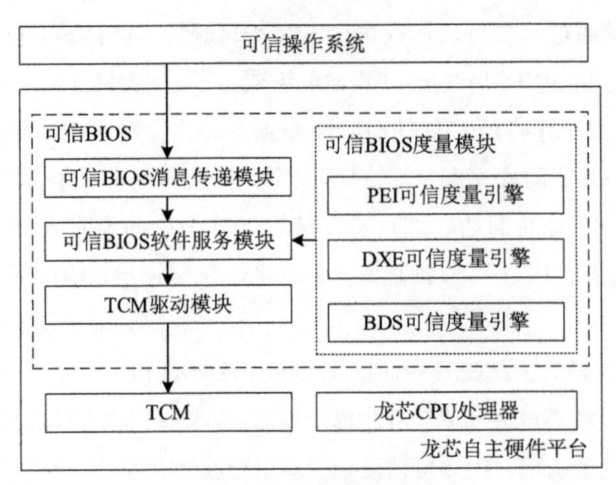

图 7-7　可信 BIOS 模块

在图7-7中，TCM驱动模块主要是对TCM可信安全芯片的支持，实现TCM的驱动程序。通过TCM驱动可以将可信BIOS固件的可信度量扩展到TCM可信安全芯片的PCR中。可信BIOS服务模块需要完成基于UEFI的可信BIOS固件对UEFI_TCM_ PROTOCOL的支持，以及密码算法库、驱动签名和Hash算法的实现。可信BIOS服务模块为可信BIOS度量模块提供相应的服务，它调用TCM驱动，使用TCM硬件中的硬件随机数生成、硬件内部加密算法等功能。可信BIOS服务模块还可以为UEFI BIOS中的其他应用程序提供支持，例如，UEFI Shell下的加密相关的应用程序也可以调用可信BIOS服务模块来使用TCM的加解密功能。可信BIOS服务模块中包含了可信度量根，它是所有信任链的根起点，这部分代码一经固化不能轻易改变。可信BIOS度量模块实现基于UEFI的可信BIOS固件的可信度量，调用可信BIOS服务模块所提供的服务，一起完成龙芯自主可信计算平台的信任链传递。可信BIOS度量模块包含PEI可信度量引擎、DXE可信度量引擎和BDS可信度量引擎。它们将在UEFI的PEI、DXE和BDS阶段执行前对UEFI文件进行可信度量，将可信度量结果扩展到TCM的指定PCR寄存器中，同时将可信度量的有关信息，包括Hash值、被度量文件的一些其他信息，存储到可信BIOS信息传递模块中。可信BIOS信息传递模块实现基于UEFI的可信BIOS固件的可信存储，用于可信报告。可信BIOS信息传递模块将可信BIOS度量模块度量BIOS固件启动过程的度量结果以Event Log形式存储到ACPI表中。可信操作系统和上层应用程序可以通过可信BIOS信息传递模块读取ACPI表中的Event Log，报告计算机的启动过程。下面具体介绍这些模块。

一、TCM 驱动

TCM驱动模块主要完成TCM可信安全芯片的硬件设备自检、初始化、注册、接口寄存器申请及启动等功能，实现TCM可信安全芯片的驱动程序，提供对TCM可信安全芯片发送操作命令和数据，并接收反馈信息。通过调用该模块，可以将对BIOS固件的可信度量扩展到TCM可信安全芯片的PCR寄存器中，其加载流程如图7-8所示。

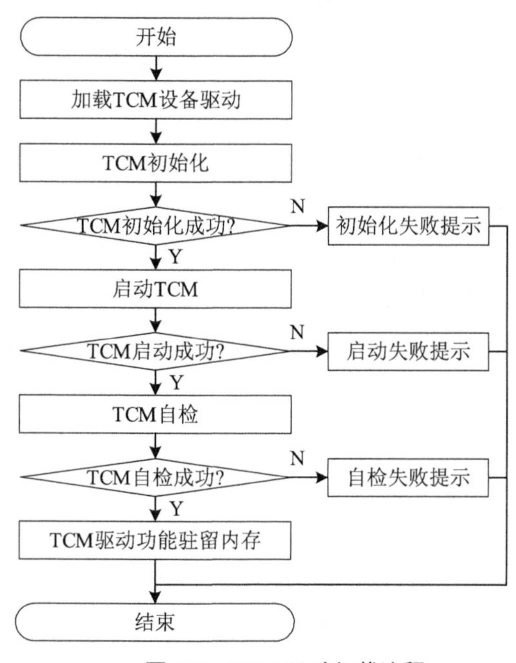

图 7-8　TCM 驱动加载流程

在图7-8中，TCM可信安全芯片的驱动是通过可信BIOS固件中的UEFI_TCM_TDD_PROTOCOL驱动协议实现。该协议的结构定义如下。

```
#define UEFI_TCM_TDD_PROTOCOL_GUID
...
Typedef struct {
UEFI_TCM_SEND_COMMAND                SendTcmCommand;
TCM_CMD_START_UP                     TcmCommStartup;
TCM_CMD_SELF_TEST                    SelfTest;
TCM_CMD_EXTEND                       TcmCommExtend;
}UEFI_TCM_TDD_PROTOCOL;
```

通过调用UEFI_TCM_TDD_PROTOCOL协议可以对TCM的硬件设备提供初始化、启动和自检等操作。首先，通过TcmTddInit()函数进行TCM驱动设备的加载及初始化操作。执行TcmTddInit()函数后，通过其返回的结果可以判断出可信BIOS固件的TCM驱动设备是否加载成功，以及TCM设备驱动UEFI_TCM_TDD_PROTOCOL 协议是否能够正确使用。当TcmTddInit()返回0时，表示TCM初始化成功，可信BIOS固件就可以正常加载UEFI_TCM_TDD_PROTOCOL协议，否则给出TCM初始化失败提示。这时，可信BIOS固件可以通过UEFI_TCM_TDD_PROTOCOL驱动协议中的SendTcmCommand()函数向TCM硬件设备发送不同的指令，完成指令操作和数据收发的相应功能，如StartUp和SelfTest指令，同时能够得到TCM可信安全芯片对发送来的指令的一些反馈信息。TCM可信安全芯片外部的组件如果要对TCM的硬件进行操作，需要调用SendTcmCommand()函数来向TCM可信安全芯片发送有关的操作命令。当TCM初始化成功后，TCM驱动模块通过SendTcmCommand()函数发出TCM启动指令StartUp，StartUp指令通过调用TcmCommStartUp()函数执行TCM启动操作，根据函数TcmCommStartUp()的返回结果可知TCM可信安全芯片是否正常启动。如果不能正常启动TCM可信安全芯片，则给出启动失败提示。当TCM可信安全芯片正常启动之后，TCM驱动模块通过SendTcmCommand()函数发出TCM自检指令SelfTest，该指令通过调用TcmCommSelfTest()函数执行自检操作。如果自检成功，TCM驱动驻留内存，完成TCM硬件驱动加载。否则，给出自检失败提示，释放内存资源，退出TCM硬件驱动加载程序。

二、可信 BIOS 服务模块

可信BIOS服务模块建立在TCM设备驱动之上，是对设备驱动的再次封装，为可信度量模块提供更高层次的接口。该模块的功能包括对TCM的操作、支持可信计算的相关协议及完成密码学相关服务，如获取随机数、加载密钥、签名服务、验证服务、分组加解密服务及杂凑运算等。可信BIOS服务模块执行流程如图7-9所示。

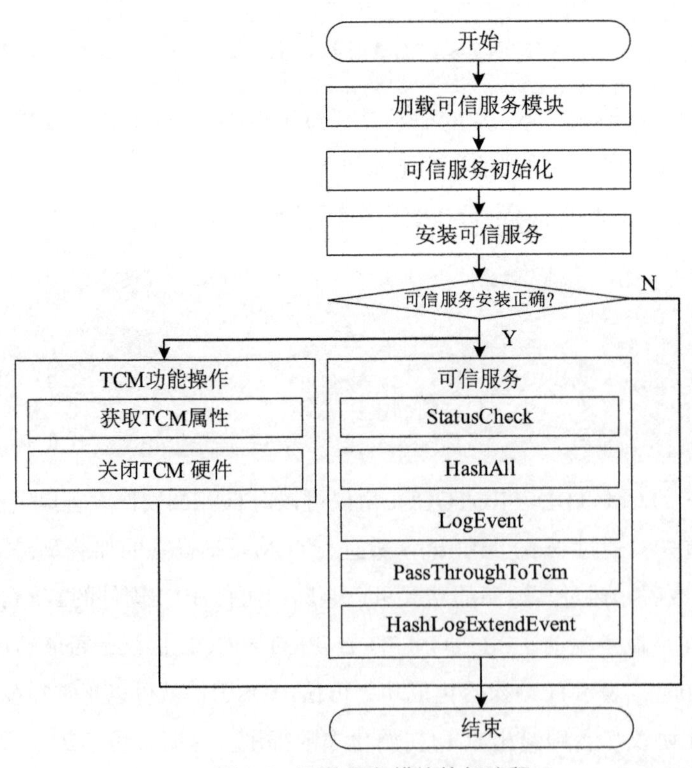

图 7-9　可信服务模块执行流程

在图7-9中，可信BIOS服务模块包括TCM功能操作和可信服务。其中，TCM功能操作是指通过TCM 硬件驱动对TCM执行操作，如实现获取TCM当前状态属性的Get Capability和关闭硬件的Physical Disable操作等。此外，可信服务模块提供了TCM状态信息获取、哈希运算、消息传输和日志记录等服务，这些服务通过使用UEFI_TCM_PROTOCOL协议实现，其协议接口函数结构如下。

```
#define UEFI_TCM_PROTOCOL_GUID
...
Typedef struct {
UEFI_TCM_STATUS_CHECK              StatusCheck;
UEFI_TCM_HASH_ALL                  HashAll;
UEFI_TCM_LOG_EVENT                 LogEvent;
UEFI_TCM_PASS_THROUGH_TO_TCM       PassThroughToTcm;
UEFI_TCM_HASH_LOG_EXTEND_EVENT     HashLogExtendEvent;
}UEFI_TCM_PROTOCOL;
```

在以上UEFI_TCM_PROTOCOL协议接口结构中，StatusCheck()函数用于获取TCM当前状态信息、UEFI协议信息及日志的状态信息。HashAll()函数用于对输入的数据执行Hash运算，并返回执行结果。PassThroughToTcm()函数用于以字节流形式向TCM可信安全芯片发送系统传送到TCM的消息，并将结果以字节流形式返回给系统。HashLogExtendEvent()提供所有事件的杂凑运算、PCR的扩展事件并将Hash后的结构存入事件日志。当需要增加一个与PCR扩展操作无关的事件日志入口，或者增加一个与前一扩展有关的事件日志入口时，则通过LogEvent()函数完成事件日志记录，该函数不执行TCM扩展操作。

三、可信度量模块

可信度量模块包含PEI可信度量引擎、DXE可信度量引擎和BDS可信度量引擎，它们通过调用可信BIOS服务模块中的协议和函数实现对BIOS各个阶段的可信度量，其可信度量流程如图7-10所示。

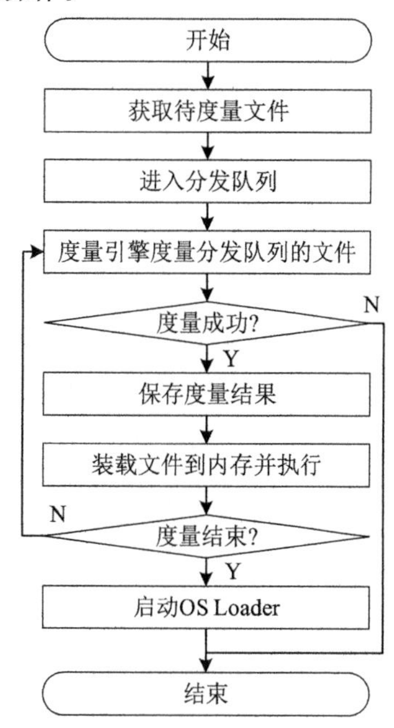

图 7-10　可信度量模块执行流程

在图7-10中，启动BIOS所需的服务与设备初始化需要一定的顺序和等待时间，为了能有序合理的完成这些工作，可信BIOS固件通过设计一个分发器（Dispatch）将符合分发条件的待度量文件放在一个队列中，并依次分发。此外，可信BIOS固件通过在引导服务（Boot Service）中定义一个LoadImage服务专门负责将UEFI映像文件加载到内存中。通过调用LoadImage服务将所有需要加载到内存中执行的程序加载到内存中，因此要完成对BIOS的可信度量，需要将可信度量引擎（包括PEI可信度量引擎、DXE可信度量引擎和

BDS可信度量引擎）添加到这个服务中。可信度量引擎在完成度量待装载文件的同时，还要通过可信BIOS服务模块调用TCM中的哈希密码算法进行哈希运算并将结果扩展到TCM可信安全芯片的PCR中，将可信度量的相关信息以Event Log 结构的形式保存到消息传递模块中。

四、消息传递模块

消息传递模块通过事件日志（Event Log）的方式来实现。Event Log是一种数据结构，其定义如下。

```
Typedef struct{
TCM_PCRINDEX        PcrIndex;
TCM_DIGEST          Digest;
TCM_EVENTTYPE       EventType;
UINT32              EventSize;
UNIT8               Event[i]
}UEFI_TCM_PCR_EVENT;
```

在以上Event Log数据结构中，PcrIndex表示TCM可信安全芯片中的PCR寄存器序号。Digest为记录到PCR中的程序或数据度量值。EventType为事件的类型。EventSize为记录内容的大小。Event[i]为记录程序或数据的描述内容。可信BIOS固件将平台启动过程中所进行的可信度量结果以Event Log的形式存储在消息传递模块的ACPI表中。上层应用程序通过读取ACPI表获取Event Log，从而获得平台启动过程的相关信息，用于完整性校验，或者进行可信测评等。使用Event Log可以展现平台启动过程，作为可信报告及验证的依据。上层应用可以使用Event Log数据结构，实现基于UEFI的可信BIOS固件的可信度量报告，使用Event Log还可以还原出启动过程中所进行的动作，可作为可信报告的一种依据。

7.5 龙芯自主可信服务

在龙芯自主可信计算平台中，为了提供可信应用，需要在操作系统中支持龙芯自主可信服务。由于龙芯自主可信计算硬件平台的TCM可信安全芯片的资源有限，为了使上层应用能够方便、安全地使用TCM功能，龙芯自主可信计算平台中包含TCM内部的受保护函数接口与TCM外部的不受保护函数接口，而这些无须执行保护的函数便构成了龙芯自主可信服务。在龙芯自主可信计算平台中，为上层应用提供可信支撑的龙芯自主可信服务由操作系统中的TCM设备驱动和TSM组成。其中，TCM设备驱动工作在操作系统的内核模式。TSM工作在操作系统的用户模式，包括TCM设备驱动库（TDDL）、TSM 核心服务（TSM Core Service，TCS）和TSM 服务提供者（TSM Service Provider，TSP），其中，TDDL和TCS属于系统进程，TSP属于用户进程。TSM为上层应用提供TCM的命令操作和资源管理。

7.5.1 TCM 设备驱动

在7.4节中，可信BIOS固件的TCM设备驱动为可信BIOS固件中的可信服务模块提供访问TCM的接口。在可信操作系统中，TCM设备驱动也为TSM协议栈中的可信功能模块提供访问TCM的接口。TSM通过TCM驱动提供的接口，访问TCM可信安全芯片，调用其功能函数接口进行可信度量、存储可信度量结果等。从3.4.3小节可以看出，TCM设备驱动位于TCM与TSM之间，工作在内核模式下，与TCM在物理层进行通信。TCM设备驱动主要负责TCM芯片初始化、TCM功能管理和数据传递等功能，并向上层提供访问接口。

在操作系统内核中，TCM设备驱动支持直接访问TCM和通过TSM访问TCM两种接口。当应用程序需要直接访问TCM可信安全芯片时，则以文件的形式对TCM可信安全芯片进行访问，其TCM设备驱动接口函数包括Tcm_Open()、Tcm_Write()、Tcm_Read()和Tcm_Release()。其中，Tcm_Open()函数打开TCM设备，Tcm_Write()函数向TCM设备写入命令，Tcm_Read()函数从TCM中读取数据，Tcm_Release()函数释放TCM设备所占用的资源。通过TSM访问TCM时，TCM设备驱动对上层应用提供TSP调用，以便形成具有具体功能的TCM操作函数。TCM设备驱动自身通过下层接口直接跟TCM设备交互，将TSP所发送的命令字按照特定的格式转化成二进制数据，并以二进制数据流形式发送给TCM硬件，同时接收来自TCM硬件的返回结果，并将这些结果返回给上层调用程序。二进制数据流的传输通过TcmTransmit()接口函数完成。

7.5.2 TCM 设备驱动库

TSM的TDDL层可以屏蔽各设备I/O控制信息的差异，完成指令和状态信息在用户模式和内核模式间的传递。因此，TDDL层提供两项基本功能：（1）为TCM定义一套标准的接口，以使所有的TCM在接口Tddli上都行为一致；（2）完成内核模式与用户模式之间的转换。TDDL向用户模式提供接口，与内核模式接口比较，它有以下优点：保证TSM的不同实现可以与任意的TCM硬件进行通信，为TCM应用程序提供不依赖于操作系统的接口。TDDL提供一个标准接口，常驻用户模式，并通过调用TCM设备驱动与TCM 可信安全芯片交互。此外，TDDL模块提供了密钥管理等简单的功能来管理有限的TCM资源。由于TCM每次只能处理一个进程，来自上层的服务都需通过TDDL向TCM发送请求，TDDL可将多任务进行单线程化。

TDDL层的接口分为维护功能、间接功能和直接功能3种类型。其中，维护功能的接口主要是维护与TDD的交互。间接功能的接口主要是用来获取和设置TCM、TDD、TDDL的属性。直接功能的接口主要负责发送和接收TCM命令。TDDL以用户模式调用应用程序，与内核模式下的TDD通信，使用TCM的资源。在操作系统运行中，TDDL在TSM应用程序初始化时被装载，为保证通过任意的TSM应用模块进入TDDL，必须为操作系统的执行定义严格的库名。TDDL的接口定义所包含的调用有打开和关闭TCM驱动、取消任何未完成的命令、获得和设置TCM的版本信息、获取设备当前状态、输入一个TCM命令数据包给TCM并接收响应，其TDDL接口函数为Tddli_Open()、Tddli_GetStatus()、Tddli_Cancel()、Tddli_Close()、Tddli_GetCapability()、Tddli_SetCapability()和Tddli_TransmitData()。其中，Tddli_Open()函数用来连接TCM设备驱动程序。当该函数响应成功后，TCM设备驱动就会为应用程序调用的TCM命令请求做好准备。此函数必须在调用Tddli_GetStatus()、Tddli_GetCapability()、Tddli_SetCapability()和Tddli_TransmitData()函数之后调用。Tddli_GetStatus()函数用来查询TCM驱动程序和设备的状态。通过调用该函数，应用程序可以确定TCM可信安全芯片的正常状态。Tddli_Cancel()函数用来中断、取消一个未完成的TCM命令。其TCM命令必须为Tddli_TransmitData()函数调用的结果。Tddli_Close()函数用来关闭对TCM设备驱动程序的连接。当该函数响应成功后，TCM设备驱动程序就会回收用于连接TCM设备驱动程序库的所有资源。Tddli_Open()、Tddli_GetStatus()、Tddli_Cancel()和Tddli_Close()函数属于维护功能的接口。Tddli_GetCapability()函数用于查询TCM硬件、固件和设备驱动程序属性。Tddli_SetCapability()函数用来设置TCM硬件、固件和设备驱动程序属性中的参数值。Tddli_GetCapability()和Tddli_SetCapability()函数属于间接功能的接口。Tddli_TransmitData()函数用于直接发送一个TCM命令到TCM设备驱动程序，使TCM执行相应的操作。Tddli_TransmitData()函数属于直接功能的接口。

7.5.3 TCM 核心服务

TSM的TCS层向TSP层提供TCSI访问接口，可以组织多个应用程序访问TCM，经TCS转换为TCM 可以识别的字节流后，可实现上层应用与TCM的通信。TCS一般作为一个系统进程存在，如果TCS进程未开启时有来自TSP的请求，则会返回通信错误。如果多个TSP都基于同一个平台，则TCS保证它们都将得到相同的服务。TCS层主要包括密钥管理、上下文管理、事件管理和参数块管理等模块。其中，密钥管理存储与平台相关的密钥。上下文管理服务实现对TCM的访问。事件管理服务管理事件日志的记录与相应PCR寄存器的访问。参数块管理通过参数块生成器（Parameter Block Generator，PBG）和TDDL层进行交互，负责组建或拆除TCM命令。

在TCS的密钥管理中，一个密钥在密钥树层次中有唯一标识符UUID，密钥通过UUID值进行注册，然后执行创建、调用等操作。其中，TCSP_CreateWrapKey()接口函数用来请求TCM依据输入的TCM_KEY结构要求的密钥属性生成密钥。TCSP_LoadKeyByBlob()接口函数把一个受保护的密钥导入TCM中，TCM 分配密钥句柄。TCSP_GetPubKey()接口函数获取一个已经载入到TCM中的非对称密钥的公钥部分，判断给定的密钥句柄指向的密钥所绑定的平台配置信息是否与平台当前配置信息一致。TCSP_EvictKey()接口函数将密钥从TCM中卸载下来。

在TCS的上下文管理中，所有与被调用应用程序协同工作的资源及为这些应用程序分配的存储空间都被放置于一个特定的上下文环境中。TCS层的上下文管理提供的是动态句柄，主要负责管理内存和密钥的句柄。上下文使用TCS上下文句柄来标志。上下文管理模块实现了会话建立、释放，以及动态内存、会话句柄等相关上下文资源的管理。其中，Tcsi_CreateContext()接口函数创建一个上下文对象，并返回该对象句柄。Tcsi_FreeMemory()接口函数负责释放由TSM所分配的上下文内存资源。Tcsi_CloseContext接口函数用来销毁一个上下文对象，并由其释放所分配的所有资源。

在龙芯自主可信平台的可信度量过程中，需要向TCM发送Tcsi_Tcm_LogPcrExtend命令，把可信度量的哈希值扩展到对应的PCR寄存器中。TSM提供的事件管理主要是管理TSM_PCR_EVENT结构和相关的PCR索引值。在TCS中，当应用程序调用Tcsi_Tcm_LogPcrExtend()函数时，会向TCS传入一个TSM_PCR_EVENT结构，此时需要记录一个PCR事件到事件日志数据库中。当应用程序调用Tcsi_Tcm_GetEvent()、Tcsi_Tcm_GetEventLog()函数时，该模块需要在BIOS、OS记录日志和TCS日志数据库中查询，把查询的日志记录返回。当应用程序需要验证平台的配置时，可以请求TCM可信安全模块对产生的PCR信息进行签名。得到PCR值之后，根据系统日志来确认平台的状态，即可验证日志是否可信。事件管理的接口函数Tcsi_Tcm_LogPcrEvent()用于向以PCR命名的队列的队尾添加一个新的事务，它根据PCR索引号访问事件日志，并返回其值。然后将该值作为PCR寄存器的一个度量值添加进PCR中。此外，Tcsi_Tcm_LogPcrEvent()函数调用Tcsi_Tcm_GetPcrEvent()，Tcsi_Tcm_GetPcrEventsByPcr()和Tcsi_Tcm_GetPcrEventLog()函数用于查找已记录到日志中的信息。其中，Tcsi_Tcm_GetPcrEvent()函数可以通过PCR的索引和编号来访问事务，即根据PCR索引号访问事件日志，并返回其值。然后将该值作为PCR寄存器的一个度量值添加进PCR寄存器中。Tcsi_Tcm_GetPcrEventsByPcr()函数返回指向一个数据结构的指针，该数据结构用于描述与单个PCR相关的事务。Tcsi_Tcm_GetPcrEventLog()函数返回一个日志访问列表指针，该指针的数据结构用于描述整个日志的访问。

在TCS的参数块管理中，TCM参数块生成器是TCS内的回调函数块，在外部通过Tcsi接口访问，不允许应用程序直接访问TCM设备。TCM参数块生成器用来连接、同步和处理TCM命令。TCM参数块把TCM的输入字节流转化成输出字节流，使应用程序使用TCM命令。TCM参数块生成器也包含了一些内部接口函数，如密钥、信任状管理器、事件管理器等函数，在与这些TCS块交互的时候需要支持TCM数据管理和TCM设备的输入输出操作。所有的TCM命令必须通过TCM参数块生成器传送。TCM参数块生成器通过TDDL使用底层的TCM驱动与TCM设备交互，并且为上层通过Tcsi接口使用TCM功能。参数块管理的接口函数有Tcsip_CreateMaintenanceArchive()、Tcsip_LoadMaintenanceArchive()、Tcsip_KillMaintenanceFeature()、Tcsip_CertifyKey()、Tcsip_Sign()、Tcsip_GetRandom()、Tcsip_StirRandom()、Tcsip_GetCapability()、Tcsip_CreateEndorsementKeyPair()、Tcsip_ReadPubek()、Tcsip_DisablePubekRead()和Tcsip_OwnerReadPubek()。其中，Tcsip_CreateMaintenanceArchive()函数创建一个TCM维护档案。Tcsip_LoadMaintenanceArchive()函数将TCM维护档案传输、加载到TCM。Tcsip_KillMaintenanceFeature()函数禁止创建TCM维护档案。Tcsip_CertifyKey()函数允许一个密钥来证实特定的存储器和签名密钥的公共部分。Tcsip_Sign()函数签名一个摘要并返回所得的结果数字签名。Tcsip_GetRandom()函数从随机数生成器里返回下一个所要求的字节给用户。Tcsip_StirRandom()函数将熵添加到随机数生成器状态中。Tcsip_GetCapability()函数允许TCM报告给询问者正在处理的是哪种类型。Tcsip_CreateEndorsementKeyPair()函数产生背书密钥对。Tcsip_ReadPubek()函数返回公共背书密钥部分。Tcsip_DisablePubekRead()函数允许TCM所有者阻止任何实体读取背书密钥的公共部分。Tcsip_OwnerReadPubek()函数允许TCM所有者读取背书密钥的公共部分。

7.5.4 TCM 服务提供者

TSP位于TSM的最上层，与上层应用程序同在用户进程，上层应用程序通过访问TSP的接口来获得TCM的资源和功能。TSP为上层应用程序提供了丰富的接口，上层应用程序可以以共享对象或动态链接库的方式直接调用这些接口。TSP的接口函数有Tspi_ContextCreate()、Tspi_ContextConnect()、Tspi_ContextGetTcmObject()、Tspi_PolicySetSecret()、Tspi_PolicyAssignToObject()、Tspi_KeyCreateKey()、Tspi_GetAttribData()、Tspi_DataBind()、Tspi_HashUpdateHashValue()和Tspi_HashGetHashValue()等。其中，Tspi_ContextCreate()函数创建一个新的上下文对象。Tspi_ContextConnect()函数为上下文建立连接，连接建立好后，接下来需要建立一个TCM对象，并为TCM对象设定策略，以及将TCM对象添加到TCM对象列表中。当TSP上下文连接到TCS时会隐式地建立一个TCM对象。用Tspi_ContextGetTcmObject()函数在TCS连接创建以后获取TCM对象句柄。当TCM对象创建时，TCM对象会获取自己的策略对象，这个策略对象通常是用来保存TCM所有者授权数据。每个上下文对象和TCM对象都有它们自己的策略，这些策略被TSP隐式创建。在第一次创建授权后，授权数据会被保存下来，以后访问该策略时，都会用到授权数据。所有新创建的使用策略的TSP对象将会获得上下文对象策略的一个引用。Tspi_PolicySetSecret()函数设置策略秘密。Tspi_PolicyAssignToObject()函数将策略对象分配给密钥。Tspi_KeyCreateKey()函数调用TCM产生密钥，再把生成好的密钥对返回给TSP，然后，TSP会把生成的密钥数据添加到软件对象结构中。Tspi_GetAttribData()函数获得密钥。Tspi_DataBind()函数用于密封和绑定加密数据块，密封好和已经绑定的加密数据块通过数据对象保存。加密过的数据会被TSM自动插入到加密数据对象中。Tspi_HashUpdateHashValue()函数创建SM3散列值。Tspi_HashGetHashValue()函数获取散列值对象的摘要值。

7.6 小结

随着龙芯CPU处理器芯片的日益成熟，基于龙芯CPU处理器的自主计算机产品在国防军事、航天航空等领域得到应用，满足了特定应用领域的可信安全需要，实现了自主计算机系统的安全性、数据保密性和可用性。本章从可信硬件、可信BIOS固件和可信服务软件3个方面阐述了龙芯自主可信计算机的体系结构和组成，以及可信计算机具备的可信计算功能，介绍了一套基于龙芯自主计算的自主可信计算机平台。该平台采用基于龙芯CPU处理器的计算机硬件平台和具有国产密码机制的TCM可信密码模块，实现了符合UEFI 标准的可信BIOS固件和操作系统上的TCM设备驱动及基于TSM的自主可信服务，完成可信计算机信任根构建、信任链的传递，以及基于TSM可信操作系统的可信应用环境，提供了TCM管理工具实现对TCM的基本管理功能，大大提高了龙芯自主可控计算机的可信安全。

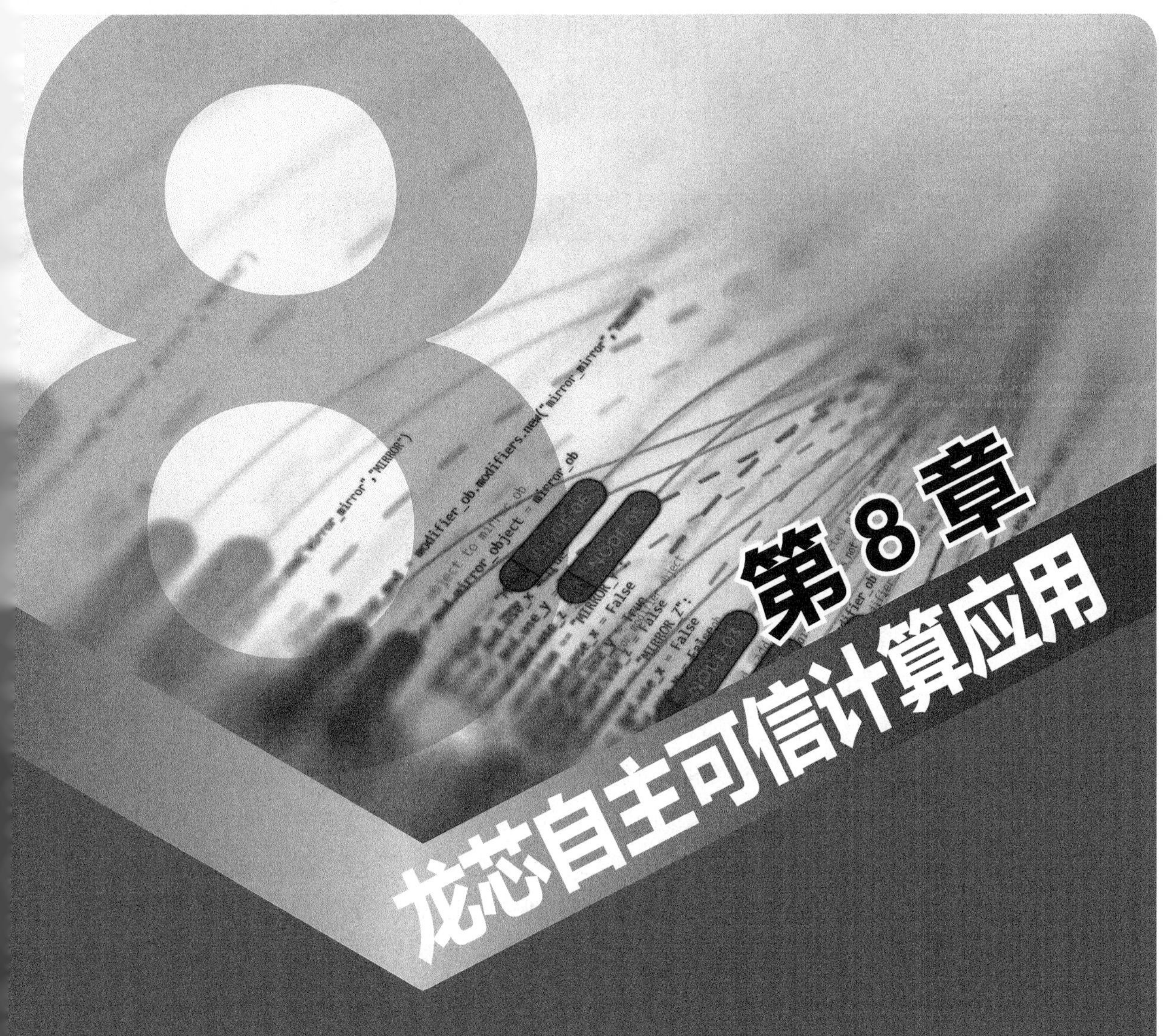

第 8 章 龙芯自主可信计算应用

计算机系统的信息安全问题主要表现为文件数据在计算机系统存储中面临泄露和篡改的威胁，以及应用软件在计算机系统运行时面临安全漏洞利用攻击的威胁。因此，在计算机系统中提供文件的安全存储和软件的安全运行保护成为计算机系统最重要的安全需求。本章基于龙芯自主可信计算平台，为用户提供计算机系统的文件可信存储和软件可信运行的安全应用。其中，文件可信存储包含文件数据的可信加密和可信度量。软件可信运行是指通过自主可信计算检测软件的安全漏洞及其漏洞利用攻击，从而确保软件的可信运行。本章的龙芯自主可信计算应用在需要自主可信安全要求高的应用场合（如电子政务、航天航空、国防军事等）具有广阔的市场和应用前景。

本章目标

了解可信计算的应用；掌握文件的可信度量技术；掌握文件的可信加密技术；掌握软件的可信运行技术。

8.1 自主可信计算机应用概述

可信计算技术的应用是可信计算发展的根本目的。应用可信计算技术可以提供高可信的文件保密性和完整性度量服务及软件的可信运行服务，能有效解决目前计算机系统中存在的信息泄露和篡改、软件运行时的漏洞利用攻击等安全性问题。

8.1.1 自主可信计算应用背景

随着计算机与信息技术的飞速发展，计算机的应用已普及到我国关键领域（如政府、军事国防、航天航空等）的各种业务流程之中。特别是最近20多年，这些关键领域的信息系统建设不断推广和深入，各单位及部门在信息化进程中都实现了对各种办公工作的数字化管理，各类信息系统中的信息越来越多地采用数据文件的形式进行分发、存储和共享，这为提高各项工作的效率，扩展信息共享的范围提供了便利。但是，伴随着信息系统建设的不断深入和相关应用的逐步推广，这些关键领域的信息系统的可信运行，其信息系统中涉密信息的安全存储、敏感数据的防窃取和防篡改问题都使其系统安全面临着严峻的挑战，同时也对信息安全装备提出了更高的要求。目前，计算机系统中的文件数据一般是是以明文方式保存，其安全主要是通过计算机系统的访问控制机制进行保护。这种保护方式并不能防止由于硬件丢失或窃取所引起的文件内容泄露。此外，攻击者通过信息系统运行时的安全漏洞利用主动攻击方法绕过计算机系统的访问控制机制窃取或篡改文件内容，甚至利用信息系统运行时的漏洞直接窃取目标用户的账号密码、私人密钥和其他敏感用户数据。例如，2014年11月发现的浏览器远程代码执行漏洞，利用该漏洞在用户使用浏览器查看经特殊设计的网页时远程执行代码，包括安装程序，查看、更改或删除数据，或者创建拥有完全用户权限的新账户等。信息系统运行时存在的安全漏洞大大削弱了计算机系统对于涉密文件或重要文件数据的保护能力，严重威胁了用户文件数据的安全存储和信息系统的安全运行。因此，如何有效保护涉密文件的安全性，尤其是在计算机系统丢失或失窃后，或者计算机系统受到安全漏洞利用攻击后，防止机密信息非法泄露和篡改，确保信息系统的安全运行，这种应用需求对目前普遍存在的文件存储安全和程序运行安全提出了新的挑战。

在文件存储安全方面，数据加密系统是一种利用密码技术在存储介质上存储密文数据的信息保密性应用。作为访问控制的有力补充手段，数据加密系统能够为用户机密信息提供多层次的保护。其次，作为一种有效的数据加密存储应用，它还能有效防止通过直接访问物理存储设备等手段来窃取用户机密信息。因此，在保证密钥安全性的基础上，利用数据加密系统对信息系统中的机密数据进行加密处理，是防止信息系统内机密数据文件被非法访问的一种有效方法。目前，通用计算平台中已有许多数据加密系统被应用，如文件加密系统、加密文件系统和磁盘加密系统。其中，文件加密系统的加密对象是一个文件，由于不需要了解驻留在操作系统上的文件系统信息，所以使用起来非常便利。但由于文件加密系统不能对不同的文件使用一样的密钥进行加密，不同的用户也会使用不同的密钥，因此互不信任的多个用户之间很难共享文件。加密文件系统相对于文件加密系统而言，处在更低的文件系统层，它能访问所有文件和目录数据，所以能执行更为复杂的授权和认证。磁盘加密系统比加密文件系统运行在更低的操作系统内核层，所以它能控制磁盘上的文件布局，并操作上层任何文件系统，因此比加密文件系统使用起来也更为方便，但由于每个请求必须通过磁盘驱动的传递，这就需要更多的数据传递，从而造成性能的损失。这些传统数据加密系统对用户数据的保护基本上是以软件为基础，并通过将用户口令作为加密密钥或将根密钥存储于磁盘上等方法对密钥进行管理和保护。这种对密钥的保护并不是非常可靠而且存在着被篡改的风险，进而导致加密数据被非法入侵者攻破的概率明显增大。此外，由于传统数据加密系统并未考虑到可信计算技术与自主CPU计算相结合的运行环境，整个计算机系统没有一个可以信赖的自主可信计算基，使得数据加密系统的加密功能模块自身的安全性存在着底层CPU计算和密码安全计算的威胁。针对传统数据加密系统中普遍存在的这些问题，龙芯自主可信计算平台依托龙芯自主CPU和TCM可信安全芯片，以国产密码技术为支撑、可信安全操作系统为核心，能够为数据加密系统的应用提供基于自主可信硬件的保护和底层安全密码算法的支撑。与传统的数据加密应用相比，基于龙芯自主可信计算平台的文件可信加密应用具有以下优点。

（1）由于数据存储的安全性取决于加密算法所使用密钥的安全性，密钥应当存储于非法用户无法访问并难以获取的安全载体中。龙芯自主可信计算平台的一个重要功能就是密钥或关键参数的安全存储。它通过 TCM 可信安全芯片内部专门的硬件存储块来存储密钥等关键用户秘密信息，有效地克服了传统数据加密系统的缺陷，即存储在硬盘的密钥数据易被窃取或破坏。

（2）TCM 可信安全芯片的加解密操作与操作系统软件和应用软件是隔离的，能有效避免软件运行的安全漏洞利用攻击威胁，因而与软件实现的加密运算相比具有更高的安全性。

（3）龙芯自主可信计算平台还能为信息系统提供包括可信引导、密封存储等在内的多种安全功能，从而确保可信加密系统在一个可信的环境中运行。正是由于龙芯自主可信计算平台对于数据加密系统的应用具有上述优势，使得其在文件加密系统中的应用正日益受到重视。

为了防止重要文件被非法篡改，现有计算平台的文件保护系统多使用文件完整性校验工具，如工作于应用层的Tripwire文件完整性检测系统能有效地检测出攻击者对文件的修改，但是其文件校验值存放在应用空间，可能被攻击者非法篡改。此外，Tripwire完整性检测时性能开销很大，并且不能实时检测入侵行为。利用可信计算技术进行文件完整性保护方面，基于龙芯自主可信计算平台的文件完整性检测应用能提供运行时的文件完整性保护，防止攻击者对文件校验值非法篡改。

在软件安全方面，基于动态污点追踪与传播的软件安全检测技术可以在不需要任何源码的情况下，运行时检测程序执行路径中是否存在对未初始化内存的引用、悬挂指针和内存泄漏等错误。然而，该技术只能检测当前执行路径上确实已经存在的错误，无法主动搜索并执行程序中的其他可行执行路径。为弥补这一缺陷，Drewry等通过追踪受污点控制的条件跳转指令，并以人工或硬件支持方式强制修改程序跳转方向，使程序向另一分支执行，以获得较高的路径覆盖率并发现更多错误。但是，这种通过强制改变跳转方向的方法所引发的程序异常，可能在实际执行过程中根本不会发生，而会产生大量的误报。此外，由于路径修改是强行的，这类系统不能给出引发错误的原因，无法为错误调试和漏洞判定提供支持。王铁磊针对软件运行中出现的溢出错误等安全漏洞问题提出一种基于符号化执行的二进制级整数溢出错误挖掘方法IntScope。该方法直接符号化执行二进制程序，并从中抽取与输入相关的约束，最后检查与输入数据相关指令是否可能产生整数溢出。如果可能产生整数溢出，则用经验性模板寻找该路径上是否已经存在用于防御整数溢出的条件。如果存在，则忽略该整数溢出，否则报告错误。IntScope采用符号化模拟执行，存在精度不高等问题，很难完全准确地模拟真正的运行环境，这使得IntScope在对程序进行整数溢出错误挖掘过程中容易漏报或误报。为改进IntScope存在的问题，卢锡诚等基于程序语言的抽象语义提出了一种直接在二进制可执行程序级别对任意高可信软件进行高危整数溢出错误发掘的自动化动态测试方法DAIDT。DAIDT方法无须程序员编写任何测试代码或设计任何测试用例，在无任何源码甚至是符号表的情况下，可以全自动地对目标软件进行无重复地全面路径覆盖测试，准确定位并有效发掘可能导致严重安全事故的高危整数溢出错误。此外，孙浩等提出了一种基于信息流来静态检测和动态验证整数漏洞的分析方法，以提高检测精度、降低运行开销，并从缺陷发生后行为的角度提出了新的整数漏洞安全模型，从漏洞判定规则对充分条件覆盖的角度对现有检测方法进行比较和分析。

尽管现有的软件安全漏洞检测及其应用有助于提高软件运行的安全性，但仍有大量问题亟待解决。例如，现有的软件安全漏洞检测模型构建方法大多源于程序编译优化技术，许多中间表示并不是专门针对安全漏洞分析。因此，需要深入研究面向安全漏洞检测的软件建模方法，使模型能够全面反映软件的属性，尤其是安全特性，以提高安全漏洞检测的准确度。现有漏洞模式的描述粒度较粗，对漏洞性质，尤其是其运行上下文的表述普遍不够全面，会引发大量误报。因此，需要进一步研究漏洞模式的提取方法，使漏洞模式能够准确反映漏洞的动静态属性，并指导漏洞发现规则的构造，进而在确保自动化检测的前提下提高检测的准确度。如何精确地重构二进制程序对象，得到变量的符号和宽度信息是在进行二进制代码漏洞检测中遇到的挑战，基于逆向工程的二进制程序恢复技术致力于重构二进制代码的类型和结构信息，将会推进软件安全漏洞的检测进展。章亮通过逆向工程技术，提出一种基于指令回溯及特征数据构造的漏洞分析方法分析二进制程序在文件解析中产生的缓冲区溢出漏洞。该分析方法能有效检测出Word软件的RTF文件绘图属性解析漏洞。为了缓解应用软件漏洞带来的危害，微软发起了NGSCB可信计算研究计划，采用微内核机制建立可信执行环境，并引入了地址空间随机化（Address Space Layout Randomization，ASLR）和数据执行保护（Data Execution Prevention，DEP）等安全机制，为操作系统安全和隐私保护提供支撑。这些安全机制在一定程度上抑制了针对应用软件和系统漏洞的利用攻击，但是攻击者仍然能够通过精妙的漏洞利用构造（如ROP链构造等），找到绕过这些安全机制的方法，并通过劫持控制流实施漏洞利用攻击。为了应对这些新安全环境下的漏洞利用攻击，计算系统需要及时地发现漏洞攻击威胁，以便快速做出响应，避免造成损失。基于控制流分析识别异常控制流转移技术，不但可以检测到SEH等传统利用攻击，也能成功检测到绕过DEP和ASLR机制所应用的ROP等方式复杂漏洞利用攻击。但是，针对利用WinExec、CreateProcess等正常函数Call调用来绕过这些安全机制的漏洞攻击，异常控制流识别技术容易产生漏报。随着面向对象可编程技术的广泛应用，二进制程序虚函数的多态和继承等特性在实际的程序编程中广泛使用。根据多态性原理，虚函数是通过虚表指针来寻找虚函数入口地址间接被调用。这种通过指针对象来引用虚函数已经被发现存在漏洞，通过攻击二进制程序虚函数来完成虚函数漏洞的利用，这种攻击方式称之为数组溢出漏洞攻击。针对软件运行中存在的这些安全问题，特别是软件在二进制程序对象执行中，由于错误的操作二进制程序对象的虚函数表而引起软件安全漏洞，并通过攻击二进制程序对象造成系统崩溃，甚至导致攻击者控制程序的执行流程，严重威胁用户安全的问题，有必要基于国产龙芯CPU和TCM标准构建自主的可信计算系统环境。面向国产自主的可信计算系统环境，基于可信计算的完整性度量机制，通过流控制完整性检测方法在二进制程序对象的控制流图中构造二进制程序对象虚函数动态调用的控制流转移的合法目标地址集合，并在二进制程序虚函数动态调用发生控制流转移时，识别二进制程序对象虚表一致性错误，并以此作为安全漏洞判定的依据。

8.1.2 自主可信计算应用的意义

龙芯自主可信计算平台以龙芯CPU自主计算和TCM可信安全芯片为基础，能够确保计算机系统硬件环境配置、平台数据的保密性和完整性，同时确保操作系统内核、服务及应用程序的可信运行。通过将加解密、认证等基本安全功能写入TCM可信安全芯片，能够确保平台中密钥操作和存储的安全，从而为文件可信加密应用提供基于硬件的保护和底层的安全支撑。因此，将可信计算技术引入文件加密的应用中，依托龙芯自主可信计算平台确保文件加密中密钥管理等关键组件的安全，能够实现与传统文件加密系统相比更安全、可靠的数据保护功能。其次，从应用角度而言，由于我国关键领域的许多部门对其计算机系统中大量机密数据的安全存储要求较高，而依靠传统的计算机系统的安全机制、文件加密系统和文件完整性检测工具并不能为其提供全面、有力的保护。一旦机密数据被非法入侵者攻破，则会给相关组织和机构带来无法估量的损失，甚至危害国家主权安全。因此，目前在对我国关键领域信息系统中存储的大量机密数据的保护、控制和管理，仍缺乏行之有效的技术手段和措施的情况下，对自主可信计算技术进行探索和研究，并将其引入文件加密应用，依托龙芯自主可信计算平台提供的底层安全支撑，开发一个安全、高效的文件加密系统，对保证我国关键领域机密信息的安全存储有着十分重要的现实意义。

随着越来越多漏洞利用攻击技术的出现，计算机及网络信息安全防御能力和效率受到严重挑战，引起广泛的关注和重视。作为国家网络信息安全防御体系的重要组成部分，我国的军事、航空、航天、电力等部门都采用国产自主可信计算系统，高可信计算系统的安全漏洞检测与防御关系着国家信息安全战略。为提升网络信息安全防御能力，迫切需要构建面向可信计算的安全漏洞检测及攻击防御系统。知己知彼，百战不殆，要想获得好的防御效果，加强软件安全性漏洞分析研究就迫在眉睫。首先，通过研究面向国产自主可信计算环境的软件安全漏洞检测关键技术，针对龙芯可信计算系统在软件运行过程产生的安全漏洞问题进行深入研究，切实提高国产可信计算系统的自主安全，促进我国自主可信计算系统的安全应用。其次，基于龙芯的可信计算系统已经在我国的军事、航天等重要领域得到产业化应用，通过面向国产自主可信计算的安全漏洞检测及关键技术研究，提出相应检测方法，为我国网络信息安全的可信计算安全防御战略和政策实施提供必要技术支撑，推进我国网络信息安全防御体系建设。加强国产可信计算系统安全防御的软件安全漏洞分析及检测关键技术研究不仅对软件技术的发展具有重要的科学研究意义，而且对维护个人、甚至国家安全都具有重要的战略意义。

8.1.3 自主可信计算的应用目标

龙芯自主可信计算平台可以应用在很多方面以提高计算机系统的安全性。根据现阶段的研究来看，对计算机中信息系统的保护主要集中在确保文件存储的安全性和程序运行的安全性两个方面。其中，对计算机中重要文件的保护主要集中在确保文件存储的保密性和存储的完整性两个方面。存储的保密性是指存储在计算机中的重要文件都以密文的形式存在，防止泄密和客体重用。由于目前大多数的加解密算法理论上都处于开源状态，所以加解密密钥的存储、提取的安全性成为了决定文件存储安全性的关键因素。因此，安全存储和安全运行是可信计算在信息系统中应用的两个主要目标。

根据这两个主要目标，基于龙芯自主可信计算的文件可信保护应用，是通过龙芯CPU的自主计算和TCM可信安全芯片的可信计算技术，实现计算平台的文件数据可信加密和可信度量功能，提供对文件数据的机密性服务和完整性服务。具体目标如下。

（1）文件的可信加密。文件数据的可信加密采用我国自主研发的密码算法和 CPU 处理器进行运算，能保证具有足够的加密强度，保证加密文件的高安全性。提供登录访问控制，只有正确的口令，用户才能登录到系统平台，才能使用密钥和查询加密数据的信息。

（2）文件的可信度量。文件的完整性采用 TCM 的可信度量机制，确保文件的可信性。此外，基于可信计算对计算平台中的文件进行完整性保护时，还可以将可信计算与树结构相结合，提供单个文件可信签名和多文件公用签名，为文件传输提供前期的身份认证，保证文件数据的可信性。

基于龙芯自主可信计算的软件安全检测是在自主可信计算和软件安全漏洞技术的基础上，结合二进制程序面向对象编程的特点和强化学习抽象解释（Abstract Interpretation）和格（Lattice）理论，面向龙芯自主可信计算环境，在研究二进制代码逆向恢复、静态数据流分析和可信计算完整性度量的同时，着重二进制程序对象编程中的软件安全漏洞检测。从漏洞形式化描述、漏洞模式提取和漏洞判定的整体性考虑，构建基于静态数据流分析的安全漏洞检测框架及关键技术。具体目标如下。

（1）漏洞形式化描述。基于指令回溯技术，通过逆向分析识别二进制程序对象实例代码，并进行基本块划分，构建控制流图 CFG。完成堆中创建的对象实例、栈中创建的对象实例、内联函数中的对象实例、构造函数中的对象实例等 4 种形式的对象实例代码的逆向恢复与控制流图构建，实现漏洞形式化描述。

（2）漏洞模式提取。基于数据流方程和迭代算法的到达定值分析方法，实现二进制程序对象的定值分析。通过二进制程序对象的到达定值进行虚函数解析，完成漏洞模式提取。具体完成 4 种情况的虚函数解析及其漏洞模式提取：单对象定值的虚函数解析及漏洞模式提取；空指针对象定值的虚函数分析及漏洞模式提取；确定数量的对象定值的虚函数分析及漏洞模式提取；不确定数量的对象定值的虚函数分析及漏洞模式提取。

（3）漏洞判定。通过基于龙芯自主可信计算平台的完整性度量机制，结合二进制程序对象虚表一致性错误识别，在基于龙芯的自主可信计算平台上完成可信计算的二进制程序对象控制流完整性检测，从而判定是否存在软件安全漏洞，确保软件运行的可信性。

8.2 文件可信度量

8.2.1 用户接口模块

文件可信度量应用的用户接口分为两部分：左侧的导航菜单与右侧的操作界面。其中，导航菜单用于选择功能选项，有Measure（度量）和About（关于）。Measure界面包含文件路径输入框、Choose（选择）按钮、Measure（度量）按钮、Verify（认证）按钮、度量模式下拉选择框、Reset（重置）按钮、操作结果显示框。

- 文件路径输入框用于输入待度量文件。
- Choose 按钮用于选择待度量文件，并将文件路径显示在文件路径输入框。
- Measure 按钮用于执行可信度量操作，其结果会显示在操作结果显示框。
- Verify 按钮用于执行文件可信认证，其结果将通过操作结果显示框显示。
- 度量模式下拉选择框用于选择度量的模式。
- Reset 按钮用于执行重置 PCR 槽操作。
- 文件可信度量的用户接口操作界面如图 8-1 所示。

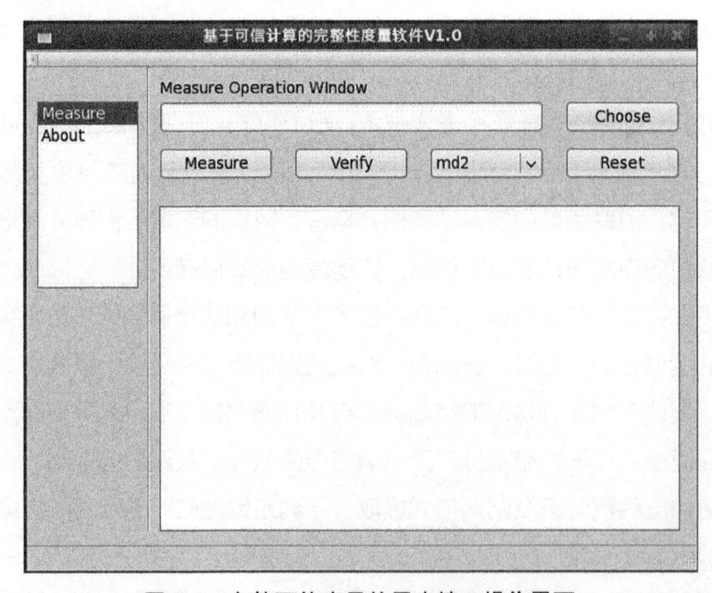

图 8-1　文件可信度量的用户接口操作界面

8.2.2 文件度量模块

在文件完整性度量模块中，使用OpenSSL的EVP框架结合龙芯自主可信计算平台的TCM可信安全芯片对文件进行完整性度量。文件的度量哈希值存放于可信安全芯片中，不通过外围设备存储，保障其安全性，其文件度量的流程如图8-2所示。

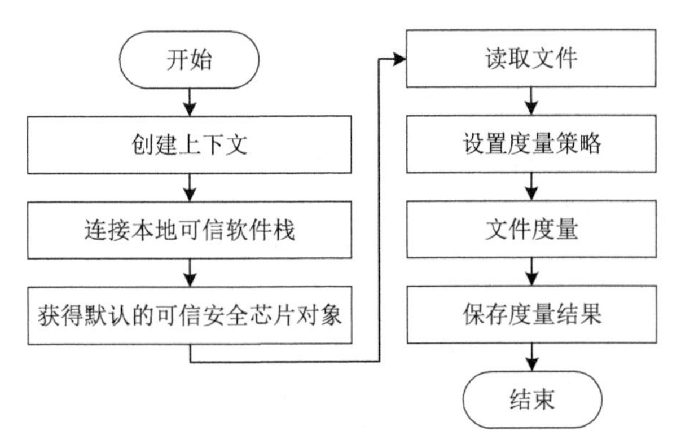

图 8-2 文件度量流程

从图8-2中可以看出，文件的可信度量首先要建立上下文环境，然后获取与本地可信软件栈的关联，之后还要获取默认的可信安全芯片对象，才能进行相关的操作。其次，根据前端界面获取到的度量文件路径，读取待度量的文件。接着，根据前端界面选择的度量种类，选择合适的度量策略。最后，通过EVP框架进行文件可信度量，并将结果通过可信安全芯片存储起来。根据文件可信度量流程，其实现的关键代码如下。

```
TSS_HCONTEXT    hContext;           //context
TSS_HTPM        hTPM;               //tpm
TSS_RESULT      result;
BYTE            wks[20];
BYTE            *rgbPcrValue;
UINT32          ulPcrLen;
int             i;
int             j;
BYTE            valueToExtend[250];
int             pcrToExtend = 16;
FILE * fp=NULL;                     //文件指针
unsigned char outmd[20];            //注意，这里的字符个数为20
char buffer[BUFFER_SIZE];
int len=0;
/* 初始化缓存 */
memset(wks, 0, 20);
memset(valueToExtend, 0, 250);
memset(outmd,0,sizeof(outmd));
memset(buffer,0,sizeof(buffer));
```

```
    …
    /* 创建上下文环境 */
    result = Tspi_Context_Create(&hContext);
    Debug("Create Context", result);
    if(result!=TSS_SUCCESS){
        qstr = "Create Context ERROR!\nThe current environment does not contain trusting
computing environment or the trusting computing environment is not normal operation\n";
            return qstr;
    }
    /* 连接上下文 */
    result = Tspi_Context_Connect(hContext, NULL);
    Debug("Context Connect", result);
    if(result!=TSS_SUCCESS){
        qstr = "Context Connect ERROR!\nThe current environment does not contain trusting
computing environment or the trusting computing environment is not normal operation\n";
            return qstr;
        }
    /* 获取TPM对象*/
    result = Tspi_Context_GetTpmObject(hContext, &hTPM);
    Debug("Get TPM Handle", result);
    if(result!=TSS_SUCCESS){
        qstr = "Get TPM Handle ERROR!\n ";
        return qstr;
    }
    /* 使用EVP框架进行度量     */
    unsigned int dgstlen = (unsigned int)sizeof(outmd);
    EVP_MD_CTX mdctx;                                   //EVP消息摘要结构体
    EVP_MD_CTX_init(&mdctx);                            //初始化摘要结构体
    const EVP_MD *evpmd;

    /* 选择度量模式*/
    if(strcmp((const char*)QencType.toStdString().c_str(),"md2") == 0)
    {
        evpmd = EVP_md2();
    }else if(strcmp((const char*)QencType.toStdString().c_str(),"md4") == 0){
            evpmd = EVP_md4();
        }else if(strcmp((const char*)QencType.toStdString().c_str(),"md5") == 0){
            evpmd = EVP_md5();
        }else if(strcmp((const char*)QencType.toStdString().c_str(),"sha1") == 0){
            evpmd = EVP_sha1();
        }else if(strcmp((const char*)QencType.toStdString().c_str(),"sha224") == 0){
            evpmd = EVP_sha224();
        }else if(strcmp((const char*)QencType.toStdString().c_str(),"sha256") == 0){
            evpmd = EVP_sha256();
        }else if(strcmp((const char*)QencType.toStdString().c_str(),"sha384") == 0){
            evpmd = EVP_sha384();
        }else if(strcmp((const char*)QencType.toStdString().c_str(),"sha512") == 0){
            evpmd = EVP_sha512();
```

```
        }else{
                //printf("SORRY,ARGUMENT ERROR!\n");
                evpmd = EVP_sha1();
        }
    EVP_DigestInit_ex(&mdctx,evpmd,NULL);                        //设置摘要算法和密码算法引擎
    /* 文件读取 */
    fp = fopen(Qfilename.toStdString().c_str(),"rb");

        while((len=fread(buffer,1,BUFFER_SIZE,fp))>0)            //buffer中保存待计算消息
        {
                EVP_DigestUpdate(&mdctx,buffer,len);             //调用摘要Update计算消息摘要
                memset(buffer,0,sizeof(buffer));
        }
    EVP_DigestFinal_ex(&mdctx,outmd,&dgstlen);                   //输出摘要计算结果
        for(i=0;i<20;i++){
            printf("%02x",outmd[i]);
        }
        printf("outmd-end-\n");
        memcpy(valueToExtend,outmd, 20);
        for (i = 0; i <=19; i++)
            printf("%02x", *(valueToExtend + i));
        printf("valuetoextend -end-\n");
        /* 存放度量结果 */
         result = Tspi_TPM_PcrExtend(hTPM, pcrToExtend, 20, (BYTE *)valueToExtend,
NULL, &ulPcrLen, &rgbPcrValue);
        if(result!=TSS_SUCCESS){
            qstr = "Extend the value ERROR!\n ";
            return qstr;
        }
        /* 缓存清理，释放连接 */
        Tspi_Context_FreeMemory(hContext, NULL);
        Tspi_Context_Close(hContext);
```

以上代码中，Tspi_Context_CreateObject()函数用于创建对象，根据传入的参数类型，创建不同类型的Tspi对象。Tspi_Context_Connect()函数用于连接上下文环境。文件的可信度量使用的是OpenSSL的EVP框架，其中EVP_MD_CTX_init()用于初始化度量操作的结构体。EVP_DigestInit_ex(&mdctx,evpmd,NULL)语句用于设置摘要算法和密码算法引擎，其中evpmd存储相关的度量模式，有md2、md4、md5、sha1、sha224、sha256、sha384和sha512等多种类型可以选择。通过使用EVP_DigestUpdate()对读取的文件进行度量操作，度量的结果通过Tspi_TPM_PcrExtend()函数拓展到可信安全芯片中。最后释放相关的资源，完成文件的度量过程。

8.2.3 文件认证模块

在文件的可信认证模块中，与文件的可信度量流程类似，使用OpenSSL的EVP框架结合

可信安全芯片对文件进行完整性度量，将度量的结果与可信安全芯片中存储的结果相比较，进而判断文件是否被篡改。文件可信认证的流程如图8-3所示。

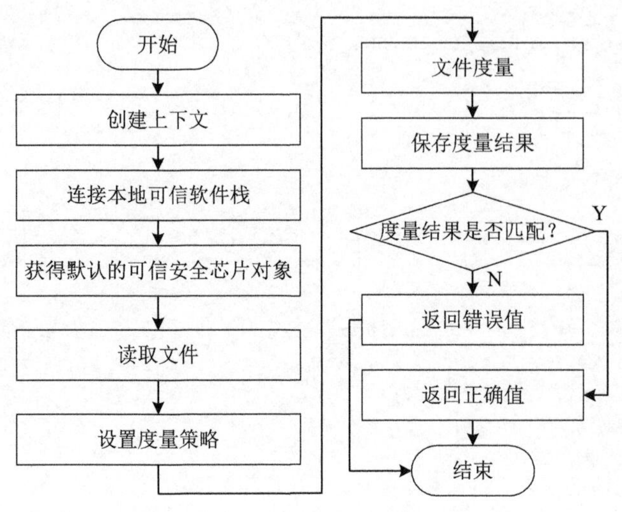

图 8-3　文件可信认证流程

从图8-3中可以看出，文件的可信认证过程与可信度量过程的前几步相一致，都需要先与可信软件协议栈连接。首先要创建上下文环境，然后连接到本地的可信软件栈，接着获取默认的可信安全芯片对象，此时就可以进行相关的操作。根据前端界面传入的文件路径进行文件的读取。通过使用EVP框架对文件进行度量，将度量结果与可信安全芯片中的度量结果相比较，从而判断文件是否被篡改。如果被篡改，则认证将不会被通过。如果文件与原信息保持一致，则文件被认证是可信的。根据文件可信认证流程，其实现的关键代码如下。

```
QString qstr;                          //print
TSS_HCONTEXT    hContext;             //context
TSS_HTPM        hTPM;                 //tpm
TSS_HPCRS       hPcrs;
TSS_RESULT      result;
BYTE            wks[20];
BYTE            *rgbPcrValue;
BYTE            *rgbPcrValue1;
BYTE            *rgbPcrValue2;
UINT32          ulPcrLen;
BYTE            valueToExtend[250];
int             pcrToExtend = 23;
FILE * fp=NULL;
unsigned char outmd[20];//注意这里的字符个数为20
char buffer[BUFFER_SIZE];
…
/* 内存清理 */
```

```
memset(wks, 0, 20);
memset(valueToExtend, 0, 250);
memset(outmd,0,sizeof(outmd));
memset(buffer,0,sizeof(buffer));
/* 创建上下文环境 */
result = Tspi_Context_Create(&hContext);
Debug("Create Context", result);

/* 连接上下文 */
result = Tspi_Context_Connect(hContext, NULL);
Debug("Context Connect", result);
/* 获取可信安全芯片句柄 */
result = Tspi_Context_GetTpmObject(hContext, &hTPM);
Debug("Get TPM Handle", result);
/* 获取前端加密类型和待认证文件的目录 */
std::string evptype = QencType.toStdString();
std::string filename = QfileName.toStdString();
/* 使用EVP框架进行认证        */
unsigned int dgstlen = (unsigned int)sizeof(outmd);
EVP_MD_CTX mdctx;                                    //EVP消息摘要结构体
EVP_MD_CTX_init(&mdctx);                             //初始化摘要结构体
const EVP_MD *evpmd;
/* 配置相应的认证算法 */
if(strcmp((const char*)evptype.c_str(),"md2") == 0)
{
        evpmd = EVP_md2();
}else if(strcmp((const char*)evptype.c_str(),"md4") == 0){
        evpmd = EVP_md4();
}else if(strcmp((const char*)evptype.c_str(),"md5") == 0){
        evpmd = EVP_md5();
}else if(strcmp((const char*)evptype.c_str(),"sha1") == 0){
        evpmd = EVP_sha1();
}else if(strcmp((const char*)evptype.c_str(),"sha224") == 0){
        evpmd = EVP_sha224();
}else if(strcmp((const char*)evptype.c_str(),"sha256") == 0){
        evpmd = EVP_sha256();
}else if(strcmp((const char*)evptype.c_str(),"sha384") == 0){
        evpmd = EVP_sha384();
}else if(strcmp((const char*)evptype.c_str(),"sha512") == 0){
        evpmd = EVP_sha512();
}else{
        //printf("SORRY,ARGUMENT ERROR!\n");
        evpmd = EVP_sha1();
}
EVP_DigestInit_ex(&mdctx,evpmd,NULL);                //设置摘要算法和密码算法引擎
fp = fopen(filename.c_str(),"rb");
while((len=fread(buffer,1,BUFFER_SIZE,fp))>0)    //buffer中保存待计算消息
{
```

```
        EVP_DigestUpdate(&mdctx,buffer,len);     //调用摘要Update计算消息摘要
        memset(buffer,0,sizeof(buffer));
    }
    EVP_DigestFinal_ex(&mdctx,outmd,&dgstlen);        //输出摘要计算结果
    for(i=0;i<20;i++){
        printf("%02x",outmd[i]);
    }
    printf("\n");
    memcpy(valueToExtend,outmd, 20);
    for (i = 0; i <=19; i++)
        printf("%02x", *(valueToExtend + i));
    printf("\n");
    /* 将度量结果扩展到pcr槽中 */
    result = Tspi_TPM_PcrExtend(hTPM, pcrToExtend, 20, (BYTE *)valueToExtend, NULL,
&ulPcrLen, &rgbPcrValue);
    Debug("Extended the PCR", result);
    /* 认证过程 */
    /*获取16槽和23槽的值，进行认证比对 */
    result = Tspi_TPM_PcrRead(hTPM, 16, &ulPcrLen, &rgbPcrValue1);
    result = Tspi_TPM_PcrRead(hTPM, 23, &ulPcrLen, &rgbPcrValue2);
    for(i=0;i<=19;i++){
        if(*(rgbPcrValue1 + i)!=*(rgbPcrValue2 + i)){
           printf("The file has been modify! And it has't been reliable again!");
           qstr += "The file has been modify! And it has\' t been reliable again!\n";
           break;
    }else if(i==19){
        printf("The file is reliable!");
        qstr += "The file is reliable!\n";
    }
    }
    /* 清空缓存，关闭链接 */
    result = Tspi_TPM_PcrReset(hTPM, hPcrs);
    Debug("Cleared the PCR", result);
    Tspi_Context_FreeMemory(hContext, NULL);
    Tspi_Context_Close(hContext);
```

上述代码与可信度量代码相似，Tspi_Context_CreateObject()函数用于创建对象，根据传入的参数类型，创建不同类型的Tspi对象。Tspi_Context_Connect()函数用于连接上下文环境。文件的可信度量，使用的是OpenSSL的EVP框架，其中EVP_MD_CTX_init()用于初始化度量操作的结构体。EVP_DigestInit_ex(&mdctx,evpmd,NULL)语句用于设置摘要算法和密码算法引擎，其中evpmd存储相关的认证模式，可信认证模式的选取需要和度量过程中选取的模式相同，否则度量会失败。可信度量过后，结果会通过Tspi_TPM_PcrExtend()函数拓展到可信安全芯片中。接着，使用Tspi_TPM_PcrRead()将可信安全芯片中的可信度量结果进行读取，再进行比对，以判断文件是否被篡改。最后，通过用户操作界面显示文件可信认证的结果。

8.3 文件可信加密

文件可信加密应用含用户接口模块、加密密钥生产模块、密封密钥生产模块、PCR合成对象创建模块、密钥密封/解密封模块、数据加解密模块，如图8-4所示。

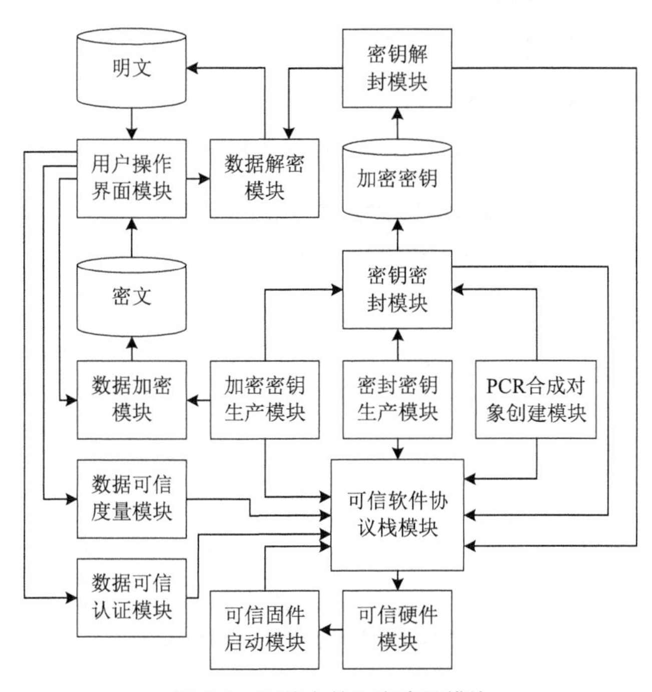

图 8-4 可信文件加密应用模块

从图8-4可以看到，可信计算平台中的可信软件协议栈模块是文件可信加密应用与可信硬件交互的接口，实现加密密钥产生、密封密钥产生、PCR合成对象产生、密钥密封和解封功能。可信固件启动模块通过可信硬件模块的完整性度量，完成从硬件到操作系统的各级可信传递。用户接口模块是文件可信加密应用与用户交互的操作界面，通过用户接口模块调用数据加密模块将用户输入的文件数据加密成可信密文。解密时，也是通过用户接口模块将可信密文解密成用户明文。

8.3.1 用户接口模块

和文件的可信度量应用一样，文件可信加密应用的用户接口主要分为左边的导航菜单与右侧的操作界面两部分。其中，导航菜单用于通过鼠标选择功能选项，包括Encrypt（加密）和About（关于）。文件可信加密应用的操作界面主要有文件路径输入框、Choose（选择）按钮、Encrypt（加密）按钮、Decrypt（解密）按钮、加密模式下拉选择框、操作结果显示框。

- 文件路径输入框用于输入待加密或解密的文件路径。
- Choose 按钮用于选择待加密或解密的文件，并将文件路径显示在文件路径输入框。
- Encrypt 按钮用于对待加密文件进行可信加密操作，其结果会显示在操作结果显示框中。
- Decrypt 按钮用于对待解密文件进行可信解密操作，其结果会显示在操作结果显示框中。
- 加密模式下拉选择框用于选择加密模式。
- 操作结果显示框用于显示各操作的结果。
- 文件可信加密应用的用户接口操作界面如图 8-5 所示。

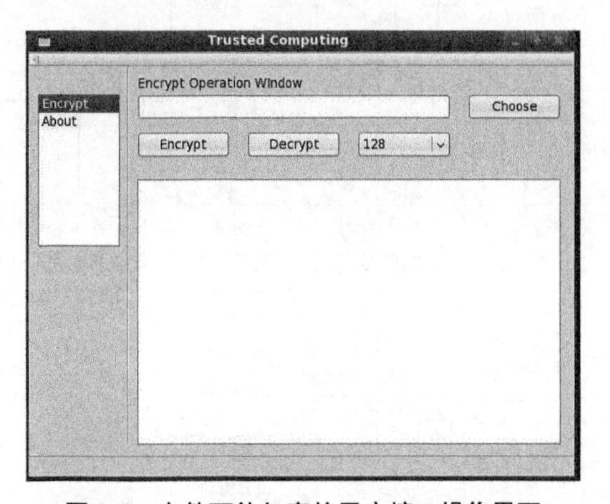

图 8-5　文件可信加密的用户接口操作界面

8.3.2　加密密钥生产模块

文件可信加密应用的加密密钥采用由龙芯自主可信计算平台的可信安全芯片产生的随机数据进行加密。在底层可信安全芯片中，随机数生成器是可信密码模块的重要组成部分，通过芯片自身的算法，可产生随机的数据。应用层通过可信安全协议栈对可信密码模块中的随机数生成器进行调用，来生成可信的随机数据。此随机数据仅通过芯片生成，不通过外围设备产生，因此是可信的。在龙芯自主可信计算平台中，主要通过Tspi_TCM_GetRandom()函数生成。该函数产生的随机数最大长度可以达到4096字节，完全满足目前大部分加密密钥的需求，其实现关键代码如下。

```
#define     KEY_SIZE        128
…
BYTE        *randomKey;     //randomKey
…
/* 获取TCM对象 */
result = Tspi_Context_GetTcmObject(hContext,&hTPM);
```

```
    Debug("Get the TCM handle",result);
    /*获得随机数据保存到 randomKey */
    result = Tspi_TCM_GetRandom(hTPM,KEY_SIZE,&randomKey);
    Debug("Get Random Key",result);
```

以上代码中，KEY_SIZE是定义的加密密钥的长度，根据加密算法的具体需要来设置具体长度。randomKey用于保存长度为KEY_SIZE大小的随机数据，此随机数据作为加密密钥被接下来的相关步骤所使用。想要获取randomKey必须先获取可信安全芯片对象，并且建立可信安全芯片上下文。

8.3.3 密封密钥生产模块

创建可信安全芯片密封密钥用来作为密封文件的加密密钥。在TCM可信安全芯片中，密封密钥是SRK（Storage Root Key）的子密钥，创建密封密钥的流程如图8-6所示。

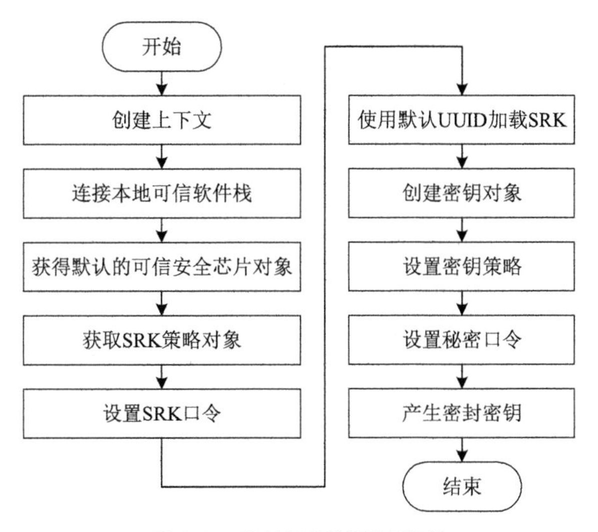

图 8-6　密封密钥创建流程图

从图8-6可以看出，为了创建密钥，首先需要建立上下文环境，获取与本地可信软件栈的关联，还要获取默认的可信安全芯片对象，才能进行相关的操作，以上是创建密钥或其他相关活动最基本的工作。其次，需要获取SRK。SRK为可信安全芯片上其他所有密钥的根密钥，在可信安全芯片上创建任何密钥都需要相应的父密钥的支持。为获取SRK，需要通过之前建立的环境，获取SRK的策略对象，并设置SRK的口令，之后通过默认SRK的UUID加载SRK。接着，创建密封密钥对象，然后设置密封密钥的加密策略，紧接着设置密封密钥的策略秘密口令并将密封密钥策略分配给密封密钥。最后，通过SRK创建密封密钥即可。根据图8-6所示的密封密钥创建流程，其实现的关键代码如下。

```
TSS_HCONTEXT       hContext;       //context
TSS_HKEY           hSRK,hkEY;      //key
TSS_HPOLICY        hPolicy, keyPolicy;
TSS_HTPM           hTPM;           //tpm
TSS_UUID           SRK_UUID = TSS_UUID_SRK;
TSS_FLAG           initFlags;
/* 创建上下文 */
result = Tspi_Context_Create(&hContext);
Debug("create the context",result);
/* 连接到本地TSS */
result = Tspi_Context_Connect(hContext,NULL);
Debug("Connect the context",result);
/* 获得TPM对象 */
result = Tspi_Context_GetTcmObject(hContext,&hTPM);
Debug("Get the TPM handle",result);
/* 获取SRK策略对象 */
result = Tspi_GetPolicyObject(hTPM,TSS_POLICY_USAGE,&hPolicy);
Debug("Get the tcm policy",result);
/* 设置策略口令 */
result = Tspi_Policy_SetSecret(hPolicy,TSS_SECRET_MODE_PLAIN,0,NULL);
Debug("Set hPolicy  secret ",result);
/* 根据UUID载入SRK */
result = Tspi_Context_LoadKeyByUUID(hContext,TSS_PS_TYPE_SYSTEM,SRK_UUID,&hSRK);
Debug("Get the SRK handle",result);
/* 创建密封密钥对象 */
result = Tspi_Context_Create(hContext,TSS_OBJECT_TYPE_RSAKEY,initFlags,&hKey);
Debug("Create hKeyt",result);
/* 创建密封密钥策略 */
result = Tspi_Context_CreateObject(hContext,TSS_OBJECT_TYPE_POLICY,TSS_POLICY_USAGE,keyPolicy);
Debug("Create keyPolicy",result);
/* 设置密封密钥策略口令 */
result = Tspi_Policy_SetSecret(keyPolicy,TSS_SECRET_MODE_PLAIN,0,NULL);
Debug("Set keyPolicy secret",result);
/* 将密封密钥策略对象分配给密封密钥 */
result = Tspi_Policy_AssignToObject(keyPolicy,hKey);
Debug("Assign keyPolicy to hKey",result);
/* 创建密封密钥 */
result = Tspi_Key_CreateKey(hKey,hSRK,0);
Debug("Create hKey ",result);
…
```

以上代码中，hSRK为SRK密钥对象，hKey为密封密钥对象，hPolicy为SRK的策略对象，keyPolicy为密封密钥策略对象。通过Tspi_GetPolicyObject()函数，根据参数从TPM中获取SRK策略并赋给hPolicy。Tspi_Policy_SetSecret()函数用于设置策略对象的授权数据和定义处理收回的相关策略。Tspi_Context_LoadKeyByUUID()函数根据密钥管理者使用的UUID所提供的信息来创建密钥对象，这里因为定义的UUID为SRK_UUID，所以会加载SRK密钥。Tspi_Context_CreateObject()函数根据具体的参数，创建或初始化具体类型的空对象，返回处理该对象的句柄，并且将这个对象绑定到对应的上下文。在代码中诸如hPolicy、hKey、hEncData的创建都需要此函数的参与。Tspi_Policy_AssignToObject()函数将对象安排到一个策略上，这里将密封密钥策略分配给密封密钥。Tspi_Key_CreateKey()函数则是专门用来创建密钥的。

8.3.4 PCR合成对象创建模块

为了防止密钥的伪造和篡改，需要在密钥密封时绑定PCR合成对象。通过该合成对象使得密封数据直接与可信安全芯片状态绑定，而不需要用户的口令。因此，在加密密钥密封前需要创建一个PCR合成对象。首先，定义一个UNIT32的数组，其中包含将会设置进PCR合成对象中的PCR的索引值。然后，通过询问指定索引值的PCR，将寄存器的值保存到对象中。创建PCR合成对象的流程如图8-7所示。

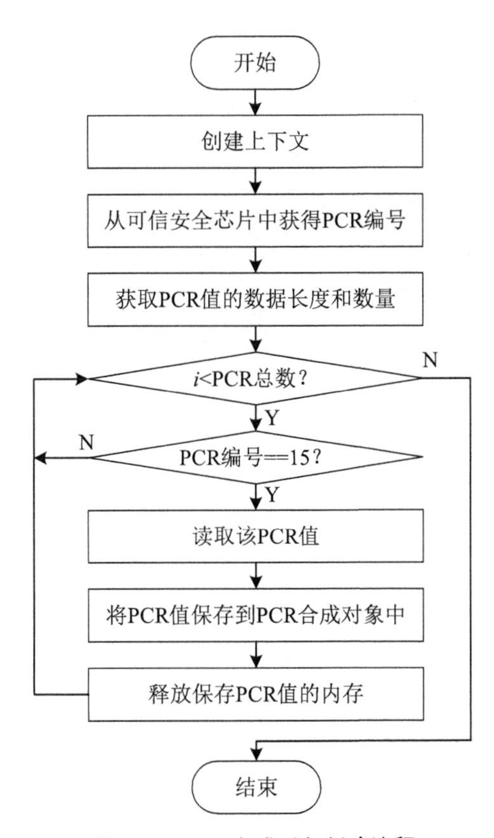

图 8-7　PCR合成对象创建流程

从图8-7可以看出，为创建PCR的合成对象首先需要创建上下文，连接可信安全芯片等操作。其次，需要通过可信软件栈获取可信安全芯片中所有PCR槽的一些信息。这些信息包括PCR的总数，每个PCR存储数据的长度等，这些信息将用于PCR槽存储值的读取，而PCR存储值会用来创建PCR合成对象。接着，通过设定的PCR编号来读取PCR的值，并且通过PCR的编号及PCR值合成PCR合成信息。这里，因为可信安全芯片的每个PCR的槽都有特殊的用法，可以选择将所有PCR槽用于合成信息，也可以只选择部分。这里选择了编号为15的槽用于合成PCR合成对象。当PCR合成对象创建成功，就会释放PCR值占用的可信安全芯片存储空间。当所有的PCR合成对象创建成功，就可以用于实现密封。根据图8-7所示的PCR合成对象创建流程，其实现的关键代码如下。

```
    TSS_HCONTEXT hContext;
    TSS_HPCRS          hPcrs;                  //pcrs对象
    UINT32             subCap,numPcrs;         //存放pcr数量
    BYTE               *rgbNumPcrs;
    UINT32             u32PcrValueLen;         //pcr值的长度
    BYTE               *prgbPcrValue;          //保存pcr的值
    …
    /* 创建pcrs对象 */
    result = Tspi_Context_CreateObject(hContext,TSS_OBJECT_TYPE_PCRS,0,&hPcrs);
    Debug("Create hPcrs object",result);
    subCap = TSS_TPMCAP_PROP_PCR;
    /* 从TPM中获取PCR的编号，长度等 */
    Tspi_TPM_GetCapability(hTPM,TSS_TPMCAP_PROPERTY,sizeof(UINT32),(BYTE  *)&subCap,
&u32PcrValueLen,&rgbNumPcrs);
    Debug("Get the pcrs Capability",result);
    numPcrs = *(UINT32*)rgbNumPcrs;
    for(i = 0;i<num_pcrs;i++)
    {
        if(pcrs[i]>numPcrs{
            Tspi_Context_Close(hContext)
            Return -1;
        }
        if(i==15){
            /* 读取第i和pcr槽的值 */
            result = Tspi_TPM_PcrRead(hTPM,pcrs[i],&u32PcrValueLen,&prgbPcrValue);
            Debug("Read PCR Value",result);
            /* 创建pcr合成对象 */
            result = Tspi_PcrComposite_SetPcrValue(hPcrs,pcrs[i],u32PcrValueLen,prgbPcrValue);
            Debug("Set Pcr Composite",result);
        }
    }
    …
```

以上代码中，hPcrs是一个TSS_HPCRS对象，是PCR合成对象的句柄。hPcrs需要通过Tspi_Context_CreateObject()函数来创建。TSS_TPMCAP_PROP_PCR是TCG软件规范定义的

一个属性，此属性配合Tspi_TCM_GetCapability()函数使用，用于得到本地可信安全芯片支持的所有PCR寄存器。调用Tspi_TCM_GetCapability()函数获取可信安全芯片版本信息，当capArea=TSS_TPMCAP_PROPERTY 而subCap=TSS_TPMCAP_PROP_PCR时，此函数的最后一个参数rgbNumPcrs返回的就是可信安全芯片支持的最大PCR寄存器个数。Tspi_TCM_PcrRead()函数根据指定的PCR的参数，来读取相应PCR寄存器的值。Tspi_PcrComposite_SetPcrValue()是整个流程中最重要的函数，通过给定的PCR寄存器生成PCR合成对象。

8.3.5 密钥密封 / 解封模块

文件可信加密应用采用可信安全芯片的密封存储方法。当用户要存储度量对象的摘要值时，首先要选定平台的一定属性数据作为该摘要值的绑定对象，即选定一定的PCR值。然后把选定的平台数据摘要值再次哈希，最后用此哈希值和摘要值做一次哈希，得到的结果即为最后需要存储的度量数据。完整的对称密钥密封过程描述如下：

$$NewPCR=Hash(Hash(Hash(PCR[i])\|PCR[j]\|\cdots)\|m) \quad (8\text{-}1)$$

$$c=Encrypt(m, NewPCR) \quad (8\text{-}2)$$

其中，PCR[i]，PCR[j]，……为选定的平台属性数据存放的PCR，NewPCR为度量对象的摘要值，c为密封的密文。密钥密封的加密原理如图8-8所示。

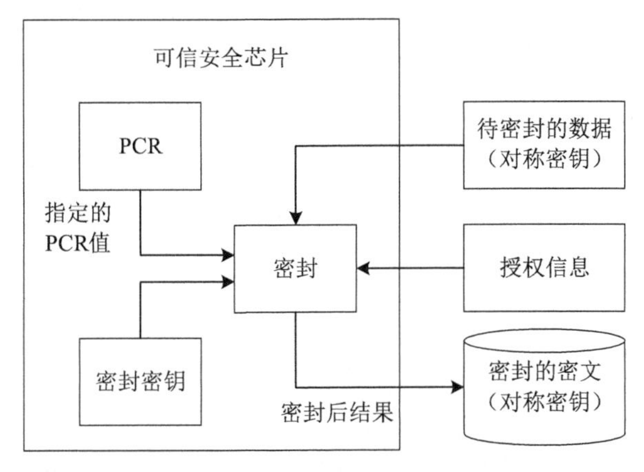

图 8-8 对称密钥密封加密原理

根据图8-8所示的密封原理，可以对文件的加密密钥进行密封实现。使用密封密钥将被加载数据直接与平台状态相绑定。只有当平台状态与密封时的状态相同时，可信安全芯片才会释放数据。该模块需要一个密封密钥和一个PCR对象。通过8.3.3和8.3.4小节分别创建密封密钥和PCR合成对象，并加载到可信安全芯片中，数据密封的实现流程如图8-9所示。

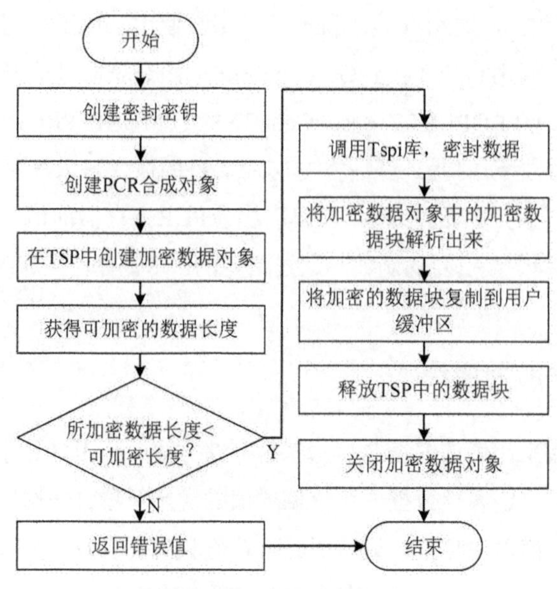

图 8-9　数据密封流程

从图8-9可以看出，首先，根据可信安全芯片密封的规范，需要使用到密封密钥和PCR合成对象，这些通过8.3.3和8.4.4小节已经被生成。其次，需要创建加密数据对象，加密数据对象用于实现数据的密封和解封。需要获取支持加密数据长度，用于判断待密封数据是否超过了可密封的支持范围。接着，如果判定可以进行密封，就会调用Tspi的密封函数，对相应的数据进行密封。密封过的数据可以通过加密数据的对象通过特定的Tspi函数取出，并复制到用户缓存中。最后，还需要将加密数据块释放掉，防止对可信安全芯片的占用。之后就可以进行后续的相关操作。根据图8-9所示的数据密封流程，其实现的关键代码如下。

```
    TSS_HENCDATA        hEncData;       //加密数据对象
    BYTE                *randomKey;     //随机密钥
    …
    /* 创建加密数据对象并初始化 */
    result = Tspi_Context_CreateObject(hContext,TSS_OBJECT_TYPE_ENCDATA,TSS_ENCDATA_
SEAL,&hEncData);
    Debug("Create HEncdata object",result);
    Result  = Tspi_GetAttribUint32(hKey,TSS_TSPATTRIB_KEY_INFO,TSS_TSPATTRIB_
KEYINFO_SIZE,&keySize);
    Debug("Get keySize",result);
    …
    /* 确保加密数据的长度小于密钥允许的最大长度 */
    If(dataLenth>keySize{
       return -1;
    }
    /* 使用hKey和hPcrs密封，randomKey为待密封数据对象 */
    result = Tspi_Data_Seal(hEncData,hKey,dataLenth,randomKey,hPcrs);
```

```
    Debug("Seal the input key with hSRK",result);
    /* 从密封数据对象中，取出加密数据块 */
    result = Tspi_GetAttribData(hEncData,TSS_TSPATTRIB_ENCDATA_BLOB,TSS_TSPATTRIB_
ENCDATABLOB_BLOB,&u32EncdataLen,&prgbEncData);
    Debug("Get the Sealed data from hEncData",result);
    …
```

以上代码中，被密封的数据为randomKey，这是之前步骤中生成的随机数据。dataLenth用于保存randomKey的数据长度。hKey和hPcrs是之前步骤中创建的密封密钥和PCR合成对象。在代码中，hEncData包含加密数据块，通过调用Tspi_Context_CreateObject()函数对其进行创建和初始化，并将加密数据对象绑定到可信安全芯片环境。然后，使用Tspi_GetAttribUint32()函数，根据函数的参数，可获取相关的数据，这里通过对Tspi_GetAttribUint32()函数的调用，获取密封密钥允许的最大长度并将其值保存到变量keySize中。Tspi_Data_Seal()为Tspi中的密封函数，需要5个参数，其中hEncData是数据加密对象，hKey为密封所使用的密封密钥，dataLenth为加密数据长度，randomKey为待密封数据，hPcrsPCR为合成对象即当前平台的运行状态。通过使用Tspi_Data_Seal()函数进行数据密封，会在hEncData中产生加密的数据块，只需调用Tspi_GetAttribData()函数就可以从hEncData中获取加密数据，其中u32EncdataLen保存加密数据的长度，prgbEncData保存加密数据。之后可将加密数据进行后续的相关操作。

当解密的时候，根据选定的平台属性数据，读取到当前平台相对应的平台属性数据后，对这些数据进行哈希运算得到的结果和存储的平台属性数据的哈希值进行比对，只有比对的结果一致的情况下，才允许解密。解密过程的描述如下：

$$((Comp(PCR[i_1], PCR[i])=1)\&\&(Comp(PCR[j_1], PCR[j]=1)\&\&\cdots)=1 \text{—>} \text{解密} \quad (8\text{-}3)$$

其中，Comp(i,j)表示比较两个数是否相同，如果相同则为1。$PCR[i_1]$为当前计算出来的平台属性数据的哈希值。PCR[i]表示已存储的相对应平台属性的数据哈希值。数据解封的原理如图8-10所示。

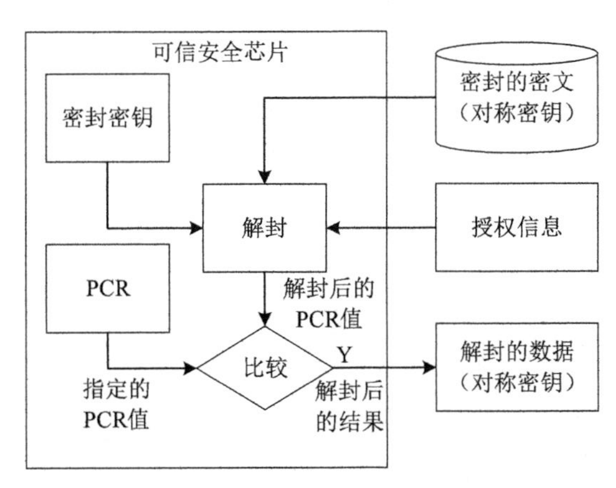

图 8-10　数据解封原理

根据图8-10所示的解封原理，被密封的数据可以通过解封将数据释放出来。密封和解封会与可信安全芯片的平台状态相绑定，只有解封数据时的平台状态与密封数据时的平台状态相一致，可信安全芯片才会进行数据解封。数据的解封和数据的密封过程是相反的过程。数据解封的流程如图8-11所示。

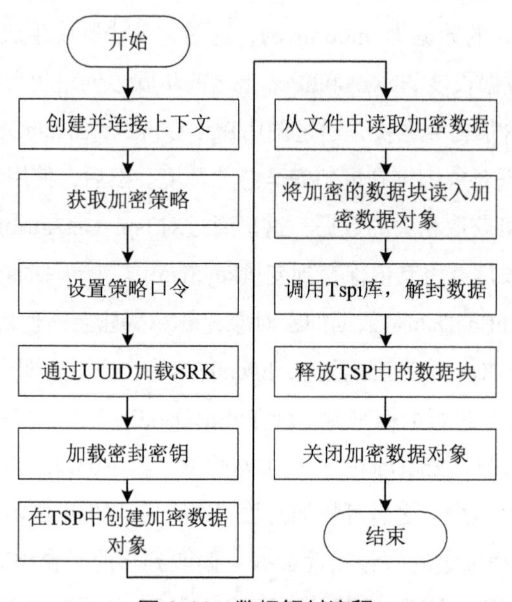

图 8-11　数据解封流程

从图8-11可以看出，解封的前面几个步骤和其他操作类似，都是创建上下文，连接到本地的上下文并获取到TCM的句柄。之后需要从可信安全芯片中获取加密策略，这个加密策略会传递给SRK，然后需要加载已创建的密封密钥，这个密钥因为是存储密钥，会存储在可信安全芯片的存储空间中，通过特定函数就可将其加载。接着，需要在TSP中创建密封数据对象，并将其初始化。密封数据对象和密封时创建的步骤一致。其次，需要获取加密数据块，这个数据块由密封操作产生，在解封的过程中被用于加载到加密数据对象中。然后，通过调用Tspi库进行数据解封，数据的解封与平台状态绑定，并不需要再次进行PCR合成操作，函数内部会自行判断当前平台状态，如果成功便会释放被密封的数据和数据长度。最后需要关闭数据对象和释放内存区域。根据图8-11所示的数据解封流程，其实现的关键代码如下。

```
TSS_HCONTEXT      hContext;       //context
TSS_HTPM          hTPM;           //tpm
TSS_HPOLICY       hPolicy,hKeyPolicy;
TSS_HENCDATA      hEncData;       //the data needed enc
TSS_HKEY          hSRK,hkEY;      //key
TSS_UUID          SRK_UUID = TSS_UUID_SRK;
TSS_UUID          KEY_UUID;
…
```

```
    /* 获取TCM策略 */
    result = Tspi_GetPolicyObject(hTPM,TSS_POLICY_USAGE,&hPolicy);
    Debug("Get the tcm policy",result);
    /* 设置策略口令*/
    result = Tspi_Policy_SetSecret(hPolicy,TSS_SECRET_MODE_PLAIN,0,NULL);
    Debug("Set hPolicy  secret ",result);
    /* 通过SRK_UUID获取SRK */
    result = Tspi_Context_LoadKeyByUUID(hContext,TSS_PS_TYPE_SYSTEM,SRK_UUID,&hSRK);
    Debug("Get the SRK",result);
    /* 通过KEY_UUID加载hKey */
    result = Tspi_Context_LoadKeyByUUID(hContext,TSS_PS_TYPE_SYSTEM,KEY_UUID,&hKey);
    Debug("Get the hKey",result);
    /* 从文件中读取加密数据 */
    fpIn = fopen(infile,"r");
    if(!fpIn){
        printf("open file %s error\n",infile);
        fclose(fpIn);
        Tspi_Context_Close(hContext);
        return -1;
    }else{
        printf("open file %s success\n",infile);
    }
    /* 获取加密数据大小 */
    fseek(fpIn,0L,SEEK_END);
    u32EncdataLen = ftell(fpIn);
    printf("%d\n",u32EncdataLen);
    fseek(fpIn,0L,SEEK_SET);
    /* 创建变量保存加密数据 */
    BYTE    *dataBuf;
    dataBuf = malloc(u32EncdataLen);
    …
    /* 将加密数据设置到hEncData中 */
    result  = Tspi_SetAttribData(hEncData,TSS_TSPATTRIB_ENCDATA_BLOB,TSS_TSPATTRIB_
ENCDATABLOB_BLOB,u32EncdataLen,dataBuf);
    Debug("get hEncData from dataBuf",result);
    /* 解封加密数据 */
    result = Tspi_Data_Unseal(hEncData,hKey,&u32dataLenth,&data);
    Debug("Unseal data",result);
    /* 释放内存 */
    Tspi_Context_FreeMemory(hContext, NULL);
    Tspi_Context_Close(hContext);
```

以上代码中，KEY_UUID是hKey的UUID，通过Tspi_Context_LoadKeyByUUID()函数，可从可信安全芯片存储空间中读取hKey。hKey作为解封密钥使用，同时也是密封密钥。加密的数据，被写入到key.enc文件中，并获取加密数据的长度。解封过程需要将数据重新读入用户内存。然后是通过Tspi_SetAttribData()函数根据传入参数来设置加密数据对象。加密数据对象中包含了被密封的数据信息，借此来解封数据。数据的解封操作，通过Tspi_Data_Unseal()函数实现，解封过程需要保证加解密过程是在同一平台下进行的，并且当前的配置（在加密数据块的PCR中定义）与加密时的配置相匹配，这由可信安全芯片内部证明和保证。Tspi_Data_Unseal()函数操作返回解密的数据和数据长度。最后，还要释放占用的内存。

8.3.6　数据加解密模块

文件可信加密应用的数据加解密，使用OpenSSL的EVP框架进行。通过对EVP的使用可以较为简便地实现加解密算法的替换和模式的选择。系统中使用SM4加密算法进行数据的加解密。加解密的密钥使用可信安全芯片的随机数生成器生成。并通过可信安全芯片的密封方式对加解密密钥进行密封存储，借此加解密密钥与可信安全芯片状态邦定，脱离可信安全芯片无法进行加解密。数据加密的流程如图8-12所示。

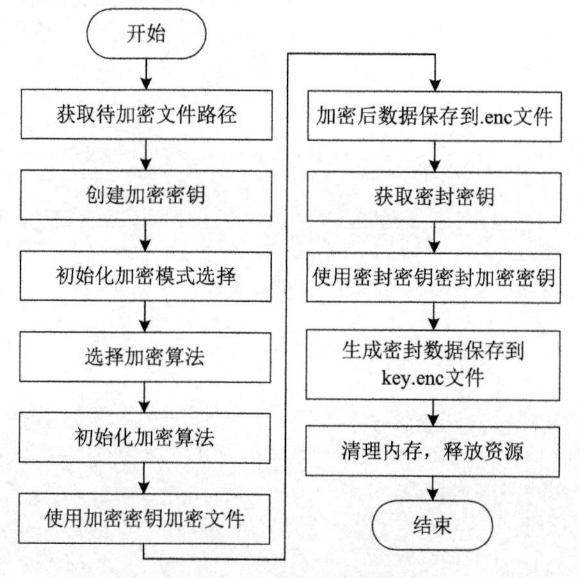

图 8-12　数据加密流程

从图8-12可以看出，首先需要选择加密文件的路径，文件的路径会通过用户接口的操作界面判断。接着，要创建用于加密的密钥，用于加密的密钥使用固定长度的随机数据。加密密钥的创建见8.3.2小节。然后，初始化加密模式选择，选择合适的加密模式。在系统中，使用了EVP的SM4 ECB算法，并通过用户的选择，选取128位或256位加密模式，默认采取128位模式加密。其次，使用加密密钥对文件进行加密，加密过的数据保存在后缀名为.enc的文件中。接着，需要对加密密钥进行密封操作，密封操作参见8.3.5小节。通过使用密封密钥，将加密密钥进行密封操作，并将生成的密封数据保存在特定目录下的key.enc文件中。根据图

8-12所示的数据加密流程，其实现的关键代码如下。

```
EVP_CIPHER_CTX     ctx;        //加密上下文
TSS_HKEY           hSRK = 0;
BYTE                       *randomKey;
/* 获取待加密文件 */
fpIn = fopen(filename,"rb");
if(fpIn==NULL){
   qstr = "open the file error";
   return qstr;
}
/*获得随机数据保存到 randomKey */
result = Tspi_TPM_GetRandom(hTPM,KEY_SIZE,&randomKey);
Debug("Get Random Key",result);
/* 设置加密类型 */
const EVP_CIPHER *cipher;
if(strcmp((const char*)QencType.toStdString().c_str(),"128") == 0){
    cipher = EVP_aes_128_ecb();
}else if(strcmp((const char*)QencType.toStdString().c_str(),"256") == 0){
    cipher ==EVP_aes_256_ecb();
}else{
    qstr = "enc type error";
    return qstr;
}
/* 初始化加密上下文*/
EVP_CIPHER_CTX_init(&ctx);
…
/* 初始化 */
isSuccess = EVP_EncryptInit_ex(&ctx,cipher,NULL,(unsigned char *) randomKey,NULL);
…
/* 对读取的文件数据进行加密 */
for(;;){
    inl = fread(in,1,1024,fpIn);
    if(inl<=0) break;
    isSuccess =EVP_EncryptUpdate(&ctx,out,&outl,in,inl);
    if(!isSuccess){
        QString qstr ="encrypt file fail";
        EVP_CIPHER_CTX_cleanup(&ctx);
        fclose(fpIn);
        fclose(fpOut);
        return qstr;
}
/* 解密算法最后获取加密数据 */
isSuccess = EVP_EncryptFinal_ex(&ctx,out,&outl);
/* 将加密后的数据写入.enc文件 */
fwrite(out,1,outl,fpOut);
/* 使用密封密钥密封加密 */
result = Tspi_Data_Seal(hEncData,hKey,dataLenth,(BYTE*) randomKey,hPcrs);
Debug("Seal the input key with hSRK",result);
```

```
    /* 从hEncdata获取密封后的数据 */
    result = Tspi_GetAttribData(hEncData,TSS_TSPATTRIB_ENCDATA_BLOB,TSS_TSPATTRIB_
ENCDATABLOB_BLOB,&u32EncdataLen,&prgbEncData);
    Debug("Get the Sealed data from hEncData",result);
    /* 将密封输入写入key.enc文件 */
    int len = fwrite(prgbEncData,1,u32EncdataLen,fpKey);
    if(len!=u32EncdataLen){
        printf("fwrite error\n");
        Tspi_Context_Close(hContext);
        fclose(fpKey);
        return "fwrite error\n";
        }
    …
    /* 关闭数据，清理内存 */
    Tspi_Context_FreeMemory(hContext, NULL);
    Tspi_Context_Close(hContext);
    …
```

以上代码中，randomKey是由随机数据组成的加密密钥，通过Tspi_TCM_GetRandom()函数创建。cipher用来设置加密的类型，可选的有EVP_SM4_128_ECB()和EVP_SM4_256_ECB()类型。通过EVP_EncryptInit_ex()函数进行对加密算法的初始化。EVP_EncryptInit_ex()需要5个参数，其中加密密钥randomKey在这里被作为参数之一传入，还需要加密类型，加密上下文等参数。EVP_EncryptUpdate()用于实现文件的加密操作，需要传入待加密的数据、待加密数据长度、加密后的数据、加密后数据长度等参数。通过文件的操作，将加密后的数据写入到后缀为.enc的同名文件中。之后，对加密密钥randomKey进行密封操作，密封操作的实现参见8.3.5小节，主要是使用Tspi_Data_Seal()函数进行对randomKey的密封，密封后的数据通过Tspi_GetAttribData()函数从hEncData取出，并保存到key.enc文件中。最后释放相关资源，完成数据加密过程。

数据的解密，同数据加密过程相反。首先读取密封后的数据，得到密封密钥后为其解封。解封后会得到用于加解密的加密密钥。之后通过OpenSSL中的EVP框架对加密过的文件进行解密。解密的流程图8-13所示。

从图8-13可以看出，数据的解密操作，首先要读取key.enc文件，这个文件保存着密封后的加密密钥。其次，需要通过可信安全芯片获取到密封密钥，密封密钥会用于解封。通过密封密钥和密封数据，验证平台的状态是否和文件密封时状态相匹配。如果匹配就会获得解封数据，即会得到加密密钥。验证平台的一致性在Tspi函数内部实现。然后，获取通过用户接口的操作界面传递的加密文件路径，读取加密文件的数据。之后，初始化加密的算法，然后设置解密模式，解密模式需要和加密时的相一致，不然会出现解密失败。接着，通过加密密钥解密，解密后的数据写入后缀名为.dec的同名文件中。最后释放占用的资源完成解密操作。

根据图8-13所示的数据解密流程，其实现的关键代码如下。

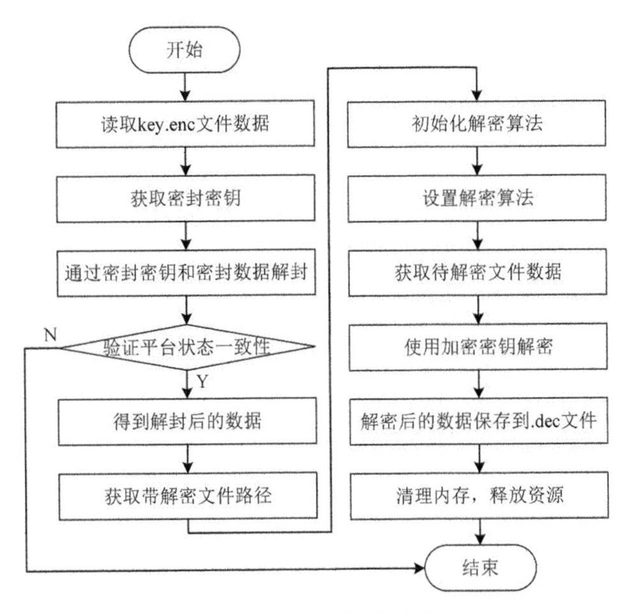

图 8-13　数据解密流程

```
TSS_HKEY                    hSRK,hKey;
char                 *keyfile = "/home/chengcong/Desktop/tpmC/key.enc";
BYTE                        *randomKey = NULL;              //保存加密密钥
EVP_CIPHER_CTX      ctx;                                    //加密上下文
/* 从TPM加载SRK */
result = Tspi_Context_LoadKeyByUUID(hContext,TSS_PS_TYPE_SYSTEM,SRK_UUID,&hSRK);
…
/* 从密封文件中读取密封数据 */
fpKey = fopen(keyfile,"r");
if(!fpKey){
    printf("open file %s error\n",keyfile);
    fclose(fpKey);
    Tspi_Context_Close(hContext);
}else{
    printf("open keyfile success\n");
}
/* 获取密封数据大小 */
fseek(fpKey,0L,SEEK_END);
u32EncdataLen = ftell(fpKey);
printf("%d\n",u32EncdataLen);
fseek(fpKey,0L,SEEK_SET);
/* 为randomKey分配空间  */
databuf= (BYTE *)malloc(u32EncdataLen);
if(fread(dataBuf,1,u32EncdataLen,fpKey)!=u32EncdataLen){
    printf("fread failed\n");
```

```
        free(dataBuf);
        fclose(fpKey);
        Tspi_Context_FreeMemory(hContext, NULL);
        Tspi_Context_Close(hContext);
        qstr = "fread failed\n";
        return qstr;
    }else{
        printf("dataBuf read success\n");
    }
    …
    /* 从TCM加载hKey*/
    result = Tspi_Context_LoadKeyByUUID(hContext,TSS_PS_TYPE_SYSTEM,KEY_UUID,&hKey);
    /* 根据密封数据 设置密封对象 */
    result  = Tspi_SetAttribData(hEncData,TSS_TSPATTRIB_ENCDATA_BLOB,TSS_TSPATTRIB_
ENCDATABLOB_BLOB,u32EncdataLen,dataBuf);
    Debug("get hEncData from dataBuf",result);
    /* 解封数据 */
    result = Tspi_Data_Unseal(hEncData,hSRK,&u32dataLenth,&randomKey);
    Debug("Unseal data",result);
    /* 设置加密模式 */
    const EVP_CIPHER *cipher;
    if(strcmp((const char*)QencType.toStdString().c_str(),"128") == 0){
        cipher = EVP_aes_128_ecb();
    }else if(strcmp((const char*)QencType.toStdString().c_str(),"256") == 0){
        cipher ==EVP_aes_256_ecb();
    }else{
        qstr = "enc type error";
        return qstr;
    }
    /* 设置解密上下文 */
    EVP_CIPHER_CTX_init(&ctx);
    /* 初始化解密 */
    isSuccess = EVP_DecryptInit_ex(&ctx,cipher,NULL,(unsigned char*)data,iv);
    if(!isSuccess){
        qstr ="init encrypt algorithm failed";
        EVP_CIPHER_CTX_cleanup(&ctx);
        fclose(fpIn);
        fclose(fpOut);
        return qstr;
    }
    /* 解密数据*/
    for(;;){
        inl = fread(in,1,1024,fpIn);
        if(inl<=0) break;
        isSuccess =EVP_DecryptUpdate(&ctx,out,&outl,in,inl);
        if(!isSuccess){
            qstr ="Decrypt file fail";
            EVP_CIPHER_CTX_cleanup(&ctx);
```

```
            fclose(fpIn);
            fclose(fpOut);
            return qstr;
        }
        fwrite(out,1,outl,fpOut);
    }
    /* 加密数据结束，将数据写入文件 */
    isSuccess = EVP_DecryptFinal_ex(&ctx,out,&outl);
    if(!isSuccess){
        qstr ="Decrypt Final fail";
        EVP_CIPHER_CTX_cleanup(&ctx);
        fclose(fpIn);
        fclose(fpOut);
        return qstr;
    }
        fwrite(out,1,outl,fpOut);
    /* 清理占用空间 */
    …
```

以上的代码中，hKey用于解封密钥，解封密钥的获取同8.3.3小节，通过Tspi_Context_LoadKeyByUUID()函数从可信安全芯片中加载。randomKey用于保存解封后的数据即加密密钥。cipher用于设置解密的模式，这里的模式应与加密模式相一致，可选的有EVP_SM4_128_ECB()和EVP_SM4_256_ECB()。需要使用EVP_CIPHER_CTX_init()函数来创建解密上下文环境，并通过EVP_DecryptInit_ex()函数初始化解密的上下文环境。EVP_DecryptUpdate()函数与EVP_EncryptUpdate()函数相对应，用于实现数据的解密操作。最后，解密后的数据会存储在out变量中，通过文件读写方式，写入后缀名为.dec的同名文件中。

8.4 软件安全检测

软件安全检测应用将基于龙芯自主可信计算平台，从软件的安全漏洞形式化描述、安全漏洞模式提取和安全漏洞判定的整体出发，对计算机系统的软件安全漏洞进行检测。图8-14所示显示了基于龙芯自主可信计算的软件安全检测应用流程。

如图8-14所示，软件安全检测结合可信计算的特点和二进制程序特性，从静态数据流分析框架构建、漏洞形式化描述、漏洞模式提取和漏洞判定的角度，基于抽象解释和格理论，建立二进制代码逆向分析的控制流图与函数空间相融合的数据流漏洞分析框架。在二进制程序对象实例代码识别中，针对多种形式的二进制程序对象实例，设计基于特征数据的自适应二进制程序对象实例代码识别方法，以适应所设计的数据流分析框架。通过程序对象的二进制代码逆向分析获得二进制程序对象虚表及其虚函数的边界和导出属性等二进制程序对象属性，构建初始的合法二进制程序对象控制流转移（即虚函数动态调用）边界。在此基础上，采用基于到达定值分析的方法构建数据流方程，采用迭代算法、消除算法和可达性算法实现数据流信息（即二进制程序对象定值）的求解。根据数据流方程求解得出的二进制程序对象定值，进行二进制程序对象虚函数解析。针对不同场景的二进制程序对象定值，将采用特征数据构造的方法，实现虚函数解析，构建完整的二进制程序对象控制流转移（即虚函数动态调用）轮廓，完成漏洞模式的提取。安全漏洞判定则利用在控制流图中构建的二进制程序对象控制流转移边界，结合在到达定值及虚函数分析中提取的漏洞模式，通过二进制程序对象虚表一致性错误识别，作为安全漏洞判定的依据。同时，针对可信计算完整性度量机制，及国产自主的龙芯CPU和TCM可信平台模块在硬件层提供的完整性度量，在安全漏洞判定中将利用IMA架构和映射技术设计静态硬件控制流完整性检测（即二进制程序对象虚表一致性错误识别）机制。具体步骤如下。

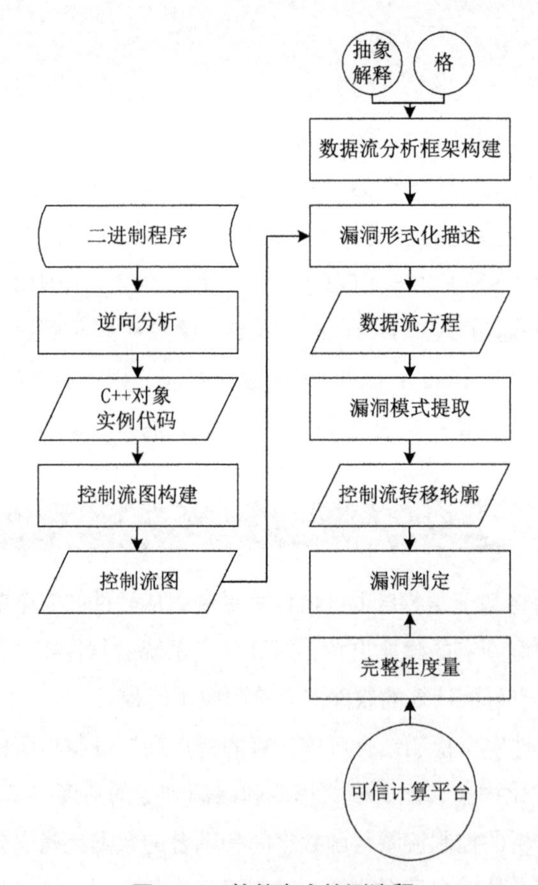

图 8-14 软件安全检测流程

（1）建立面向二进制程序和可信计算环境，基于抽象解释和格理论的静态数据流漏洞检测框架。

格在数学上是由值集合（V）和两个二元运算（交运算∩和并运算∪）组成，且满足幂等律、交换律、结合律和吸收律的一个代数系统L。一个格的值满足偏序关系，因此格利用二元运算或偏序关系来定义是相互等价。根据代数格上二元运算的个数不同，代数格分为全格和半格，如果在代数格上只有一个二元运算（即交运算∩），则称为半格L=(V,∩)。抽象解释是静态分析的形式化框架，静态分析仅跟踪用户关心的程序属性，所以它对程序语义的解释是程序实际语义的近似。如果二进制程序V执行时f表示实际解释函数，那么程序属性就是f的固定点。由于二进制程序的对象安全属性不可判定，抽象解释设计程序语义的抽象解释函数f′，再用f′的固定点来近似f的固定点。二进制程序的抽象执行序列的集合构成了二进制程序的抽象域V。抽象域V构造的全格L=(V,∪,∩)抽象解释定义了实际状态和抽象状态之间的正确关系。

基于格理论中的格L作为二进制程序安全漏洞检测的静态数据流分析工具，其框架定义为D=(L,F)，这里格L表示二进制程序的安全属性域，函数空间F是定义在格的值域V上的函数f|V->V的集合，函数f称为转移函数。转移函数f描述二进制程序中每个节点的边界条件。函数空间F反映数据流信息在各个点之间的转移情况。当F中的函数f为单调函数时，可以通过求解转移函数的固定点，来求解数据流分析问题，如到达定值分析。

（2）基于控制流图构建的漏洞特征形式化描述。

利用基于指令回溯的逆向分析识别二进制程序中的对象实例代码，并通过将同一二进制程序对象实例代码定义为一个基本块，构建控制流图$G=(N,E,n_0)$，这里N是二进制程序对象实例节点的集合，E是节点间的边的集合，$n_0 \in N$是一个可区别的开始节点。最后，得到二进制程序安全漏洞检测的静态数据流分析框架I=(G,M)。其中，G是二进制程序对象实例代码的控制流图，M表示控制流图G中，N集合的一个节点n到F集合中的一个转移函数f的映射，即M|N->F。

（3）通过数据流方程和迭代算法，设计基于到达定值分析的漏洞模式提取方法。

在进行漏洞模式提取时，需要通过获得二进制程序对象虚函数边界和导出属性等信息来构建初始的合法二进制程序对象控制流转移边界（虚函数目标地址集合），即二进制程序对象中虚函数的动态调度轮廓。为了进行漏洞模式提取，需要把二进制程序作为一个整体来收集信息，并把这些信息分配给控制流图的各个基本块。通过前面建立的控制流图，计算每个基本块节点的输入信息in和输出信息out集合，并求解基本块节点中的二进制程序对象到达定值。利用数据流方程，可以得到一种解决数据流问题的重要方法，即通过在程序的各个点建立和求解与信息有关的方程系统即可收集数据流信息。根据数据流程特性，每个节点s的输入信息和输出信息的方程形式如下：

$$in(s)= out[j_1] \cup out[j_2]\cdots \cup out[j_i]\cdots \cup out[j_N],i=1,2,\cdots N \quad (8\text{-}4)$$

$$out[s]=gen[s] \cup (in[s]-kill[S]) \quad (8\text{-}5)$$

基于数据流方程，通过迭代算法进行二进制程序对象的到达定值分析。如果控制流图中有n个基本块，则将得到$2n$个方程。通过循环技术in和out集合即可对这$2n$个方程进行求解（即计算固定点MFP），获得二进制程序对象的到达定值。最后，针对不同场景的二进制程序对象定值，采用特征数据构造的方法，进行虚函数解析，记录完整的虚函数动态调用的控制流转移轮廓，完成漏洞模式的提取。

（4）基于可信计算的完整性度量框架和控制流完整性度量相融合的漏洞判定。

漏洞判定是根据前面各阶段收集到的漏洞信息，通过约束求解给出最终的判定结果。基于龙芯自主可信计算的软件安全检测应用将对数组溢出漏洞的判定转化为对二进制程序对象控制流完整性检测，即通过在控制流图中构造二进制程序对象控制流转移的合法边界（虚函数目标地址集合），在二进制程序对象控制流转移发生时，检测二进制程序对象控制流转移轮廓（虚函数动态调用目标地址）是否在合法边界内，并以此作为漏洞判定的依据。

目前，应用于漏洞判定的控制流完整性检测方法依赖控制流图，无法解决动态生成代码相关的恶意控制流转移问题。此外，动态完整性检测需要实时地监控程序执行，使得系统运行效率开销很大。在龙芯自主可信计算中，通过二进制程序对象虚表一致性错误识别，结合最新的国产龙芯可信计算完整性度量机制，提出基于可信计算的二进制程序对象虚函数调度控制流完整性度量的漏洞判定方法。通过龙芯自主可信计算的完整性度量架构，结合国产可信平台模块TCM对二进制程序的执行代码进行二进制程序对象虚函数调度控制流完整性度量。将度量平台和二进制程序的执行代码被度量对象分离，保证度量值的准确性。此外，采用度量对象独立的度量方式。现有可信计算的完整性度量是以一种链式的度量方式，所有被度量对象事先固定，即由先启动的程序来度量后启动的程序，通过这种方式形成物理启动过程的可信链。而在漏洞检测环境下，基于龙芯自主可信计算的软件安全检测应用则相对独立，度量值并非由可信链上的程序进行度量测得，可以随时对二进制程序的执行代码度量对象单独进行度量。最后，在操作系统启动完成后，通常的度量采用事件触发来度量运行的二进制程序的执行代码，这就需要在系统函数被调用时进行度量。基于龙芯自主可信计算的软件安全检测应用则避免了系统调用所带来的性能影响。

基于龙芯自主可信计算平台在可信操作系统环境之上建立软件安全漏洞检测，使得可信平台乃至整个系统的安全性大大提高，从根上杜绝由于软件安全漏洞利用植入恶意代码造成的系统破坏和信息泄露，确保软件运行的可信性。

8.5 小结

立足全国产化的自主可信计算应用，在信息系统中率先建立真正的自主可信计算环境，建立全国产化、拥有自主知识产权的软硬件支撑平台。只有这样，才能做到信息处理细节可知、处理过程可控、事件行为可信。国产化的自主可信计算环境正迈入成熟发展期，许多信息系统是代表国家战略安全的专用信息系统，也将是率先应用可信计算技术的试验田。本章从我国关键领域的机密数据安全存储和信息系统安全运行的需求出发，分析了文件存储安全存在的不足，针对关键信息系统中涉密数据的防窃取和防篡改问题，对自主可信计算相关技术在文件安全存储中的应用进行了积极的研究和思考，设计并实现基于龙芯自主可信计算平台的文件可信加密和可信度量应用。该应用为计算机系统中大量机密数据的安全存储提供了一种有效的解决方案。此外，针对软件在计算机系统执行过程中遇到的安全漏洞及其利用攻击等安全问题，在抽象解释和格理论基础上，基于可信计算技术，研究面向龙芯可信计算平台的软件安全漏洞检测应用，提高可信软件的安全漏洞检测质量，确保软件的可信安全运行。

总之，基于龙芯的自主可信计算及应用从物理安全、数据安全和软件安全3方面内容对信息安全进行全面的保护，对我国信息系统的自主安全建设具有重要的参考价值。

参考文献

[1] 李舟军，张俊贤，廖湘科，马金鑫. 软件安全漏洞检测技术 [J]. 计算机学报，2015，38（04）:717-732.

[2] 吴世忠. 软件安全开发 [M]. 机械工业出版社. 2016.

[3] 薛惠锋，张南，康熙曈. 数据安全与国家发展 [M]. 科学出版社. 2016.

[4] 李杨，辛永辉，韩言妮，李唯源，徐震. 内容中心网络中 DoS 攻击问题综述 [J]. 信息安全学报，2017，2（01）：91-108.

[5] 薛静锋，祝烈煌. 入侵检测技术（第 2 版）[M]. 人民邮电出版社. 2016.

[6] 冯登国. 可信计算：理论与实践 [M]. 北京：清华大学出版社. 2013.

[7] 王伟昌，詹承豫. 国家信息安全立法的思考 [J]. 法制博览，2015，（24）：30-33.

[8] 赵文胜. 论信息安全的刑法保障 [D]. 武汉大学，2014.

[9] 陈雷霆，文立玉，李志刚. 信息安全评估研究 [J]. 电子科技大学学报，2005，34（3）：373-376.

[10] 沈昌祥，张焕国，冯登国，曹珍富，黄继武. 信息安全综述 [J]. 中国科学（E 辑：信息科学），2007，（02）：129-150.

[11] 张焕国，罗捷，金刚，朱智强，余发江，严飞. 可信计算研究进展 [J]. 武汉大学学报（理学版），2006，（05）：513-518.

[12] 道格拉斯，斯廷森，冯登国（译）. 密码学原理与实践（第三版）[M]. 电子工业出版社. 2016.

[13] 李志敏. 哈希函数设计与分析 [D]. 北京邮电大学，2009.

[14] 中国国家标准化管理委员会. 信息安全技术 SM3 密码杂凑算法 [S]. GB/T 32905. 2016.

[15] 沈昌祥，公备. 基于国产密码体系的可信计算体系框架 [J]. 密码学报，2015，2（05）：381-389.

[16] 周明天，谭良. 可信计算及其进展 [J]. 电子科技大学学报，2006，（S1）：686-697.

[17] 张焕国，赵波. 可信计算 [M]. 武汉大学出版社. 2011.

[18] 张焕国. 可信计算平台技术研究 [A]. 中国计算机学会容错计算专业委员会. 第十届全国容错计算学术会议论文集 [C]. 中国计算机学会容错计算专业委员会，2003：8.

[19] 冯登国，秦宇，汪丹，初晓博. 可信计算技术研究 [J]. 计算机研究与发展，2011，（08）：1332-1349.

[20] 张倩颖，冯登国，赵世军. TCM 密钥迁移协议设计及形式化分析 [J]. 软件学报，2015，26（09）：2396-2417.

[21] 崔日云. 基于国产平台的可信软件栈研究 [D]. 北京工业大学，2014.

[22] 李晓勇，左晓栋，沈昌祥等. 基于系统行为的计算平台可信证明 [J]. 电子学报，2007，35（7）：1234-1239.

[23] 张策，崔刚，傅忠传. TCG下可信度量机制与模型分析 [J]. 哈尔滨工业大学学报，2013，45（01）：72-77.

[24] 李焕洲，林宏刚，张健，郭东军. 可信计算中完整性度量模型研究 [J]. 四川大学学报（工程科学版），2008，（06）：150-153.

[25] 沈昌祥，张焕国，王怀民，王戟，赵波，严飞，余发江，张立强，徐明迪. 可信计算的研究与发展 [J]. 中国科学：信息科学，2010，40（02）：139-166.

[26] 常朝稳，司志刚，陈新等. 基于内存分页机制的动态完整性度量方法研究（CCNIS2011）[C]. 第四届中国计算机网络与信息安全学术会议论文集. 2011：1-7.

[27] 庄琭，沈昌祥，蔡勉. 基于行为的可信动态度量的状态空间约简研究 [J]. 计算机学报，2014，37（05）：1071-1081.

[28] 张立强，张焕国，张帆. 可信计算中的可信度量机制 [J]. 北京工业大学学报，2010，36（05）：586-591.

[29] 刘昌平. 可信计算环境安全技术研究 [D]. 电子科技大学，2011.

[30] 秦宇，冯登国. 基于组件属性的远程证明 [J]. 软件学报，2009，20（06）：1625-1641.

[31] 唐文，陈钟. 基于模糊集合理论的主观信任管理模型研究 [J]. 软件学报，2003，14（8）：1401-1408.

[32] 张兴，陈幼雷，沈昌祥. 基于进程的无干扰可信模型 [J]. 通信学报，2009，30（03）：6-11.

[33] 王德鑫，王青. 支持软件过程可信评估的可信证据研究 [J/OL]. 软件学报，：1-21（2017-07-12）.

[34] 李晨. 可信度量模型及其关键技术研究 [D]. 北京工业大学 2010.

[35] 冯登国，秦宇. 可信计算环境证明方法研究 [J]. 计算机学报，2008，（09）：1640-1652.

[36] 徐明迪，张焕国，严飞. 基于标记变迁系统的可信计算平台信任链测试 [J]. 计算机学报，2009，32（04）：635-645.

[37] 李聪. 基于实体依赖关系的信任链模型的构建及应用 [D]. 湘潭大学，2015.

[38] 徐明迪，张焕国，张帆，杨连嘉. 可信系统信任链研究综述 [J]. 电子学报，2014，42（10）：2024-2031.

[39] 赵佳，沈昌祥，刘吉强，韩臻. 基于无干扰理论的可信链模型 [J]. 计算机研究与发展，2008，（06）：974-980.

[40] 张兴，黄强，沈昌祥. 一种基于无干扰模型的信任链传递分析方法 [J]. 计算机学报，2010，33（01）：74-81.

[41] 秦晰，常朝稳，沈昌祥，高丽. 容忍非信任组件的可信终端模型研究 [J]. 电子学报，2011，39（04）：934-939.

[42] 徐明迪，张焕国，赵恒，李峻林，严飞. 可信计算平台信任链安全性分析 [J]. 计算机学报，2010，33（07）：1165-1176.

[43] 杨晓晖. 软件行为动态可信理论模型研究 [D]. 中国科学技术大学，2010.

[44] 吴昊，毋国庆. 程序的动态完整性：模型和方法 [J]. 计算机研究与发展，2012，49（09）：1874-1882.

[45] 田俊峰，杜瑞忠，蔡红云，李珍. 可信计算与信任管理 [M]. 科学出版社. 2014.

[46] 张帆，徐明迪，杨飏. 可信链度量与测评 [M]. 西安电子科技大学出版社. 2011.

[47] 张兴，沈昌祥. 一种新的可信平台控制模块设计方案 [J]. 武汉大学学报（信息科学版），2008，（10）：1011-1014.

[48] 高馨，于潇，孙福振. CPU 指令集的发展 [J]. 软件导刊，2006，（01）：27-28.

[49] 李鹏，鲍峥，石洋. MIPS 体系结构透视 [M]. 机械工业出版社. 2008.

[50] 李国杰. 研制龙芯 CPU 的战略思考与跟踪 [J]. 科学新闻，2002，（20）：7-8.

[51] 孟小甫，高翔，从明，张爽爽. 龙芯 3A 多核处理器系统级性能优化与分析 [J]. 计算机研究与发展，2012，49（S1）：137-142.

[52] 陈书明，李振涛，万江华，胡定磊，郭阳，汪东，扈啸，孙书为. “银河飞腾”高性能数字信号处理器研究进展 [J]. 计算机研究与发展，2006，（06）：993-1000.

[53] 黄永勤，朱英，巨鹏锦，吴志勇，陈诚. “申威-1 号”高性能微处理器的功能验证 [J]. 软件学报，2009，20（04）：1077-1086.

[54] 胡向东，杨剑新，朱英. 高性能多核处理器申威 1600[J]. 中国科学：信息科学，2015，45（04）：513-522.

[55] 苏州国芯科技有限公司. C*Core CPU 设计技术 [J]. 中国集成电路，2009，18（05）：24-25.

[56] 张盛兵，樊晓桠，高德远. 32 位嵌入式 RISC 微处理器的设计 [J]. 计算机研究与发展，2000，（06）：758-763.

[57] 胡伟武，唐志敏. 龙芯 1 号处理器结构设计 [J]. 计算机学报，2003，（04）：385-396.

[58] 胡伟武，张福新，李祖松. 龙芯 2 号处理器设计和性能分析 [J]. 计算机研究与发展，2006，（06）：959-966.

[59] 王焕东，高翔，陈云霁，胡伟武. 龙芯 3 号互联系统的设计与实现 [J]. 计算机研究与发展，2008，（12）：2001-2010.

[60] 吴亚杰，刘卫东，曾小光. 基于龙芯平台的 PMON 研究与开发 [J]. 电子设计工程，2011，19（17）：140-142.

[61] 权天. 基于龙芯 3A 处理器的嵌入式系统的设计与实现 [D]. 西安电子科技大学，2014.

[62] 沙光侠. 基于 UEFI 的龙芯平台固件研究与实现 [D]. 南京工业大学，2013.

[63] 杜振龙，沙光侠，李晓丽，王庆川，沈钢纲. MIPS 架构计算机平台的支持固件研究 [J]. 兰州理工大学学报，2013，39（05）：94-99.

[64] 赵俊良、张福新、陶品. MIPS 处理器设计透视 [M]. 北京航空航天大学出版社. 2005.

[65] 石扬. 龙芯 3A 基础支撑软件平台的实现 [D]. 中国舰船研究院，2012.

[66] 张焕国，韩文报，来学嘉，林东岱，马建峰，李建华. 网络空间安全综述 [J]. 中国科学：信息科学，2016，46（02）：125-164.

[67] 沈昌祥，陈兴蜀. 基于可信计算构建纵深防御的信息安全保障体系 [J]. 四川大学学报（工程

科学版），2014，46（01）：1-7.

[68] 沈昌祥. 坚持自主创新加速发展可信计算 [J]. 计算机安全，2006，（06）：2-4+17.

[69] 赵斌，杨明华，柳伟，冯磊，路永轲. 基于龙芯处理器的自主可信计算机研究 [J]. 计算机技术与发展，2015，25（03）：126-130.

[70] 王然，张霁莹，黄楠. 基于国产处理器的安全可信计算机设计 [C]. 全国抗恶劣环境计算机第二十二届学术年会，2012：7-9+22.

[71] 祝璐. 可信计算体系结构中的若干关键技术研究 [D]. 武汉大学，2010.

[72] 中科梦兰. 龙芯 3A2000/3B2000 处理器用户手册，多核处理器架构、寄存器描述与系统软件编程指南 V1. 4[R]. 2016.

[73] 龙兴刚，谢小赋，庞飞，叶晓. 一种自主可控可信计算平台解决方案 [J]. 信息安全与通信保密，2015，（10）：123-126+130.

[74] 曾颖明，谢小权. 基于 UEFI 的可信 Tiano 设计与研究 [J]. 计算机工程与设计，2009，30（11）：2645-2648.

[75] 朱贺新. 基于 UEFI 的可信 BIOS 平台研究与应用 [D]. 西安科技大学，2008.

[76] 房强. 基于固件文件系统的 UEFI 安全机制研究 [D]. 电子科技大学，2016.

[77] 段晨辉. UEFI BIOS 安全增强机制及完整性度量的研究 [D]. 北京工业大学，2014.

[78] 章睿. 基于可信计算技术的隐私保护研究 [D]. 北京交通大学，2011.

[79] 涂晶. 基于 UEFI 的可信 BIOS 系统测试方案的设计与实现 [D]. 华中科技大学，2014.

[80] 朱小波，舒棚，周晓霞. 基于 TCM 的国产可信计算机的设计 [J]. 信息技术，2013，（12）：102-105.

[81] 朱强. 一种可信计算软件栈的设计与实现 [D]. 北京邮电大学，2009.

[82] 罗芳，徐宁，孟璟，刘雪峰. 可信计算平台中 Linux 加密文件系统的设计与实现 [J]. 信息工程大学学报，2008，（02）：225-228.

[83] 顾正义，黄皓. 新加密文件系统的研究与实现 [J]. 计算机工程与设计，2009，30（14）：3272-3277.

[84] 李阳明. 基于磁盘加密的安全云存储系统的设计与实现 [D]. 北京邮电大学，2014.

[85] 卢锡城，李根，卢凯等. 面向高可信软件的整数溢出错误的自动化测试 [J]. 软件学报，2010，21（2）：179-193.

[86] 孙浩，李会朋，曾庆凯. 基于信息流的整数漏洞插装和验证 [J]. 软件学报，2013，24（12）：2767-2781.

[87] 孙浩，曾庆凯. 整数漏洞研究：安全模型、检测方法和实例 [J]. 软件学报，2015，26（2）：413-426.

[88] 吴世忠，郭涛，董国伟等. 软件漏洞分析技术进展 [C]. // 第五届信息安全漏洞分析与风险评估大会论文集. 2012：1-19.

[89] 乐德广，章亮，郑力新等. 面向 RTF 文件的 Word 漏洞分析 [J]. 华侨大学学报（自然科学版），2015，36（1）：17-22.

[90] 王明华，应凌云，冯登国等. 基于异常控制流识别的漏洞利用攻击检测方法 [J]. 通信学报，2014，35（9）：20-31.

[91] 乐德广，龚声蓉，吴少刚，徐锋，刘文生. RTF 数组溢出漏洞挖掘技术研究 [J]. 通信学报，2017，38（05）：96-107.

[92] 王清. 0day 安全软件漏洞分析技术 [M]. 电子工业出版社. 2011.

[93] 李梦君，李舟军，陈火旺. 基于抽象解释理论的程序验证技术 [J]. 软件学报，2008，（01）：17-26.

[94] 龚少麟. OpenSSL 密码安全平台实现机制的研究 [J]. 计算机与数字工程，2011，39（06）：118-121+145.

[95] 乐德广，李鑫，龚声蓉，郑力新. 新型二阶 SQL 注入技术研究 [J]. 通信学报，2015，36（S1）：85-93.

[96] 林姗，郑朝霞. 基于格的数据流分析研究与应用 [J]. 武汉理工大学学报（信息与管理工程版），2011，33（06）：932-935+944.

[97] 邢雨辰. 用于程序验证的数据流分析技术的整合 [D]. 南京大学，2013.

[98] 邱景. 面向软件安全的二进制代码逆向分析关键技术研究 [D]. 哈尔滨工业大学，2015.

[99] 乐德广，章亮，龚声蓉，郑力新，吴少刚. 面向 RTF 的 OLE 对象漏洞分析研究. [J]. 网络与信息安全学报，2016，2（01）：34-45.

[100] 刘云龙，陈俊亮. 基于数据流分析的软件容错策略 [J]. 软件学报，1998，（07）：58-62.